理工系学生のための
基礎物理学

Webアシスト演習付

大澤　智興
桑田　精一
田中　公一
藤原　　真
廣瀬　英雄
小田部荘司
共著

培風館

本書の無断複写は，著作権法上での例外を除き，禁じられています。
本書を複写される場合は，その都度当社の許諾を得てください。

まえがき

　本書で扱う「力学」,「波動」,「熱力学」,「電磁気学」および「現代物理」は,理工学分野における大学生が初年次で学習をする物理学の範囲である。特に,「力学」,「波動」,「熱力学」,「電磁気学」は古典物理とよばれる分野を扱い,人間が日常生活する上でのさまざまな物理現象を記述することできる。つまり工学の広い分野において古典力学が利用されている場面は非常に多くあり,古典力学を理解することが物理現象を理解し,工学上の応用をする上で大変重要である。さらに「現代物理」では相対論・量子力学の物理を扱うので,かなりの知識が得られるようになっている。したがって,これらの重要性から,これまでたくさんの数の教科書が刊行されてきている。そういう状況で,さらに一冊の教科書を上梓することになった背景を紹介する。

　最初の理由は,以前使っていた教科書がだんだん学生の実情と合わずに使いにくくなってきたという事実がある。これまで長らく使ってきた教科書では,学生の理解度が足りないために,現在ある教科書では間に合わないことが多くなってきた。これはいわゆるゆとり教育に端を発しており,また18歳人口が着実に減少し過度の競争を強いられていない学生の気質によるものなのかもしれない。本書では高校卒業直後の大学生が確実に理解できるレベルにした。
　次に,大学における工学教育の改善活動をあげることができるだろう。1999年にJABEE(日本技術者教育認定機構)が立ち上がり,工学教育の改善が重要視されるようになった。これまで大学における教育は,研究の次とされていて,10年一日のような講義があちこちにあり,教員もこれが大学の教育だとうそぶいているようなところがあった。しかし最近では,それぞれの教員はたくさんの教育改善を行い続けている。例えば補助教材を作るというようなことがあちこちで行われてきている。また演習問題をたくさん行うことにより,理解度が深まるというごく当たり前のことも最近かなりすすんだ。特にICT(情報)技術が当たり前のように使われてきて,講義でもさまざまな形で利用されている。本書では,後に述べるように最新の方式を用いて,レベルに合わせた適切な演習問題が提供される環境を利用できるようにしている。
　さらに高校物理と大学物理の橋渡しの問題がある。高校物理は,誤解を恐れずにいえば,受験用に特化されている。つまり公式を覚え,その使い方を多数の問題を解くことにより理解し,まるでパターン認識のように大学入試の時に利用する。例えば,多くの高校生は,$v^2 - v_0^2 = 2ax$ の公式を使ってさまざ

な問題を解く。しかしその生徒に，「その公式はどのようにして導かれたのですか？」と聞けば，ほとんどの生徒は答えることはできない。一方で，大学物理ではこの公式はまず使われない。なぜならばこれは 1 次元の直線における等加速度運動のときにのみ使用できる式であり，あまりにも応用範囲が小さいからである。だからといって高校物理を否定するものでは無い。高校物理で物理の考え方の初歩を学び，大学物理で物理の考えの深淵に少しでも近づいていただきたい。本書では高校物理から大学物理へのスムーズな橋渡しを心がけた。

このように，新しい時代には新しい教科書が必要である。本書では学生の理解度を勘案して，2 種類の使い方ができるように企画している。つまり簡単に学ぶ方は，基礎的な知識は若干ある程度でも，半年で，ざっと古典力学と現代物理を学ぶことができるようにしている。一方でしっかり学ぶ方は，最初からきちんと学習していけば，1 年から 2 年である程度のレベルまで学習できるようにしている。

また補助教材や演習問題については，別にホームページを立ち上げてあり，そこから利用できるようにしている。特に演習問題は，項目反応理論 (Item Response Theory; IRT) を利用して，利用者の理解度に応じて提供される問題の難易度が自動的に変化する最新の手法を取り入れることができた。

本書は以下のような分担により執筆された。1〜5 章：大澤智興，6〜8 章：桑田精一，9〜14 章：田中公一，演習問題と付録：藤原 真，IRT について：廣瀬英雄，全体の取りまとめ：小田部荘司となっている。

また出版に当たって，本書の構成や出版までの進め方については，培風館の斉藤 淳氏と近藤妙子氏に大変お世話になった。感謝申し上げる次第である。

2017 年 4 月

著者を代表して

小田部 荘司

培風館のホームページ

http://www.baifukan.co.jp/shoseki/kanren.html

から，オンライン学習のサイト「愛あるって」に入ることができる。あわせて，演習問題の詳細な解答・本文中に省略した内容の補足解説が与えられているので，参考にして有効に活用していただきたい。

目　　次

1　運動の記述　　*1*
1.1　5W1H, 単位系　　1
1.2　座　標　系　　2
1.3　ベクトル量，スカラー量　　3
1.4　座標系と位置ベクトル　　5
1.5　次元 (単位) 解析　　6
1.6　変位，速度，加速度　　7
1.7　1 次元の等速度運動と等加速度運動　　9
1.8　2 次元と 3 次元における位置ベクトル，速度および加速度　　10
1.9　軌　　道　　12
　　　章末問題 1　　12

2　力と運動の法則　　*14*
2.1　運動の変化の原因　　14
2.2　第 1 法則：慣性の法則　　14
2.3　第 2 法則：運動方程式　　15
2.4　第 3 法則：作用反作用の法則　　15
2.5　運動方程式を解く　　16
2.6　運動方程式を立てて解く　　18
2.7　フックの法則　　22
2.8　単　振　動　　23
　　　章末問題 2　　24

3　力学的エネルギー　　*25*
3.1　仕　　事　　25
3.2　運動エネルギー　　26
3.3　ポテンシャル (位置) エネルギー　　27
3.4　保存力とポテンシャル (位置) エネルギー　　28
3.5　力学的エネルギー保存則：保存力の性質　　28
3.6　2 次元と 3 次元における仕事　　30
3.7　2 次元と 3 次元における運動エネルギー　　31

3.8 2次元と3次元における保存力とポテンシャル (位置)
エネルギー　32
3.9 2次元と3次元における保存力となる条件　32
章末問題3　34

4 運動量と角運動量　35

4.1 運動量　35
4.2 弾性衝突と非弾性衝突　37
4.3 運動量保存則，内力，外力　38
4.4 質点系の重心　39
4.5 外積　40
4.6 つり合いの条件とトルク　41
4.7 角運動量　42
4.8 角運動量保存則　43
章末問題4　44

5 剛体の力学　46

5.1 剛体　46
5.2 慣性モーメント　46
5.3 平行軸の定理　50
5.4 垂直軸 (平板) の定理　50
5.5 剛体の回転エネルギー　51
5.6 単振り子　51
5.7 実体振り子　52
5.8 並進 (直線) 運動と回転運動のまとめ　53
章末問題5　53

6 振動と波動　55

6.1 調和振動　55
6.2 減衰振動　56
6.3 強制振動・共鳴　57
6.4 正弦波　58
6.5 弦の波動方程式　58
6.6 波の反射　59
6.7 ドップラー効果　61
6.8 光のドップラー効果　63
章末問題6　64

7 熱力学第 1 法則　　　　　　　　　　　　　　　　　*66*

7.1 温度・熱　66
7.2 状態量・状態方程式　67
7.3 熱力学第 1 法則　69
7.4 断熱過程　72
7.5 気温の高度依存性　73
　　章末問題 7　74

8 熱力学第 2 法則　　　　　　　　　　　　　　　　　*76*

8.1 熱力学第 2 法則　76
8.2 クラウジウスの不等式　76
8.3 熱力学的エントロピー　78
8.4 統計力学への橋渡し　79
　　コラム：ブラックホールのエントロピー　81
　　章末問題 8　83

9 電荷と電場　　　　　　　　　　　　　　　　　　　*85*

9.1 電荷と電気力：クーロンの法則　85
9.2 電場と電気力線　86
9.3 電位　90
9.4 物質中の電場，誘電体　92
　　章末問題 9　96

10 電流と磁場　　　　　　　　　　　　　　　　　　*98*

10.1 導体中の電荷　98
10.2 静電容量　99
10.3 定常電流　101
10.4 磁石と磁場　102
10.5 電流のつくる磁場　105
10.6 閉じた電流のつくる磁場　109
　　章末問題 10　111

11 電磁誘導と交流電流　　　　　　　　　　　　　　*113*

11.1 電磁誘導　113
11.2 電磁誘導電場　115
11.3 相互誘導と自己誘導　119
11.4 交流回路　121
　　章末問題 11　124

12 電磁場と電磁波 　　　　　　　　　　　　　　　126

- 12.1 アンペール-マクスウェルの法則　126
- 12.2 マクスウェルの方程式　128
- 12.3 電磁場と電磁波　130
- 12.4 ポインティングベクトル　134
- 12.5 電磁波の放射　135
  - 章末問題 12　136

13 物質中における電磁場 　　　　　　　　　　　138

- 13.1 物質中のマクスウェルの方程式　138
- 13.2 物質中の電磁波　139
- 13.3 導体中の電磁波　140
- 13.4 電磁波の屈折　142
- 13.5 電磁波の反射　145
  - 章末問題 13　147

14 現代物理学 　　　　　　　　　　　　　　　　148

- 14.1 ローレンツ変換　148
- 14.2 4次元空間と運動方程式　150
- 14.3 量子論の誕生　153
- 14.4 波動関数　156
- 14.5 シュレディンガー方程式　157
  - 章末問題 14　158

付録A　アダプティブオンライン演習「愛あるって」　160

付録B　SI単位系　165

付録C　物理定数表　167

付録D　ギリシャ文字　168

付録E　数学公式　169

章末問題解答　173

索　引　181

1
運動の記述

　日常的な種々の現象は，見て知っていても，その現象を理論的に説明できるとは限らない。力学は，物体の位置が時間とともに変化する現象について，理論的に説明または計算できることを教えてくれる。

　身の周りには，いろいろな物質がある。物質が集まって一つの塊になったものを物体という。物体には大きさや形，組成などのさまざまなものがあるが，力学は物体の運動のみに注目しているため，その組成を考慮する必要がない。最初は簡単な条件として，1) 質量が一点に集中し大きさの無視できる物体を質点として考える。さらに 2) 一つの質点の運動のみ考える。

> 大きさのある物体は，4 章，5 章で扱う。
>
> 複数の物体は，4 章で扱う。

1.1　5W1H, 単位系

　物体の運動を説明するために必要な要素は，だれが (Who)，いつ (When)，どこで (Where)，なに (What)，どのように (How)，なぜ (Why) が，わかればよい。「なに」は，いまのところ前述した質点である。「だれが」は，この質点の運動を観測するヒトまたは観測機器と考えればよい。これは，後述する座標系の原点に相当する。「いつ」は，時間であり，時計やストップウォッチのような機械で計測できる。「どこで」は，原点からみたときの質点の位置であり，物差しやメジャーで計測できる。ここで，曖昧さを排除するため，単位を決める。「いつ」を表現するために秒 [s] を用いる。基準となる 0 [s] は，観測者が任意に設定できる。「どこで」を表現するためにメートル [m] を用いる (基準となる 0 [m] は，原点にある)。「なに」を表現するためにキログラム [kg] を用いる。これら 3W は，すべて物理量とよばれ，国際的に決まっている。

> SI 基本単位とよばれる。

　例えば，質点の質量 10 [kg]，長さ A [m]，所要時間 T [s] と表現する。それぞれの物理量の名前，数値 (記号)，単位が明示でき，それぞれの物理量が，単位の数値 (記号) 倍になっていることを示すことができる。さらにどのように (How) 相当する速度や加速度も物理量であり後述する。「なぜ」は，運動はなぜ生じるのか？　運動の原因は何か？　に対応し，2 章で扱う。

1.2 座標系

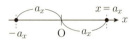

図 1.1 1 次元座標

以下に質点の位置を表現するために使用する座標系を示す。質点の位置が一直線上に限定できる場合は，図 1.1 に示すような 1 次元座標系を用いる。このように方向性を持った基準線上に原点 O を置けば，O の右方向はプラス方向，左方向はマイナス方向となる。これは，質点の位置が前後方向または左右方向に移動する場合に便利である。上下左右の方向を同時に示したい場合は，図 1.2 に示すような 2 次元直交座標系を用いる。上下左右方向に加えて奥行きまで同時に示したい場合は，図 1.3 に示すような 3 次元直交座標系を用いる。図 1.4 に示すような 2 次元極座標系は，4 章，5 章に述べるように，質点や物体の回転運動を表現する場合に便利である。これは，原点 O からの距離 r と，x 軸の正の方向から反時計回りに測られる角度 θ によって表すことができる。2 次元直交座標上との関係は，

$$a_x = r\cos\theta \tag{1.1}$$

$$a_y = r\sin\theta \tag{1.2}$$

さらに，

$$r = \sqrt{a_x^2 + a_y^2} \tag{1.3}$$

$$\tan\theta = \frac{a_y}{a_x} = \frac{r\sin\theta}{r\cos\theta} \tag{1.4}$$

である。

1.2.1 記号や関数による表現

座標系を用いて質点が時間とともに移動することを表現するために，記号や数式を用いる。例えば，図 1.2 に示すような平面上の

$$\text{時刻 } t \text{ において質点の位置 P}(x,y) \tag{1.5}$$

のように，言葉で表現すると長々しくなるため，位置と時刻は，

$$P(x(t),\ y(t)) \tag{1.6}$$

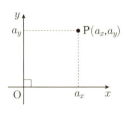

図 1.2 2 次元直交座標

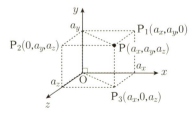

図 1.3 3 次元直交座標

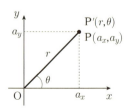

図 1.4 2 次元極座標

のように表すことができる．いま，質点の位置は，時間と共に変化するので，例えば，

$$x(t) = At^2 + Bt + C \tag{1.7}$$

のように表現すると，質点の位置 $x(t)$ は，t の関数として表現され，時間 t が変化した時に，それに伴って変化する位置 $x(t)$ の関係を表している．このように力学を学ぶ過程で，物理量を含んだ種々の関数が現れる．さらに，t は独立変数，x は従属変数とよばれる (ただし A, B, C は物理量を示す定数)．

1.3 ベクトル量，スカラー量

物理量の分類としてベクトル量やスカラー量とよばれるものがある．質量 A [kg] や距離 x [m] のように1つの数や記号で表現できる物理量は，大きさのみを持ちスカラー量とよばれる．その一方，

$$(A, B) \quad \text{や} \quad (A, B, C) \tag{1.8}$$

のように，1) 複数の数や記号を1組で表現される物理量は，ベクトル量とよばれる．または，2) 大きさと向きを持つ物理量は，ベクトル量である．

1.3.1 ベクトルの利用

例えば，屋外で待ち合わせをする場合，指定された時刻 t と場所 P を決めればよいので，いまその場所が地図上の緯度や経度で表現されれば，

$$P(\text{緯度}\,(t),\, \text{経度}\,(t)) \tag{1.9}$$

となり，ベクトル量である．もし高層ビルで待ち合わせをする場合，さらに何階を決める必要がある．したがって，

$$P(\text{緯度}\,(t),\, \text{経度}\,(t),\, \text{階数}\,(t)) \tag{1.10}$$

と表現できて，これもベクトル量になる．例えば，図1.5のように，ビルの端を原点 O(0,0,0) とすれば，待ち合わせ場所と時刻は，ベクトルでの表現が必要であり，

$$P(\text{横}\,(t),\, \text{縦}\,(t),\, \text{高さ}\,(t)) \tag{1.11}$$

となる．さらに，ベクトル量を図1.5のように，図中でベクトルを表するときは，矢 ($\rightarrow$) が使用され，記号で表現される時は，式 (1.12) のように太文字で表記される．したがって，

$$\boldsymbol{OP}(t) = P(\text{横}\,(t),\, \text{縦}\,(t),\, \text{高さ}\,(t)) \tag{1.12}$$

となる．この矢印の向きが，ベクトル量の向きであり，ベクトルの大きさ (長さ) が，この物理量の大きさになる．

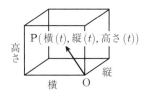

図 1.5 高層ビルでの待ち合わせ場所と時刻

1.3.2 単位ベクトルを用いた表現

実際には，単位ベクトルを用いて表記する．単位ベクトルは，図 1.6 に示すように，互いに直交する xyz 軸に沿った長さが 1 のベクトルである．成分表記すれば，

$$\boldsymbol{i}_x = (1, 0, 0) \tag{1.13}$$
$$\boldsymbol{i}_y = (0, 1, 0) \tag{1.14}$$
$$\boldsymbol{i}_z = (0, 0, 1) \tag{1.15}$$

となる．したがって，それらのベクトルの内積 (スカラー積) は，

$$\boldsymbol{i}_x \cdot \boldsymbol{i}_y = 0 \tag{1.16}$$
$$\boldsymbol{i}_y \cdot \boldsymbol{i}_z = 0 \tag{1.17}$$
$$\boldsymbol{i}_z \cdot \boldsymbol{i}_x = 0 \tag{1.18}$$

外積 (ベクトル積) は，4.5 節参照

大きさは，

$$\boldsymbol{i}_x \cdot \boldsymbol{i}_x = |\boldsymbol{i}_x| = 1 \tag{1.19}$$
$$\boldsymbol{i}_y \cdot \boldsymbol{i}_y = |\boldsymbol{i}_y| = 1 \tag{1.20}$$
$$\boldsymbol{i}_z \cdot \boldsymbol{i}_z = |\boldsymbol{i}_z| = 1 \tag{1.21}$$

となる．

図 1.7 のように，ベクトル $\boldsymbol{A}$ を

$$\boldsymbol{A} = A_x \boldsymbol{i}_x + A_y \boldsymbol{i}_y + A_z \boldsymbol{i}_z \tag{1.22}$$

としたとき，この大きさ $|\boldsymbol{A}|$ は，

$$|\boldsymbol{A}| = \boldsymbol{A} \cdot \boldsymbol{A} = \sqrt{A_x^2 + A_y^2 + A_z^2} \tag{1.23}$$

となる．また，式 (1.24), 式 (1.25) に示す 2 つの 3 次元ベクトル $\boldsymbol{A}$ と $\boldsymbol{B}$ を，単位ベクトルを用いて

$$\boldsymbol{A} = A_x \boldsymbol{i}_x + A_y \boldsymbol{i}_y + A_z \boldsymbol{i}_z \tag{1.24}$$
$$\boldsymbol{B} = B_x \boldsymbol{i}_x + B_y \boldsymbol{i}_y + B_z \boldsymbol{i}_z \tag{1.25}$$

とおくと，これら 2 つのベクトルの内積は，

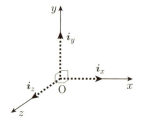

図 1.6 単位ベクトル

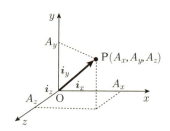

図 1.7 3 次元ベクトルの例

$$\boldsymbol{A} \cdot \boldsymbol{B} = A_x B_x |\boldsymbol{i}_x| + A_y B_y |\boldsymbol{i}_y| + A_z B_z |\boldsymbol{i}_z|$$
$$= A_x B_x + A_y B_y + A_z B_z \tag{1.26}$$

になる。

1.4 座標系と位置ベクトル

1.4.1 1次元座標系における質点の位置

1次元 (数直線) の座標系を図 1.8 に示す。この x 軸上において原点 O から x の位置 P に質点がある場合，その位置 P(x) は，x と単位ベクトルを用いて，

$$\boldsymbol{OP} = x(t)\boldsymbol{i}_x \tag{1.27}$$

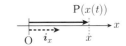

図 1.8 1次元座標

と表記できる。また原点を起点に持ち，質点の位置を指し示すベクトルとして位置ベクトル $\boldsymbol{r}$ が用いられる。この位置ベクトルを用いると，

$$\boldsymbol{OP} = \boldsymbol{r}(t) = x(t)\boldsymbol{i}_x \tag{1.28}$$

となる。位置ベクトル $\boldsymbol{r}(t)$ の大きさ $|\boldsymbol{r}(t)|$ (長さ) は，

$$|\boldsymbol{r}(t)| = |x(t)\boldsymbol{i}_x| = |x(t)| \tag{1.29}$$

となる。

1.4.2 2次元座標系における質点の位置

2次元の座標系を図 1.9 に示す。時間 t において，この平面上で原点 O から P(x,y) の位置に質点がある場合，その位置 P$(x(t), y(t))$ は，x, y と単位ベクトル $\boldsymbol{i}_x, \boldsymbol{i}_y$ を用いて，

$$\boldsymbol{OP} = \boldsymbol{r}(t) = x(t)\boldsymbol{i}_x + y(t)\boldsymbol{i}_y \tag{1.30}$$

と表記できる。位置ベクトル $\boldsymbol{r}(t)$ の大きさ $|\boldsymbol{r}(t)|$ は，

$$|\boldsymbol{r}(t)| = |x(t)\boldsymbol{i}_x + y(t)\boldsymbol{i}_y| = \sqrt{x^2(t) + y^2(t)} \tag{1.31}$$

となる。

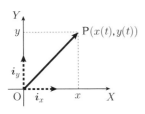

図 1.9 2次元直交座標

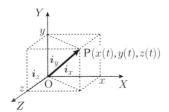

図 1.10 3次元直交座標

1.4.3　3次元座標系における質点の位置

3次元の座標系を図 1.10 に示す。時間 t において，原点 O から P(x, y, z) の位置に質点がある場合，その位置 P$(x(t), y(t), z(t))$ は，x, y, z と単位ベクトル $\boldsymbol{i}_x, \boldsymbol{i}_y, \boldsymbol{i}_z$ を用いて，

$$\boldsymbol{OP} = \boldsymbol{r}(t) = x(t)\boldsymbol{i}_x + y(t)\boldsymbol{i}_y + z(t)\boldsymbol{i}_z \tag{1.32}$$

と表記できる。同様に，位置ベクトル $\boldsymbol{r}(t)$ の大きさ $|\boldsymbol{r}(t)|$ は，

$$|\boldsymbol{r}(t)| = |x(t)\boldsymbol{i}_x + y(t)\boldsymbol{i}_y + z(t)\boldsymbol{i}_z| = \sqrt{x^2(t) + y^2(t) + z^2(t)} \tag{1.33}$$

となる。

1.5　次元(単位)解析

数式が出てきた時に，数学との違いにおいて物理で注意しなければいけないのは単位である。つまり式 (1.7) は物理量を表したものであるので，その式や各項は，同じ (組み立て) 単位を持たなければならない。そうでなければ，加減算できない。したがって，式 (1.7) が正しいのであれば，右辺各項と左辺の単位は，一致していなければならない。具体的には，式 (1.7) の左辺の単位は，メートル [m] であるので，

$$x(t) \; [\text{m}] \tag{1.34}$$

$$At^2 \; [\text{m}] \tag{1.35}$$

$$Bt \; [\text{m}] \tag{1.36}$$

$$C \; [\text{m}] \tag{1.37}$$

となる。この性質から A, B, C の単位を考えることができる。例えば，式 (1.35) の A の単位が未知として考え，これを $A\;[\alpha]$ と置く。$t\;[\text{s}]$ なので，単位のみの式を立てると，

$$\alpha s^2 = m \tag{1.38}$$

これを α について解くと，

$$\alpha = ms^{-2} = \frac{m}{s^2} \tag{1.39}$$

と求まる。他の項についても同様に計算できる。

さらに，左辺と右辺は，単位だけでなく，

$$\sum \text{ベクトル量} = \sum \text{ベクトル量} \tag{1.40}$$

$$\sum \text{スカラー量} = \sum \text{スカラー量} \tag{1.41}$$

となっていなければならい。

ms^{-2} は，加速度の単位である。1.6.4 項参照

1.6 変位，速度，加速度

1.6.1 変位と距離

前節で物体の位置をベクトルを用いて定義したが，速度と加速度は，物体の運動の特徴 (how) を示す重要な物理量である．まず簡単のため，図 1.11 に示す 1 次元で変位を考える．今，$t_B > t_A$ で，この時間における変位 Δx はベクトル量であり，

$$\Delta x = (x(t_B) - x(t_A))\boldsymbol{i}_x = x(t_B) - x(t_A) \tag{1.42}$$

とかける．この時間における移動距離は，

$$|\Delta x| = |x(t_B) - x(t_A)| \tag{1.43}$$

であり，移動に要した時間は，

$$\Delta t = t_B - t_A \tag{1.44}$$

図 1.11 1 次元変位

である．このような定義に基づき，以下の速度と加速度の定義を行う．

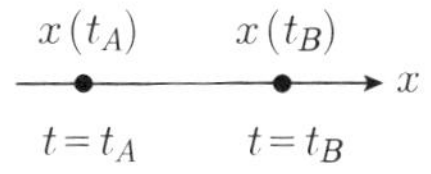

1.6.2 速 度

平均の速度 $\bar{v}$ は，単位時間あたりの移動変位であり，

v：速度, velocity

$$\bar{v} = \frac{x(t_B) - x(t_A)}{t_B - t_A} = \frac{\Delta x}{\Delta t} \tag{1.45}$$

とかける．t_A における瞬間の速度 $v(t_A)$ は，

$$v(t_A) = \lim_{t_B \to t_A} \frac{x(t_B) - x(t_A)}{t_B - t_A} = \lim_{\Delta t \to 0} \frac{\Delta x}{\Delta t} = \left.\frac{dx(t)}{dt}\right|_{t=t_A} \tag{1.46}$$

一方，速さは，単位時間あたりの移動距離であり，速度の大きさである．したがって，平均の速さ $\bar{s}$ は，

s：速さ, speed

$$\bar{s} = \frac{|x(t_B) - x(t_A)|}{|t_B - t_A|} = \frac{\Delta x}{\Delta t} \geq 0 \tag{1.47}$$

である．一般的にある時刻 t における速度を速度 $v(t)$ と表記し，$t = t_A$，$t_B = t + \Delta t$ とおいて

$$v(t) = \lim_{\Delta t \to 0} \frac{x(t + \Delta t) - x(t)}{\Delta t} = \frac{dx(t)}{dt} \quad [\text{m/s}] \tag{1.48}$$

となる．式 (1.48) は，物体の位置を示す関数 $x(t)$ が存在すれば，速度 (速さも) は，その関数を時間 t で微分すれば求まり，その物理量の単位も式の分子と分母をみるとわかることを示している．

1.6.3 速度から変位を求める

1.6.2 項では，位置の時間的な変化 $x(t)$ がわかれば，速度 $v(t)$ が求められることを示した．ここでは，図 1.12 を用いて，1.6.2 項とは逆に，速度の時間的

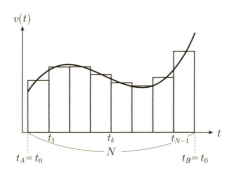

図 1.12 速度の時間変化

な変化がわかっていると，変位を求めることができることを示す．横軸の時間を N 等分し，

$$\Delta t = \frac{t_B - t_A}{N} \tag{1.49}$$

とすると，k 番目の t は，

$$t_k = t_A + k\Delta t \tag{1.50}$$

である．個々の長方形の面積は，時間 Δt と速度 $v(t_k)$ の積であるので，移動距離を示している．したがって，

$$x(t_{k+1}) - x(t_k) \approx v(t_k)\Delta t \tag{1.51}$$

と表現できる．ただし，$\approx$ は，近似的に等しいことを示す記号である．ここで，Δt を非常に小さくとることを考える．つまり，N を ∞ にすると，曲線の下の面積は，

$$x(t_b) - x(t_a) = \lim_{N \to \infty} \sum_{k=0}^{N-1} v(t_k)\Delta t = \int_{t_A}^{t_B} v(t)\,dt \tag{1.52}$$

と表現できる．いま，$t_A = t_0, t_B = t$ に入れ替えると，

$$x(t) = x(t_0) + \int_{t_0}^{t} v(t')\,dt' = x(t_0) + \int_{t_0}^{t} \frac{dx(t')}{dt'}\,dt' \tag{1.53}$$

となり，速度 $v(t)$ から位置 (変位)$x(t)$ を求めることができる．ただし，t' は，ダミー変数とよばれる．

1.6.4 加 速 度

加速度は，単位時間あたりの速度の変化量であり，時刻 t_B，時刻 t_A の間の平均の加速度 $\bar{a}$ は，

$$\bar{a} = \frac{v(t_B) - v(t_A)}{t_B - t_A} \tag{1.54}$$

と定義する．ある (任意の) 時刻 t における加速度 $a(t)$ は，速度の場合と同様に考えて，

a：加速度, acceleration

$$a(t) = \lim_{\Delta t \to 0} \frac{v(t+\Delta t) - v(t)}{\Delta t} = \frac{dv(t)}{dt} = \frac{d^2 x(t)}{dt^2} \quad \left[\frac{\text{m}}{\text{s}^2}\right] \tag{1.55}$$

となる。式 (1.55) は，物体の速度を示す関数 $v(t)$ が存在すれば，加速度は，その関数を時間 t で微分すれば求まり，その物理量の単位も式の分子と分母の単位からわかることを示している。

[例題 1.1]

1.6.3 項のように，加速度 $a(t)$ から速度 $v(t)$ を求めよ。

1.7 1次元の等速度運動と等加速度運動

1.7.1 等速度運動

典型的な物体の運動については，その名称と共に，その運動の特徴を把握しておく必要がある。等速度運動とは，速度が時間的に等しい (変化しない) 運動である。図 1.13 は，$\frac{dx(t)}{dt} = v(t) = A > 0$ の場合を示す。図の縦軸と横軸の単位に注意してほしい。横軸を時間，縦軸を速度にすれば A は一定値を示す。

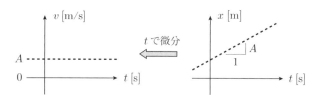

図 1.13 等速度運動

1.7.2 等加速度運動

典型的な物体の運動については，その名称と共に，その運動の特徴を把握しておく必要がある。等加速度運動とは，加速度が時間的に等しい (変化しない) 運動である。図 1.14 は，$\frac{dx^2(t)}{dt^2} = \frac{dv(t)}{dt} = A > 0$ の場合を示す。図の縦軸と横軸の単位に注意してほしい。横軸を時間，縦軸を速度にすれば A は一定値を示す。

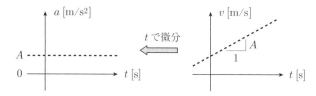

図 1.14 等加速度運動

1.8 2次元と3次元における位置ベクトル，速度および加速度

1.6.2, 1.6.4項では，1次元 (数直線) における速度，加速度について述べた。ここでは2次元と3次元空間における速度と加速度を定義する。2次元の場合は，3次元の特殊な場合と考えてよいので，3次元で説明する。質点の位置を指し示す位置ベクトル $r(t)$ は，成分表示をすれば，

$$r(t) = (x(t), y(t), z(t)) \tag{1.56}$$

となる。ベクトル表示では，

$$r(t) = x(t)i_x + y(t)i_y + z(t)i_z \tag{1.57}$$

と表現できる。速度は，1.6.2項で示したように位置ベクトルを時間 t で微分すればよいので，

$$v(t) = \frac{dr(t)}{dt} = \frac{dx(t)}{dt}i_x + \frac{dy(t)}{dt}i_y + \frac{dz(t)}{dt}i_z$$
$$= v_x(t)i_x + v_y(t)i_y + v_z(t)i_z \tag{1.58}$$

であり，成分で表すと，

$$v(t) = (v_x(t), v_y(t), v_z(t)) \tag{1.59}$$

となる。各項は時間の関数と単位ベクトルとの積の微分となるが単位ベクトルは時間 t の関数でないので，定数と考えて計算できる。さらに，加速度は，速度式をもう一度時間 t で微分して，

$$a(t) = \frac{dv(t)}{dt} = \frac{d^2r(t)}{dt^2} = \frac{d^2x(t)}{dt^2}i_x + \frac{d^2y(t)}{dt^2}i_y + \frac{d^2z(t)}{dt^2}i_z$$
$$= a_x(t)i_x + a_y(t)i_y + a_z(t)i_z \tag{1.60}$$

であり，成分で表すと，

$$a(t) = (a_x(t), a_y(t), a_z(t)) \tag{1.61}$$

となる。2次元の速度と加速度は，式 (1.58)(1.60) の z 成分を消して計算すればよい。これらの計算からわかるように，2次元と3次元の場合は，物体の運動の方向 (速度の方向) と加速度の方向は必ずしも一致しない。

1.8.1 等速円運動

等速円運動は，等速度運動や等加速度運動のように典型的な運動の一つである。図1.15に示すような，2次元平面上に円を描く物体の運動である。質点の位置は，

$$P(x(t), y(t)) = P(R\cos(\omega t), R\sin(\omega t)) \tag{1.62}$$

と表すことができ，ベクトル表記では，

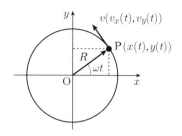

図 1.15 等速円運動

$$\boldsymbol{r}(t) = R\cos(\omega t)\boldsymbol{i}_x + R\sin(\omega t)\boldsymbol{i}_y \tag{1.63}$$

となる．ここで，ω [rad/s] は，角速度とよばれる．物体の位置は，時間の経過と共に，原点 O を中心にして，左回りに回転運動を行う．位置ベクトルの大きさ $|\boldsymbol{r}(t)|$ は，

$$|\boldsymbol{r}(t)| = \boldsymbol{r}(t) \cdot \boldsymbol{r}(t) = R(\cos^2(\omega t) + \sin^2(\omega t)) = R \tag{1.64}$$

であり，これは回転半径の大きさである．速度 $\boldsymbol{v}(t)$ は，

$$\boldsymbol{v}(t) = \frac{d\boldsymbol{r}(t)}{dt} = -R\omega\sin(\omega t)\boldsymbol{i}_x + R\omega\cos(\omega t)\boldsymbol{i}_y \tag{1.65}$$

となる．ここで，成分で書くと，

$$(v_x(t), v_y(t)) = (-R\omega\sin(\omega t), R\omega\cos(\omega t)) \tag{1.66}$$

となる．速度ベクトルの大きさ $|\boldsymbol{v}(t)|$ は，

$$|\boldsymbol{v}(t)| = \left|\frac{d\boldsymbol{r}(t)}{dt}\right| = \sqrt{R^2\omega^2\sin^2(\omega t) + R^2\omega^2\cos^2(\omega t)}$$
$$= \sqrt{R^2\omega^2} = R\omega \tag{1.67}$$

となる．このように等速円運動の等速は，速さが時間的に一定であり，変化しないことが理由である．一方，加速度の式は，

$$\boldsymbol{a}(t) = \frac{d\boldsymbol{v}(t)}{dt} = \frac{d^2\boldsymbol{r}(t)}{dt^2} = -R\omega^2\cos(\omega t)\boldsymbol{i}_x - R\omega^2\sin(\omega t)\boldsymbol{i}_y \tag{1.68}$$

であり，成分で書くと，

$$(a_x(t), a_y(t)) = (-R\omega^2\cos(\omega t), -R\omega^2\sin(\omega t)) \tag{1.69}$$

となる．ここで，$\boldsymbol{a}(t) = -\omega^2\boldsymbol{r}(t)$ となっているのがわかる．これは，位置ベクトルとは逆向きであり，加速度ベクトルの方向は原点 O に向いていることを示す．加速度ベクトルの大きさ $|\boldsymbol{a}(t)|$ は，

$$|\boldsymbol{a}(t)| = \sqrt{R^2\omega^4} = R\omega^2 \tag{1.70}$$

となる．

1.8.2 関数の引数

数式の中に，sin, cos, log 関数等の関数が頻繁に現れる。これら関数の引数の部分は，無次元 [−] になり，単位が消える。したがってこれらの関数の係数の部分に物理量を表す (組み立て) 単位が必要になる。例えば，

$$\theta(t) = \omega t \tag{1.71}$$

$\theta(t)$ の単位は [rad] ラジアンであるが，これは，長さの比で定義された量 (角度) であり，

$$\left[\frac{m}{m}\right] = [\text{rad}] = [-] \tag{1.72}$$

単位を持たない。この引数と 1.5 節を用いると，ω の単位を求めることができる。

1.9 軌　　道

軌道とは，長時間物体の移動を観察した時の道筋と考えることができる。例えば，飛行機雲に相当する。または，任意の t について $\mathrm{P}(x(t), y(t))$ を満たす $\mathrm{P}(x, y)$ の集合ともいえる。これは円がある点 (中心とする) から同距離の点の集合と定義されるようなものである。図 1.16 に，3 次元の軌道例を示した。また，物体の位置は，時間 t の関数として表現できるが，この t を消去して時間を含まない式を得ると，軌道の式が得られる。

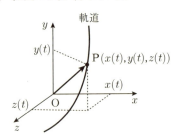

図 1.16 3 次元空間での軌道

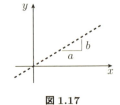

図 1.17

[例題 1.2]

$\mathrm{P}(x(t), y(t)) = \mathrm{P}(at, bt)$ の軌道を求めよ。

[解] $x = at$ から $\dfrac{x}{a} = t$，$y = bt$ より $\dfrac{y}{b} = t$ を得る。t を消去すると，$\dfrac{x}{a} = \dfrac{y}{b}$ となる。これから $y = \dfrac{b}{a}x$ を得る。軌道は，図 1.17 のようになる。

章末問題 1

1.1 ある物体 (質点) の 1 次元 (x 軸上) の運動が下記の式 (1.73)，式 (1.74) でそれぞれ表現できる時，ある時刻における速度 $v(t)$ と加速度 $a(t)$ を求めよ。さらに，定数 $A \sim E$ の (組み立て) 単位を求めよ。ただし $A \sim E$ は，0 でない定数である。

$$x_1(t) = At^2 + Bt + C \tag{1.73}$$
$$x_2(t) = Dt + E \tag{1.74}$$

1.2 直線 (1 次元) 上に質点があり，その物体の位置は時間の経過に伴い変化している．いまその質点の原点 O からの距離 x [m] が時間 t [s] の関数として，式 (1.75) で表現できるとき，以下の問いに答えよ．

$$x(t) = -t^2 + \underline{4}t + 16 \tag{1.75}$$

(a) $t = 0$ における位置 $x(0)$ を求めよ．
(b) 式 (1.75) のグラフを描け．ただし，横軸を時間，縦軸を位置にしなさい．
(c) $x(t) = 0$ となる t を求めよ．
(d) 式 (1.75) 中に下線部で示した数値の単位を計算 (次元解析) により求めよ．
(e) 式 (1.75) の速度の式 $\dfrac{dx(t)}{dt}$ を求めよ．
(f) (e) で得られた速度の式のグラフを描け．ただし，横軸を時間，縦軸を速度にしなさい．
(g) 速度が 0 [m/s] になる t を求めよ．
(h) 加速度の式 $\dfrac{d^2 x(t)}{dt^2}$ を求めよ．
(i) この運動は，等速度運動，または等加速度運動のどちらか？
(j) (i) の理由を説明せよ．

1.3 式 (1.76) を満たす軌道を式で示し，さらに図示せよ．ただし，$a > 0, b > 0$ である．

$$P(x(t), y(t)) = P(a\cos(\omega t), b\sin(\omega t)) \tag{1.76}$$

ヒント $\sin^2\theta + \cos^2\theta = 1$ の関係を用いて，t を消去する．

1.4 1.8.1 項で得られた，3 つのベクトル (位置，速度，加速度) の位置関係を内積を用いて計算せよ．

(a) 位置ベクトル $\bm{r}(t)$ と速度ベクトル $\bm{v}(t)$ の関係
(b) 速度ベクトル $\bm{v}(t)$ と加速度ベクトル $\bm{a}(t)$ の関係

1.5 ある物体 (質点) の運動を示す原点 O からの位置ベクトル $\bm{r}(t)$ が以下のように表現できる場合，それらの速度ベクトル $\dfrac{d\bm{r}(t)}{dt}$ と加速度ベクトル $\dfrac{d^2\bm{r}(t)}{dt^2}$ の両方を求めよ．ただし，$a \neq b \neq c \neq 0$ である．

(a) $\bm{r}_A(t) = (at^2, 0, e^{bt}) = at^2 \bm{i}_x + e^{bt} \bm{i}_z$
(b) $\bm{r}_B(t) = (t^3, ct^2, (t+2)) = t^3 \bm{i}_x + ct^2 \bm{i}_y + (t+2) \bm{i}_z$
(c) $\bm{r}_C(t) = (\sin(a \cdot t), \cos(b \cdot t)) = \sin(a \cdot t) \bm{i}_x + \cos(b \cdot t) \bm{i}_y$

1.6 下の微分方程式 (1.77),(1.78),(1.79) において

(a) $x(t)$ の一般解を求めなさい．ただし，積分定数は，C_1, C_2, C_i を用いなさい．

$$\frac{d^2 x(t)}{dt^2} = 4 \tag{1.77}$$
$$\frac{dx(t)}{dt} = 3t + 2 \tag{1.78}$$
$$\frac{dx(t)}{dt} = -1 \tag{1.79}$$

(b) (a) で求めた一般解が，元の微分方程式の解であることを示せ．
(c) 放物運動における垂直方向 ($= y$ 軸方向) の運動と同種の運動を示す微分方程式は，式 (1.77)〜(1.79) のどれか？ さらに，その理由を答えなさい．

2
力と運動の法則

1章では，物体が動く(時間的に位置が変化する，例えば $x(t)$ が存在する)ことを前提にしており，その上で特徴量として，速度や加速度 (how) を定義，計算した。ここからは，加速度，速度，位置が決まる原因 (why) の説明に入る。力学を学ぶ上で最も重要となる運動の法則が登場する。主たる法則は，運動方程式という微分方程式で表すことができる。この法則により質点の運動を演繹的に説明できることを示す。この運動方程式は，形を変えて3章〜5章にも登場する。

演繹的とは，計算により示すこと，帰納的の逆

2.1 運動の変化の原因

運動の変化の原因は，力 F という物理量である。単位はニュートン [N] である。ニュートンを組み立て単位で表すと，$[kg(m/s^2)]$ である。この組み立て単位からスカラー量である質量と，ベクトル量である加速度の積であることがわかり，力 F は，ベクトル量である。以下に，3つの法則を述べる。

アイザック・ニュートン, Issac Newton 1642–1727

2.2 第1法則：慣性の法則

力がはたらいてなくても，等速直線運動は続けることに注意してほしい。

質点に力がはたらいていない，もしくは複数の力がはたらいていても，それらの力の合計 (ベクトルの和) が 0 となる時，その質点は静止するか，または等速直線運動を続ける。

この第1法則が示す質点の運動を式 (1次元) で表現すると，

$$\frac{dx(t)}{dt} = v_x(t) = A \tag{2.1}$$

となる。ただし，A は定数で速度を示す．さらに位置は，

$$x(t) = At + B \tag{2.2}$$

となる．ただし，B は定数で位置を示す．1章で定義したように，質点の位置を示す式 (2.2) から式 (2.1) を求めてみよう．

2.3 第2法則：運動方程式

質量 m の質点に生じる加速度の変化の原因は力であり，

$$m\underbrace{\frac{d^2\boldsymbol{r}(t)}{dt^2}}_{\text{結果}} = \underbrace{\sum_i \boldsymbol{F}_i}_{\text{原因}} \quad [\mathrm{kg(m/s^2)}] \tag{2.3}$$

という運動方程式で表すことができる。この運動方程式は，質点の運動に関して因果関係を示している。右辺は，質点にはたらく力を示しており，運動の変化の原因を示している。一方，左辺は質点に結果として生じる加速度を示している。この運動方程式を解くことにより，質点の速度や位置を求めることができる。ベクトル $\boldsymbol{r}, \boldsymbol{F}$ を成分で表すと，

運動方程式は，微分方程式の一種である。

力が時間や位置の関数であってもよい。

$$m\frac{d^2 x(t)}{dt^2} = m\frac{dv_x(t)}{dt} = ma_x(t) = \sum_{i=1}^N F_{xi}(t) \tag{2.4}$$

$$m\frac{d^2 y(t)}{dt^2} = m\frac{dv_y(t)}{dt} = ma_y(t) = \sum_{i=1}^N F_{yi}(t) \tag{2.5}$$

$$m\frac{d^2 z(t)}{dt^2} = m\frac{dv_z(t)}{dt} = ma_z(t) = \sum_{i=1}^N F_{zi}(t) \tag{2.6}$$

となる。N は力の数である。$N=1$ かつ物体が1次元（x軸）の運動に限定される場合は，

$$\frac{d^2 x(t)}{dt^2} = ma = F \tag{2.7}$$

となる。質量 m が一定で，力 F が大きくなれば，結果として生じる加速度 a も大きくなる。さらに，力 F が一定で，質量 m が大きくなれば，結果として生じる加速度 a は小さくなる。つまり，質量 m は，運動の変化のさせにくさの程度を示す物理量である。

2.4 第3法則：作用反作用の法則

図2.1に示すように，質点1が質点2に力 $\boldsymbol{F}_{1\to 2}$ をおよぼしているときには，必ず同時に質点2は質点1に力をおよぼしている。その力を $\boldsymbol{F}_{2\to 1}$ とすると，それらの力の方向は，2つの質点を結ぶ直線上にあり，互いに逆向き，大きさが等しい。式で表現すると，

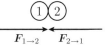

図 2.1 第3法則

$$\boldsymbol{F}_{1\to 2} = -\boldsymbol{F}_{2\to 1} \tag{2.8}$$

$$|\boldsymbol{F}_{1\to 2}| = |\boldsymbol{F}_{2\to 1}| \tag{2.9}$$

が成り立つ。運動に関する法則は，以上の3つであり，これらの法則に基づいて，あらゆる物体の運動を説明できる。この章では，1つの質点の運動を扱うので，第3法則は登場しない。複数の質点が関与する運動は4章で扱う。

第3法則は，第2法則とは異なり，因果関係ではない。
第3法則は，さまざまな力でも成り立つ。

2.5 運動方程式を解く

運動方程式を解くということは，運動方程式を満たす関数を計算により求めることである。求める関数は，質点の速度や位置の時間の関数 $r(t), v(t)$ である。したがって，運動方程式の解は，時間 t の関数となる。

> 通常の方程式の解とは異なるので注意

2.5.1 $F = 0$ の場合

簡単な条件で運動方程式を解いてみる。式 (2.3) の右辺が 0 となる場合を考える。$F(=力) = 0$ の場合であるので，運動方程式 (1 次元) は，

$$m\frac{d^2x(t)}{dt^2} = 0 \tag{2.10}$$

となる。これを解くために，両辺を時間 t で不定積分する (両辺同じ単位でなければならない)。

$$v(t) = \frac{dx(t)}{dt} = \int \frac{d^2x(t)}{dt^2}dt = \int 0 dt \tag{2.11}$$

したがって，速度 $v(t)$ は，

$$v(t) = \frac{dx(t)}{dt} = A \tag{2.12}$$

となる。ただし A は積分定数であり速度を示す。つまり，速度 $v(t)$ は，一定 ($A = 0$ も一定) であることを意味している。

さらに位置 $x(t)$ は，

$$x(t) = \int \frac{dx(t)}{dt}dt = \int A dt \tag{2.13}$$

したがって，

$$x(t) = At + B \tag{2.14}$$

となる。ただし B は，積分定数である。式 (2.14) は，式 (2.2) で示した第 1 法則と同じ結果が得られる。また，求めた解 ($=t$ の関数) の確認は，両辺を t で 2 回微分して，加速度を求めて元の運動方程式と比較したり，解を元の微分方程式に代入することで確かめることができる。実際に，解である式 (2.14) を式 (2.10) の左辺に代入すると，

> 運動方程式は，2 階の微分項を含むので，2 つの未定数項が現れる。

$$\frac{d^2(At + B)}{dt^2} = \frac{dA}{dt} = 0 = 右辺 \tag{2.15}$$

となり，解であることが確認できる。

2.5.2 $F = ma$ の場合

質量 m [kg] の質点を一定の加速度 a で正 (右) の方向へ移動する運動方程式は (座標は原点から右向きを正に取った),

$$m\frac{d^2x(t)}{dt^2} = ma \quad (a = 一定) \tag{2.16}$$

となる。整理すると,

$$\frac{d^2x(t)}{dt^2} = a \tag{2.17}$$

である。この式 (2.17) の両辺を時間 t で不定積分する。加速度を時間 t で積分すると速度 $v(t)$ になるので,

$$v(t) = \frac{dx(t)}{dt} = \int \frac{d^2x(t)}{dt^2}dt = a\int dt = at + C_1 \tag{2.18}$$

したがって,

$$v(t) = at + C_1 \tag{2.19}$$

となる。ただし,C_1 は積分定数である。式 (2.19) は,速度を表す式 (2.17) の解である,さらに積分定数を含むような微分方程式の解は,一般解とよばれる。さらに,もう一度式 (2.19) の両辺を時間 t で不定積分する。速度を時間 t で不定積分すると位置 $x(t)$ になるので,

$$x(t) = \int v(t)\,dt = \int \frac{dx(t)}{dt}\,dt = \int (at + C_1)\,dt$$
$$= \frac{1}{2}at^2 + C_1 t + C_2 \tag{2.20}$$

したがって,

$$x(t) = \frac{1}{2}at^2 + C_1 t + C_2 \tag{2.21}$$

となる。ただし,C_2 は,積分定数である。式 (2.21) は,位置を表す式 (2.17) の一般解である。このように等加速度運動では,物体の位置は,時間 t の 2 次関数で表現できる。さらに,運動の初期条件として,$t=0$ における速度と位置が以下のように与えられたとする,

$$\left.\begin{array}{l} 速度: v(0) = v_0 \\ 位置: x(0) = x_0 \end{array}\right\} \tag{2.22}$$

これらをそれぞれ,式 (2.19),式 (2.21) に代入すると,C_1, C_2 が確定して,

$$\left.\begin{array}{l} 速度: v(t) = at + v_0 \\ 位置: x(t) = \frac{1}{2}at^2 + v_0 t + x_0 \end{array}\right\} \tag{2.23}$$

となり,積分定数を含まない特殊解 (=特解) が得られる。もう一度,2.5.1 項のように,微分方程式の特殊解を,元の微分方程式に代入して確かめよう。元の微分方程式に解を代入するために,解である式 (2.23) の両辺を時間 t で微分すると,

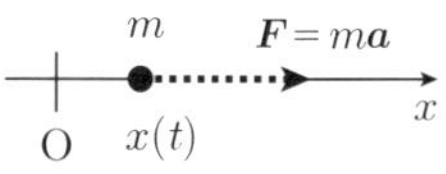

一定の加速度=等加速度運動

図 2.2 x 軸上を動く質量 m [kg] 物体

$$\left.\begin{array}{l}加速度: a(t) = \frac{dv(t)}{dt} = a \\ 速度: v(t) = \frac{dx(t)}{dt} = at + v_0\end{array}\right\} \quad (2.24)$$

となり，式 (2.17) を満たしていることがわかる。

2.5.3 運動方程式の解

これまで，2.5.1 項と 2.5.2 項で運動方程式を解いて，その解を求め，その後それらの解を確認した。これまでの解法は，変数分離という方法であり，どんな運動方程式もこれで解けるとはかぎらない。一般的に微分方程式の解法は，微分方程式の型によって異なるので注意が必要である。一般解は，数学的には正しい解であり，無限個存在する。しかし物理量を表す解は，その中の一部であり，例えば初期条件を代入すれば，解は一意に定まる。

2.6　運動方程式を立てて解く

2.5 節では，運動方程式を微分方程式の一種として扱い，その基本的な解の求め方や解の確認方法を学んだ。次は，実際の質点 (物体) の運動を説明する。そこで，図 2.3 に示す物体の落下を運動方程式から説明する。

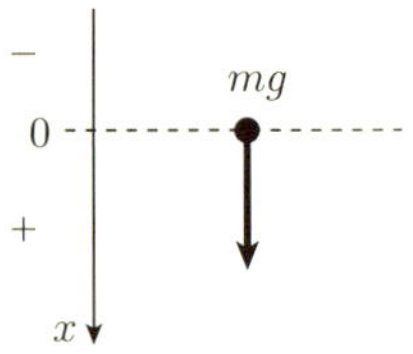

2.6.1　落下運動

図 2.3 落下運動

質点の運動の変化の原因は，力であるが，逆に質点の運動が変化していれば，その質点に力がはたらいていることがわかる。例えば，机などの高い位置 (停止) から，床面に物体が落下する。この運動の変化の原因は，重力とよばれる力である。重力は，すべての物体が地球の中心方向に引きつけられていることに起因している。この重力 F は，引きつけられる物体の質量 m に比例し，

$$\boldsymbol{F} = m\boldsymbol{a} \quad (2.25)$$

である。この時の加速度は，重力加速度 g とよばれ，地上付近で約 $9.8\,[\mathrm{m/s^2}]$ である。$a = g$ の場合を考えると，落下の原因となる力は，

$$F = mg \quad (2.26)$$

となる。図 2.3 のように，落下方向を x 軸の下向きにして，正の方向とすると，運動方程式は，

$$m\frac{d^2 x(t)}{dt^2} = mg \quad (2.27)$$

となる。この運動方程式は，すでに 2.5.2 項で解いた等速度運動の運動方程式と同じ形をしている。したがって速度 $v(t)$ と位置 $x(t)$ の一般解は，

$$v(t) = gt + C_1 \quad (2.28)$$

$$x(t) = \frac{1}{2}gt^2 + C_1 t + C_2 \quad (2.29)$$

となる．図 2.3 から初期条件として，$v(0) = 0, x(0) = 0$ として，積分定数任意定数 C_1, C_2 を求めると，特殊解である

$$v(t) = gt \tag{2.30}$$

$$x(t) = \frac{1}{2}gt^2 \tag{2.31}$$

が得られる．この計算結果は，落下運動の原因が重力のみの場合は，質量 m は落下速度に依存しないことを示している．このように，運動方程式を用いる場合は，1) 座標軸を設定し，2) 物体に作用する力を考慮して，運動方程式をたてて，さらに 3) 解を求めなければならない．

2.6.2 放物運動 (斜め投げ上げ)

次に，図 2.4, 2.5 に示すように，人がボールや石のように小さい物体を投げ上げることを考えよう．まず，物体の運動が 2 次元直交座標内に限定されていると考え，さらに物体を質点と見なし，この物体を速度 $v(0) = V_0$，角度 θ で，斜めに投げ上げることを考える．

この場合，手から離れた直後を $t = 0$ とすれば，手の位置が原点 $O(0,0) = (x(0), y(0))$ となる．さらに，手から離れた後に物体にはたらく力は，重力のみである．この重力の方向を y 軸の負の方向にする．すると運動方程式は，

$$x \text{ 成分}: \quad \frac{d^2 x(t)}{dt^2} = 0 \tag{2.32}$$

$$y \text{ 成分}: \quad \frac{d^2 y(t)}{dt^2} = -g \tag{2.33}$$

となる．これは x 軸方向は等速度運動であり，y 軸方向は等加速度運動であることを示している．したがって，速度の一般解は，

$$x \text{ 成分}: \quad v_x(t) = \frac{dx(t)}{dt} = \int \frac{d^2 x(t)}{dt^2} dt = \int 0 dt = C_1 \tag{2.34}$$

$$y \text{ 成分}: \quad v_y(t) = \frac{dy(t)}{dt} = \int \frac{d^2 y(t)}{dt^2} dt = \int (-g) dt = C_2 - gt \tag{2.35}$$

であり，位置の一般解は，

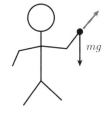

図 2.4 投げ上げ時に物体に作用する力

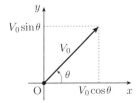

図 2.5 斜め投げ上げの初期条件

$$x \text{ 成分：} \quad x(t) = \int \frac{dx(t)}{dt} dt = \int C_1 dt = C_1 t + C_3 \tag{2.36}$$

$$y \text{ 成分：} \quad y(t) = \int \frac{dy(t)}{dt} dt = \int (C_2 - gt) dt = C_4 + C_2 t - \frac{1}{2} g t^2 \tag{2.37}$$

となる。ただし $C_1 \sim C_4$ は，任意定数である。ここで初期条件として，

$$\left. \begin{array}{l} x \text{ 成分：} \quad x(0) = 0 \\ y \text{ 成分：} \quad y(0) = 0 \end{array} \right\} \tag{2.38}$$

$$\left. \begin{array}{l} x \text{ 成分：} \quad V_x(0) = V_0 \cos\theta \\ y \text{ 成分：} \quad V_y(0) = V_0 \sin\theta \end{array} \right\} \tag{2.39}$$

を代入して，$C_1 \sim C_4$ を求めると，速度の特殊解は，

$$x \text{ 成分：} \quad v_x(t) = V_0 \cos\theta \tag{2.40}$$

$$y \text{ 成分：} \quad v_y(t) = V_0 \sin\theta - gt \tag{2.41}$$

となり，位置の特殊解は，

$$x \text{ 成分：} \quad x(t) = V_0 \cos\theta\, t \tag{2.42}$$

$$y \text{ 成分：} \quad y(t) = V_0 \sin\theta\, t - \frac{1}{2} g t^2 \tag{2.43}$$

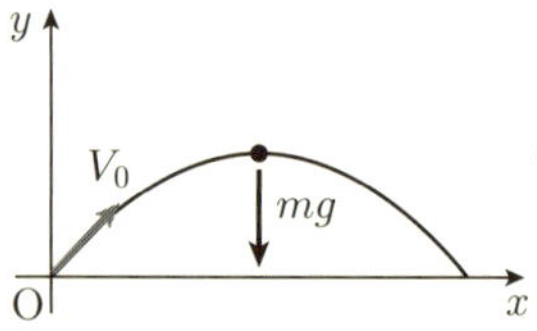

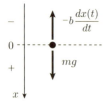

図 2.6 斜め投げ上げの軌道

となる。
　ここで，この物体の軌道を求める。式 (2.43)，式 (2.43) から t を消去すると，

$$y = -\frac{g}{2 V_0^2 \cos^2\theta} x^2 + (\tan\theta) x \tag{2.44}$$

が得られる。図 2.6 に $y \geq 0$ の範囲での軌道を示す。このような軌道の式から，1) 頂点 (最高点) の高さ，2) 到達距離，3) 到達距離の θ 依存性等を計算で求めることができる。

2.6.3 空気抵抗のある場合の落下運動

　2.6.1 項で得られた，式 (2.30) は，式 $v(\infty) = \infty$ となってしまう。実際上空より落下してくる物体の速度は式 (2.30) で示される速度より小さくなる。その原因は空気抵抗の影響である。結果として，落下速度は有限の範囲になる。空気抵抗を考慮した落下運動の運動方程式は，

$$m \frac{d^2 x(t)}{dt^2} = mg - b \frac{dx(t)}{dt} \tag{2.45}$$

図 2.7 空気抵抗のある場合の落下運動

b は，物体の形状等によって異なると考えればよい。

となる。右辺第 1 項は，重力である。右辺第 2 項は，落下速度 $\frac{dx(t)}{dt}$ に比例して，上方向 (重力とは逆方向) に力がはたらくという意味である。これが空気抵抗の効果を表している。全ての項は，力の単位を持たなければならないため，b の単位は [kg/s] となる。この場合，最初に速度 $v(t) = \frac{dx(t)}{dt}$ の時間的変化を求める。したがって，式 (2.45) は，

$$m \frac{dv(t)}{dt} = mg - b v(t) \tag{2.46}$$

となる.さらに,$\frac{dv(t)}{dt} = g - \gamma \cdot v(t)$ と変形できる.ここで,$\gamma = \frac{b}{m}$ とおいて両辺を γ で割って,計算すると,

$$\frac{1}{v(t) - \frac{g}{\gamma}} \cdot \frac{dv(t)}{dt} = -\gamma \tag{2.47}$$

となる.さらに両辺を不定積分すると,

$$\int \frac{1}{v(t) - \frac{g}{\gamma}} \cdot \frac{dv(t)}{dt} dt = -\gamma \int dt \tag{2.48}$$

$$\int \frac{1}{v(t) - \frac{g}{\gamma}} dv(t) = -\gamma \int dt \tag{2.49}$$

となる (左辺は速度で積分,右辺は時間で積分していることになる).さらに両辺を不定積分すると,

$$\log \left| v(t) - \frac{g}{\gamma} \right| = -\gamma \cdot t + C_1 \tag{2.50}$$

が得られ,したがって,$v(t) - \frac{g}{\gamma} = C_2 e^{-\gamma \cdot t}$ となる.

$$v(t) = C' e^{-\gamma \cdot t} + \frac{g}{\gamma} \tag{2.51}$$

これが速度の一般解である.ただし,C_1, C_2 は,積分定数である.さらに,初期条件として,$v(0) = \left. \frac{dx(t)}{dt} \right|_{t=0} = 0$ を代入して,$v(0) = C_2 e^{-\gamma \cdot 0} + \frac{g}{\gamma} = C_2 + \frac{g}{\gamma} = 0$ となる.したがって,

$$v(t) = \frac{dx(t)}{dt} = \frac{g}{\gamma}(1 - e^{-\gamma \cdot t}) = \frac{mg}{b}(1 - e^{-\frac{b}{m}t}) \tag{2.52}$$

となり,速度の特殊解が得られた.式 (2.52) において t が十分に大きい場合,

$$v(\infty) = \lim_{t \to \infty} \frac{g}{\gamma}(1 - e^{-\gamma \cdot t}) = \frac{g}{\gamma} = \frac{mg}{b} \tag{2.53}$$

となる.速度の変化を図 2.8 に示した.大きい t では,落下速度は一定になり,終端速度とよばれる.この時は,等速度運動となる.2.3 節の式 (2.30) と比較してほしい.終端速度は,質量にも依存する.さらに,位置の関数 $x(t)$ は,式 (2.52) を t で積分することにより求めることができ,一般解は,

$$x(t) = \frac{g}{\gamma} \int dt - \int \frac{g}{\gamma} e^{-\gamma \cdot t} dt = \frac{g}{\gamma} t + \frac{g}{\gamma^2} e^{-\gamma \cdot t} + C_3 \tag{2.54}$$

となる.ここで,C_3 は積分定数である.初期条件として,$x(0) = 0$ を代入すると,$x(0) = \frac{g}{\gamma^2} e^{-\gamma \cdot 0} + C_3 = 0$,から $C_3 = -\frac{g}{\gamma^2}$ したがって,特殊解は,

$$x(t) = \frac{g}{\gamma}\left(-\frac{1}{\gamma} + t + \frac{1}{\gamma} e^{-\gamma \cdot t}\right) \tag{2.55}$$

となる.

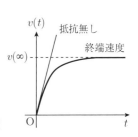

図 2.8 速度の時間的な変化

また,空気抵抗が存在すると考えると,ある程度時間が経過すると,速度は一定値に収束し (等速度運動となり),その時は加速度が 0 となることが考えられる.そこで,非常に大きい t' では,運動方程式は,

$$m \frac{d^2 x(t)}{dt^2} = 0 \tag{2.56}$$

となる。式 (2.45) より，

$$b\frac{dx(t)}{dt}\bigg|_{t=t'} = mg \tag{2.57}$$

であり，ただちに，

$$\frac{dx(t)}{dt}\bigg|_{t=t'} = v(t') = \frac{mg}{b} \tag{2.58}$$

終端速度が得られる。

このように，空気抵抗の有無で結果として得られる解に大きな影響を与えることがわかった。観察された物体の運動と比較しながら，運動の原因となる力を追加，削除等を行い，微分方程式の解と比較すると，原因を特定または推定することができる。

2.7 フックの法則

これまで運動方程式を通して扱ってきた物体 (質点) の運動は，一過性の運動であった。ここでは周期的に運動する物体を扱う。そこで，図 2.9 に示したバネにつながった質点の運動を考える (バネの片方を壁に固定し，摩擦のない床面に物体を置いてバネの片方をこの物体に連結する)。物体を持って，バネを少し引き伸ばし，その後物体から手を離せば，物体は図に示した矢印の方向に左右に移動を開始する。この周期的な運動の原因は，バネのみである。そこで，バネの力学的な性質を知る必要がある。バネは，自然長から伸ばそうとしても，縮めようとしても，力が必要であり，自然長に戻ろうとする力 (復元力) がはたらく。この性質はフックの法則とよばれ，図 2.10 のように示すことができる。

$$F = kx \tag{2.59}$$

図 2.9 のように，バネの片方を壁に固定し，摩擦のない床面に物体を置いてバネの片方をこの物体に連結する。この物体がバネから受ける力は，バネが伸びる (縮む) 方向と縮む (伸びる) 方向が逆なので，

$$m\frac{d^2x(t)}{dt^2} = -kx(t) \tag{2.60}$$

とかける。k [kg/s^2] はバネの硬さを示しており，大きい k ほど硬いバネに相当する。ここで，

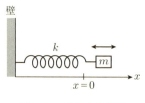

図 2.9 バネによる振動

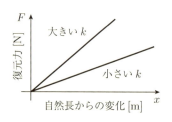

図 2.10 フックの法則

$$\frac{d^2x(t)}{dt^2} = -\frac{k}{m}x(t) = -\omega^2 x(t) \tag{2.61}$$

と変形する．ここで，ω [1/s] は角振動数である．この微分方程式は，単振動の運動方程式とよばれる．

2.8 単振動

よく知られた周期的な関数は，$y_1(t) = \sin(\alpha t)$, $y_2(t) = \cos(\beta t)$ のような三角関数である．これらの関数は，1回 t で微分すると，それぞれ $\frac{dy_1(t)}{dt} = \alpha\cos(t)$, $\frac{dy_2(t)}{dt} = -\beta\sin(t)$ となり，もう1回 t で微分すると

$$\begin{aligned}\frac{d^2y_1(t)}{dt^2} &= -\alpha^2\cos(t) = -\alpha^2 y_1(t) \\ \frac{d^2y_2(t)}{dt^2} &= -\beta^2\sin(t) = -\beta^2 y_2(t)\end{aligned} \tag{2.62}$$

となり，元の関数の異符号となる．単振動の運動方程式と比較すると，$y_1(t) = \sin(\alpha t)$, $y_2(t) = \cos(\beta t)$ は，それぞれ解であることがわかる．そこで一般解を

$$x(t) = C\sin(\omega t + \phi) \tag{2.63}$$

と仮定してみる．ただし，図 2.11 に示すように，C は振幅 [m]，ω は角振動数 [rad/s]，$T = \frac{2\pi}{\omega}$ は周期 [s]，ϕ は初期位相 [rad] である．速度は $\frac{dx(t)}{dt} = \omega C\cos(\omega t + \phi)$ であり，加速度は，

$$\frac{d^2x(t)}{dt^2} = -\omega^2 C\sin(\omega t + \phi) = -\omega^2 x(t) \tag{2.64}$$

となるので，$x(t) = C\sin(\omega t + \phi)$ は，式 (2.61) の一般解であることがわかる．

2.8.1 単振動の一般解

2.8 節で用いた一般解

$$x(t) = C\sin(\omega t + \phi) \tag{2.65}$$

は，さらに，

$$x(t) = A\cos(\omega t) + B\sin(\omega t) \tag{2.66}$$

と変形できる．なぜならば，$\sin(x+y) = \sin(x)\cos(x) + \cos(x)\sin(y)$ を用いれば

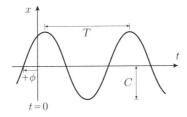

図 2.11 単振動の一般解

$$x(t) = C\sin(\phi)\cos(\omega t) + C\cos(\phi)\sin(\omega t) \tag{2.67}$$

とかけ，$\cos(\omega t)$ と $\sin(\omega t)$ は，直交する関数であるので，斜辺の長さを C とすれば，

$$C = \sqrt{A^2 + B^2}, \quad \tan\phi = \frac{A}{B} = \frac{\sin\phi}{\cos\phi} \tag{2.68}$$

の関係があり，$C\sin\phi = A$，$C\cos(\phi) = B$ のように係数を置き換えることができるためである。

章末問題 2

2.1　2.6.2 項の式 (2.44) について以下の計算を行え。

(a) この式 (2.44) を x で微分することで，頂点の x 座標を求めよ。
(b) さらに，この結果を利用して頂点 (=最高点) における「高さ」を求めよ。
(c) (b) で求めた「高さ」の単位が「長さ」であることを示しなさい。

2.2　図 2.12 のように，質量 m [kg] の物体 (質点) を時間 $t = 0$ [s] において，地表から高さ h [m] から，真上に初速度 v_0 [m/s] で投げ上げた (言い換えると，初期条件は，$x(0) = h$ かつ $v(0) = \left.\frac{dx(t)}{dt}\right|_{t=0} = v_0$ である)。ただし重力加速度を下向き (=真下方向=鉛直方向) に g [ms^{-2}] とする。

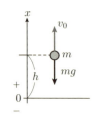

図 2.12 投げ上げ

(a) この物体の運動の運動方程式を示せ。
(b) (a) の運動方程式から $x(t), v(t)$ の一般解を求めよ。
(c) (a) の運動方程式から $x(t), v(t)$ の特殊解を求めよ。

2.3　次元 (単位) 解析を用いて以下の (a) と (b) の問いに答えよ。ただし括弧内は各物理量の単位を示す。

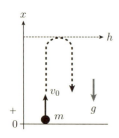

図 2.13 垂直投げ上げ: 太い点線は，物体の軌道を示す。

(a) 図 2.13 に示すような物体 (質点) を垂直 (真上) に投げ上げた場合の最高点の高さ h [m] は，物体 (質点) の質量 m [kg] と，下向きの重力加速度 g [m/s^2] と，投げ上げの初速度 v_0 [m/s] で決まると仮定すると，h, m, g, v_0 は，どのような関係で表すことができるか？
(b) 単振動の周期 T [s] は，ばね定数 k [kg/s^2] と，おもりの質量 m [kg] で決まると仮定すると，T, k, m は，どのような関係で表すことができるか？

2.4　物体の落下の速さの 2 乗に比例する抵抗力が作用する落下運動の運動方程式は，

$$m\frac{d^2x(t)}{dt^2} = mg - b\left(\frac{dx(t)}{dt}\right)^2 \tag{2.69}$$

とかける。ただし m [kg]，$x(t)$ [m]，t [s]，g [m/s^2] である。以下の問いに答えよ。

(a) 式 (2.69) の右辺第 2 項の係数 b の単位を求めよ。
(b) 式 (2.69) において，加速度が 0 $\left(\frac{d^2x(t)}{dt^2} = 0\right)$ になる時の速さ $\left(\frac{dx(t)}{dt}\right)$ を求めよ。
(c) (a) の結果を用いて，(b) で得られた結果が，速さ (速度) の単位であることを確認せよ。

3
力学的エネルギー

1, 2章では，質点の位置は時間の経過と共に変化するということを示したが，3章では，質点の位置で力が決まる場合を考える。このような状況を理解するために，物体の運動の特徴を表す物理量として，力学的エネルギーを導入する。この力学的エネルギーは，運動エネルギー K とポテンシャル (位置) エネルギー U の和として表現できる。これら K と U は，仕事という物理量で定義できる。力学的エネルギーという物理量で物体の運動をとらえると，物体の速度や位置を求めるのに，運動方程式を解くより楽な場合がある。

3.1 仕　事

仕事 W は，物体にその外側から力を加えて移動させた時，その力 $\boldsymbol{F}$ [N] と力の方向に移動した距離 Δx[m] の積で決まる物理量である。したがって，仕事の単位は，[Nm] = [kg$(\frac{m}{s})^2$] = [J] である。単位 J は，ジュールと読む。J は，エネルギーの大きさを示すために用いられる単位である。最初に，摩擦の無い 1 次元の x 軸上に質点が存在し，図 3.1 のように，力の方向と移動の方向が平行な場合を考える。その場合の仕事 W は，

$$W = F(x)\Delta x \quad [\text{J}] = \left[\text{kg}\left(\frac{\text{m}^2}{\text{s}^2}\right)\right] \tag{3.1}$$

ジェームズ，プレスコット・ジュール, James Prescott Joule 1818–1889

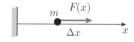

図 3.1 仕事の定義

となる。このように仕事 W は，物体を移動させるために必要なエネルギーと考えればよい。また，力は，図 3.2 のように位置 x の関数として変化してもよいので，x_1 から x_2 までを N 等分割し，その仕事 $W_{x_1 \to x_2}$ は，

$$W_{x_1 \to x_2} = W_1 + W_2 + \ldots + W_N = \sum_{i=1}^{N} F(x_i)\Delta x_i \tag{3.2}$$

である。今，$N \to \infty$ とすれば，1 章の図 1.12 のように，この無限個の積和を積分で表記することができるので，図 3.2 のように，

$$W_{x_1 \to x_2} = \int_{x_1}^{x_2} F(x)\,dx \tag{3.3}$$

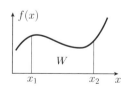

図 3.2 力が位置で変化する場合の仕事

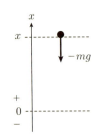

図 3.3 重力のする仕事

となる。具体的に図 3.3 のように，重力の影響下で質量 m の質点を $x > 0$ の位置から $x = 0$ まで重力のする仕事は，

$$W_{x \to 0} = \int_x^0 F(x')\,dx' = -mg \int_x^0 dx' = -mg[x']_x^0 = mgx \tag{3.4}$$

となる。さらに，2 章の 2.7 節で解説したバネを用いる。いったんこのバネを長さを自然長 $x = 0$ から $-x$ まで縮め，はなした時にバネの伸びが $-x$ から 0 まで変化する。この時のバネの復元する仕事 W は，

$$W_{-x \to 0} = \int_{-x}^0 F(x')\,dx' = \int_{-x}^0 (-kx')\,dx' = -\frac{k}{2}\left[x'^2\right]_{-x}^0 = \frac{1}{2}kx^2 \tag{3.5}$$

となる。

3.2 運動エネルギー

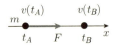

図 3.4 運動エネルギー

運動エネルギーは，仕事から求めることができる。図 3.4 に示すように，1 次元 x 軸上に質量 m [kg] の質点が存在し，この質点に x 軸に平行な力 F での仕事を計算する。運動方程式の両辺に速度 $v(t) = \frac{dx(t)}{dt}$ をかけて時間で定積分を行うと，

$$m \frac{d^2 x(t)}{dt^2} \frac{dx(t)}{dt} dt = F(x) \frac{dx}{dt} dt \tag{3.6}$$

となる。

$$式 (3.6) の左辺 = mv \frac{dv(t)}{dt} dt = \frac{m}{2} \frac{dv^2(t)}{dt} dt \tag{3.7}$$

となる。式 (3.7) の最右辺にの図 3.4 に示す積分区間を代入すると，

$$\frac{m}{2} \int_{t_A}^{t_B} \frac{dv^2(t)}{dt} dt = \frac{m}{2} \int_{t_A}^{t_B} dv^2(t) = \frac{m}{2}(v^2(t_B) - v^2(t_A)) \tag{3.8}$$

となる。式 (3.6) の右辺も同様に，

$$式 (3.6) の右辺 = F(x) \frac{dx}{dt} dt = F(x)\,dx \tag{3.9}$$

となる。式 (3.9) の最右辺に図 3.4 に示す積分区間を代入すると，

$$\int_{x_A}^{x_B} F(x)\,dx \tag{3.10}$$

となる。このような記号演算を行うと，特定の条件に依存しない一般的な状態を求めることができる。式 (3.8) は，式 (3.10) と同じ仕事なので，

$$\frac{1}{2}m(v^2(t_B) - v^2(t_A)) = \int_{x_A}^{x_B} F(x)\,dx = W_{x_A \to x_B} \tag{3.11}$$

となり，仕事が原因となって結果として物体の速度に変化を与えたことがわかる。変化量を差分 d を用いて表記すると，

$$\frac{1}{2}mdv^2(t) = \int F(x)\,dx = W \tag{3.12}$$

となり，さらに，$x_A = 0$, $x_B = x$, $t_A = 0$, $t_B = t$ とすれば，

$$W_{0\to x} = K(t) = \frac{1}{2}m\left(\frac{dx(t)}{dt}\right)^2 = \frac{1}{2}mv^2(t) \quad [\text{J}] \tag{3.13}$$

となり，運動エネルギー $K(t)$ がめられる．このように運動エネルギー K は，質量 m と時間 t における速度 $v(t)$ で決まる．また，K は，スカラー量である．なぜならば，$v^2 = (-v)^2$ であるため，方向が不定になるからである．式 (3.11) を変形すると，

$$v^2(t_B) - v^2(t_A) = \frac{2W_{x_A \to x_B}}{m} \tag{3.14}$$

となる．$v(t_B) > v(t_A)$ の場合は，運動エネルギー K は上昇 (プラスの加速度) し，物体に対して正の仕事をしたことになる．逆に，$v(t_A) > v(t_B)$ の場合は，運動エネルギー K は減少 (マイナの加速度) し，物体に対して負の仕事をしたことになる．

3.3 ポテンシャル (位置) エネルギー

運動エネルギー K は，仕事により物体が獲得 (失う) する運動エネルギーであったが，もうひとつ仕事により獲得 (失う) するエネルギーがある．それは，ポテンシャル (位置) エネルギー U であり，物体の運動の始点 a と終点 b のみで決まる．例えば，重力のする仕事は式 (3.4) に，復元力のする仕事は，式 (3.5) に示したが，これとは逆に，重力に逆らって物体を持ち上げる時に必要な仕事は，$b > a$ の時，

$$W_{a\to b} = -\int_a^b (-mg)x'dx' = mg(b-a) \tag{3.15}$$

となり，$a = 0$, $b = x$ の時は，

$$W_{0\to x} = U(x) = -\int_0^x (-mg)x'dx' = mgx \tag{3.16}$$

となる．これが物体が獲得した重力のポテンシャルエネルギー $U(x)$ である．また，復元力に逆らってバネを縮める (伸ばす) 時，$b > a$ の場合

$$W_{a\to b} = -\int_a^b (-kx)dx = \frac{1}{2}k(b^2 - a^2) \tag{3.17}$$

となり，$a = 0$, $b = x$ の時は，

$$W_{0\to x} = U(x) = -\int_0^x (-kx')dx' = \frac{1}{2}kx^2 \tag{3.18}$$

となる．これが物体が獲得したバネのポテンシャルエネルギー $U(x)$ である．

3.4 保存力とポテンシャル(位置)エネルギー

力 F が物体の位置 x のみに依存するような場合，この力は保存力とよばれる。その力は，

$$F(x) = -\frac{dU(x)}{dx} \tag{3.19}$$

とかける。これは，ポテンシャルエネルギーの傾き(勾配)が力の大きさに比例することを示している。式 (3.19) を変形すると，

$$F(x)dx + dU(x) = 0 \tag{3.20}$$

となる。$F(x)dx$ は，仕事 W なので，

$$W + dU(x) = 0 \tag{3.21}$$

となる。これは，仕事とポテンシャルエネルギーの変化量がプラスマイナス 0 になり，力 $F(x)$ が保存力だといえる。具体的には，3.3 節で示した，バネと重力のポテンシャルエネルギーは，保存力である。つまり，

$$F(x) = -\frac{d(\frac{1}{2}kx^2)}{dx} = -kx \tag{3.22}$$

となる。したがって運動方程式は，

$$\frac{d^2x(t)}{dt^2} = -kx(t) \tag{3.23}$$

となる。また，重力のポテンシャルエネルギーから力を求めると，

$$F(x) = -\frac{d(mgx)}{dx} = -mg \tag{3.24}$$

となる。したがって，運動方程式は，

$$m\frac{d^2x(t)}{dt^2} = -mg \tag{3.25}$$

となる。より一般的に 1 次元で保存力のみで運動を行う質量 m の質点の運動方程式は，

$$m\frac{d^2x(t)}{dt^2} = -\frac{dU(x)}{dx} \tag{3.26}$$

とかける。

3.5 力学的エネルギー保存則：保存力の性質

運動エネルギーとポテンシャル(位置)エネルギー，さらに保存力について説明したが，これらエネルギーという視点で保存力をみると，力学的エネルギー保存が保存される条件(力学的エネルギー保存則)が存在することがわかる。式 (3.12) と式 (3.21) より，

$$\frac{1}{2}mdv^2(t) - W = 0 \tag{3.27}$$

$$W + dU(x) = 0 \tag{3.28}$$

である．これらを足すと，

$$\frac{1}{2}mdv^2(t) + dU(x) = 0 \tag{3.29}$$

となる．これは，質点の運動エネルギーの変化量とポテンシャルエネルギーの変化量の和が常に0になることを示している．言い換えると，運動エネルギーが増加すれば，その分だけポテンシャルエネルギーが減少し，逆に運動エネルギーが減少すれば，その分だけポテンシャルエネルギーが増加することを示している．式で表現すると，

$$K(t) + U(x) = E(一定) \tag{3.30}$$

E は，力学的エネルギーとよばれる．式 (3.30) を時間で 1 回微分すると，

$$\frac{d}{dt}(K(t) + U(x)) = \frac{dE}{dt} = 0 \tag{3.31}$$

式 (3.30)，式 (3.31) は，力学的エネルギーは，時間的に一定であり，増減しない (傾きが 0) ことを示している．このように，物体の運動の変化の原因について，摩擦や抵抗がなく，保存力のみである場合には，このように運動エネルギーとポテンシャルエネルギーが時々刻々と変換されるだけで，それらの総量である力学的エネルギーは時間的に一定となる．これを力学的エネルギー保存則という．

3.5.1 落下時の力学的エネルギー保存

例えば，図 3.5 のように初速度 $v(0) = 0$ で高さ h から落下させる場合，ポテンシャルエネルギー U は，式 (3.16) より $U = mgh$ であり，したがって，$F = -mg$ である．この力による落下運動の速度と位置は，

$$v(t) = gt, \quad x(t) = -\frac{1}{2}gt^2 + h \tag{3.32}$$

である．式 (3.30) に代入すると，

$$\begin{aligned} K(t) + U(t) &= \frac{1}{2}mv^2(t) + mgx(t) \\ &= \left(\frac{1}{2}m(gt)^2\right) + \left(-\frac{mg}{2}gt^2 + mgh\right) \end{aligned} \tag{3.33}$$

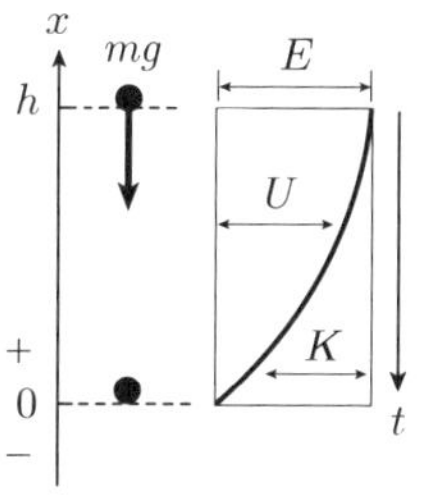

となり，時間の経過とともに，物体は落下し，K の増加と U の減少が同時に進行する．最右辺を整理すると，

$$式 (3.33) の最右辺 = mgh = E = 一定 \tag{3.34}$$

となる．

図 3.5 落下における力学的エネルギー保存

[例題 3.1]

3.5.1 項において，高さ $x = \frac{mgh}{2}$ の時の速度を，力学的エネルギー保存則を用いて求めよ。

3.5.2 単振動の力学的エネルギー保存

さらに，振幅が $A > 0$ の単振動について考える。単振動の位置についての一般解は，

$$x(t) = A\cos(\omega t + \phi) \tag{3.35}$$

とかける。速度は，

$$v(t) = \frac{dx(t)}{dt} = -A\omega \sin(\omega t + \phi) \tag{3.36}$$

運動エネルギーは，

$$K = \frac{m}{2}v^2(t) = \frac{1}{2}mA^2\omega^2 \sin^2(\omega t + \phi) \tag{3.37}$$

ポテンシャルエネルギーは，式 (3.18) より，

$$U = \frac{1}{2}kx(t)^2 = \frac{1}{2}kA^2\cos^2(\omega t + \phi) \tag{3.38}$$

である。$\cos^2\theta + \sin^2\theta = 1$，式 (2.61) より $k = m\omega^2$ であるので，

$$K + U = \frac{1}{2}mA^2\omega^2 = \frac{1}{2}kA^2 = E(一定) \tag{3.39}$$

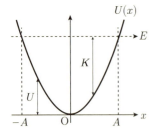

図 3.6 単振動における力学的エネルギー保存

となる。これは，U の減少分のみ K が増加し，力学エネルギー E は一定となることを示している。この関係を図 3.6 に示す。原点で速度 v は最大 $m\frac{A^2\omega^2}{2}$ となり，ポテンシャルエネルギーは最小 0 となる。一方，最大の振れ幅 A の時は，速度は 0 で，ポテンシャルエネルギーは最大 $\frac{kA^2}{2}$ となる。

[例題 3.2]

3.5.2 項において，物体の位置 x と力 $F(x)$ の関係を図示せよ。ただし，横軸を位置 x，縦軸を $F(x)$ とし，定義域と値域を明示すること。

3.6 2次元と3次元における仕事

これまでは，力の方向と運動の方向が同一直前上に限定されている場合のみであった。これを多次元に拡張する。図 3.7 のように 1 次元で力の向きと物体の移動方向が平行でない場合，

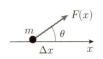

図 3.7 傾いた仕事

$$W = \boldsymbol{F}\cos\theta \Delta \boldsymbol{x} = |\boldsymbol{F}||\Delta \boldsymbol{x}|\cos\theta \tag{3.40}$$

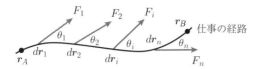

図 3.8 2次元と3次元内での仕事

となり，cos 成分が力の大きさとなる．このためベクトルの内積を使って表記できる．これにより，仕事という物理量がスカラー量であることがわかる．さらに，図 3.8 のように，物体の軌道が，曲線上にある場合でかつ，力の方向が曲線と平行でない場合も考慮すると，その仕事は内積を使って，

$$W = \bm{F}(\bm{r}) \cdot d\bm{r} \tag{3.41}$$

となる．仕事の区間を始点 $r_A = (x_A, y_A, z_A)$ から，終点 $r_B = (x_B, y_B, z_B)$ とすると，

$$W_{\bm{r}_A \to \bm{r}_B} = \int_{r_A}^{r_B} \bm{F}(r) \cdot d\bm{r} \tag{3.42}$$

となる．このような経路に沿った積分を線積分という．$\bm{F}(r)$, $d\bm{r}$ を単位ベクトルを用いて表記すると，

$$F(\bm{r}) = F_x(x,y,z)\bm{i}_x + F_y(x,y,z)\bm{i}_y + F_z(x,y,z)\bm{i}_z \tag{3.43}$$

$$d\bm{r} = dx\bm{i}_x + dy\bm{i}_y + dz\bm{i}_z \tag{3.44}$$

となるので，

$$F(\bm{r}) \cdot d\bm{r} = F_x(x,y,z)dx + F_y(x,y,z)dy + F_z(x,y,z)dz \tag{3.45}$$

となる．したがって，仕事 $W_{\bm{r}_A \to \bm{r}_B}$ は，

$$\begin{aligned} W_{\bm{r}_A \to \bm{r}_B} &= \int_{r_A}^{r_B} \bm{F}(r) \cdot d\bm{r} \\ &= \int_{x_A}^{x_B} F_x(x,y,z)\,dx + \int_{y_A}^{y_B} F_y(x,y,z)\,dy + \int_{z_A}^{z_B} F_z(x,y,z)\,dz \end{aligned} \tag{3.46}$$

となる．

3.7　2次元と3次元における運動エネルギー

2次元と3次元での運動エネルギー K は，式 (3.13) で定義した1次元の運動エネルギーと同様に，速度 v と質量 m で決まり，

$$K = \frac{1}{2}m\left(\frac{d\bm{r}(t)}{dt}\right)^2 = \frac{1}{2}m\left(\left(\frac{dx(t)}{dt}\right)^2 + \left(\frac{dy(t)}{dt}\right)^2 + \left(\frac{dz(t)}{dt}\right)^2\right) \tag{3.47}$$

となるスカラー量である．2次元の場合は，z 軸成分を消去し

$$K = \frac{1}{2}m\left(\frac{d\boldsymbol{r}(t)}{dt}\right)^2 = \frac{1}{2}m\left(\left(\frac{dx(t)}{dt}\right)^2 + \left(\frac{dy(t)}{dt}\right)^2\right) \tag{3.48}$$

である。

3.8 2次元と3次元における保存力とポテンシャル(位置)エネルギー

3.4節における1次元の場合と同じように考えて，保存力 $\boldsymbol{F}(\boldsymbol{r})$ を求める。多次元なので位置が，$\boldsymbol{r} = (x, y, z)$ となるので，

$$\boldsymbol{F}(\boldsymbol{r}) \cdot d\boldsymbol{r} = -dU(\boldsymbol{r}) \tag{3.49}$$

または，

$$\boldsymbol{F}(\boldsymbol{r}) \cdot d\boldsymbol{r} + dU(\boldsymbol{r}) = 0 \tag{3.50}$$

となる力 $\boldsymbol{F}(\boldsymbol{r})$ が保存力である。この式 (3.49) の左辺は，式 (3.45) と同じである。一方，$dU(\boldsymbol{r})$ は，全微分を用いれば，

$$dU(\boldsymbol{r}) = \left(\frac{\partial U(\boldsymbol{r})}{\partial x}dx + \frac{\partial U(\boldsymbol{r})}{\partial y}dy + \frac{\partial U(\boldsymbol{r})}{\partial z}dz\right) \tag{3.51}$$

であるので，比較すると，

$$\boldsymbol{F}(\boldsymbol{r}) = -\left(\frac{\partial U(\boldsymbol{r})}{\partial x}\boldsymbol{i}_x + \frac{\partial U(\boldsymbol{r})}{\partial y}\boldsymbol{i}_y + \frac{\partial U(\boldsymbol{r})}{\partial z}\boldsymbol{i}_z\right) = -\boldsymbol{\nabla}U(\boldsymbol{r}) \tag{3.52}$$

（∂ は偏微分記号である。）

により $U(\boldsymbol{r})$ から $\boldsymbol{F}(\boldsymbol{r})$ を求めることができる。$\boldsymbol{\nabla}$ は，ナブラとよばれるベクトル微分演算子であり，

$$\boldsymbol{\nabla} = \left(\frac{\partial}{\partial x}, \frac{\partial}{\partial y}, \frac{\partial}{\partial z}\right) = \frac{\partial}{\partial x}\boldsymbol{i}_x + \frac{\partial}{\partial y}\boldsymbol{i}_y + \frac{\partial}{\partial z}\boldsymbol{i}_z \tag{3.53}$$

と定義される。2次元の場合は，z 軸成分を消去し

$$\boldsymbol{\nabla} = \left(\frac{\partial}{\partial x}, \frac{\partial}{\partial y}\right) = \frac{\partial}{\partial x}\boldsymbol{i}_x + \frac{\partial}{\partial y}\boldsymbol{i}_y \tag{3.54}$$

とすればよい。さらに，このポテンシャルエネルギー由来の保存力のみで運動を行う質量 m の質点の運動方程式は，

$$m\frac{d^2\boldsymbol{r}(t)}{dt^2} = \boldsymbol{F}(\boldsymbol{r}) = -\boldsymbol{\nabla}U(\boldsymbol{r}) \tag{3.55}$$

となる。

3.9 2次元と3次元における保存力となる条件

3.4節での保存力は，重力やバネの復元力であり，物体の移動つまり仕事の経路も図 3.9 のように 1 次元に限られていて，理解しやすい。その一方，多次元の保存力とは，どのような条件を満たす力であろうか？

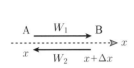

図 3.9 1次元平面での仕事 W_i

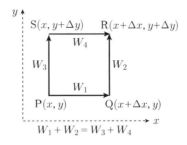

図 3.10 2次元での仕事 W_i

1次元の保存力とは異なり多次元で保存力となる力は,「物体の位置のみで力 (大きさと方向) が決まり,かつ始点 P から終点 R への仕事が経路に依存せず,始点 P から終点 R の位置のみで決まる。」この条件を図 3.10 を用いて説明する。

2つの経路 (PSR と PQR) で仕事の計算を行い,保存力の条件を求める。いま,力 $\boldsymbol{F}(x,y)$ は位置のみに依存し,x 軸 y 軸方向に沿った力を,それぞれ,$F_x(x,y)$, $F_y(x,y)$ とする。ここで,経路 P → Q → R の仕事 $(W_1 + W_2)$ として求めると,

$$W_1 + W_2 = F_x(x,y)\Delta x + F_y(x+\Delta x, y)\Delta y \tag{3.56}$$

となる。さらに,経路 P → S → R の仕事 $(W_3 + W_4)$ として求めると,

$$W_3 + W_4 = F_y(x,y)\Delta y + F_x(x, y+\Delta y)\Delta x \tag{3.57}$$

となる。ここで,$(W_1 + W_2) - (W_3 + W_4) = 0$ となれば,力 $\boldsymbol{F}(x,y)$ は保存力である。したがって,その条件を求めると,

$$(W_1 + W_2) - (W_3 + W_4) = \Delta x \Delta y \left(\frac{\partial F_y}{\partial x} - \frac{\partial F_x}{\partial y}\right) \tag{3.58}$$

が得られる。式 (3.58)=0 であれば,力 $\boldsymbol{F}$ は保存力なので,その条件は,

$$\frac{\partial F_y}{\partial x} - \frac{\partial F_x}{\partial y} = 0 \tag{3.59}$$

である。これを

$$\mathrm{rot}\,\boldsymbol{F}(x,y) = \boldsymbol{\nabla} \times \boldsymbol{F}(\boldsymbol{r}) = 0 \tag{3.60}$$

と表記する。さらに,3次元空間で同様の計算を行うと,その条件は,

$$\frac{\partial F_y}{\partial x} - \frac{\partial F_x}{\partial y} = 0 \text{ かつ } \frac{\partial F_x}{\partial z} - \frac{\partial F_z}{\partial x} = 0 \text{ かつ } \frac{\partial F_z}{\partial y} - \frac{\partial F_y}{\partial z} = 0 \tag{3.61}$$

になる。これを2次元と同様に,

$$\mathrm{rot}\,\boldsymbol{F}(x,y,z) = \boldsymbol{\nabla} \times \boldsymbol{F}(\boldsymbol{r}) = 0 \tag{3.62}$$

と表記する。

式 (3.60) や式 (3.62) の右辺が 0 とならない力 $\boldsymbol{F}$ の場合,この $\boldsymbol{F}$ は非保存力とよばれる。

> rot は,ローテーション (rotation) と読む。
>
> × は,ベクトルの外積を示す。4.5 節参照

章末問題 3

3.1 質量 m [kg] の物体 (質点) にバネ定数 $k(=m\omega^2 \text{ [kg(rad/s)}^2\text{]})$ のバネがつながった場合の単振動の力学的エネルギーについて以下の問いに答えなさい。

(a) この物体 (質点) の位置の時間的な変化を示す関数が

$$x(t) = \cos(\omega \cdot t) \quad (3.63)$$

であった。この物体の速度式 $\frac{dx(t)}{dt}$ を求めよ。

(b) この物体の位置 (=ポテンシャル) エネルギーが,

$$U(x) = \frac{1}{2}kx^2(t) \quad (3.64)$$

と表現できる時, (a) の結果を用いて, この物体の力学的エネルギー E (運動エネルギー $K(v(t))$ とポテンシャルエネルギー $U(x)$ の和, $E(v,x) = K(v(t)) + U(x)$ は, 時間に依存せず一定であることを示せ。ただし, $x(t)$[m], ω [rad/s], t [s] である。

3.2 図 3.11 のように, ある xy 平面上において, 位置 (x,y) にある物体にはたらく力が, 位置の関数として

$$\boldsymbol{F}(x,y) = F_x(x,y)\boldsymbol{i}_x + F_y(x,y)\boldsymbol{i}_y \quad (3.65)$$

と表記できるとき, 以下の問いに答えなさい。

(a) 式 (3.65) の $F_x(x,y)$ と $F_y(x,y)$ が,

$$F_x(x,y) = k(x+y), \quad F_y(x,y) = ky \quad (3.66)$$

である時, rot $\boldsymbol{F}$ を用いて式 (3.66) が, 保存力なのか非保存力なのかを確定せよ。

(b) 図 3.11 に示す経路 ($\text{P} \to \text{A} \to \text{B} \to \text{C} \to \text{P}$) で仕事を求め, この力が保存力なのか非保存力なのかを確定せよ。ただし, (a) と同じ $F_x(x,y)$, $F_y(x,y)$ を使用すること。

(c) (a) と同様に, 式 (3.65) の $F_x(x,y)$ と $F_y(x,y)$ が,

$$F_x(x,y) = (x+y)^2, \quad F_y(x,y) = (x+y)^2 \quad (3.67)$$

である時, rot $\boldsymbol{F}(x,y)$ を求め, この力 $\boldsymbol{F}(x,y)$ が, 保存力なのか非保存力なのかを確定せよ。

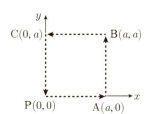

図 3.11 括弧内の文字は, xy 平面上の座標を示す。$a > 0$

3.3 ある xy 平面上で力 $\boldsymbol{F}(x,y)$ の成分が

$$F_x(x,y) = axy, \; F_y(x,y) = bx^2 + y^2 \quad (3.68)$$

で与えられている。

(a) この力 $\boldsymbol{F}$ が, 保存力となるように a と b の関係を求めなさい。

(b) ポテンシャル (位置) エネルギー $U(x,y)$ を F_x, F_y から求めよ。ただし $U(0,0) = 0$ である。

4
運動量と角運動量

速度,加速度や力以外にも重要な物理量がある.これまでは質点1個についてのみ考えてきたが,運動量は,注目する物体が複数(衝突,分裂等)の場合に必要であり,合わせて第3法則も必要である.角運動量は,運動量とベクトル積を用いて定義されるが,この物理量は例えば,物体に大きさがあり,この物体が回転運動する場合に必要な物理量である.この角運動量には外積という内積とは異なるベクトル間の積が必要である.

4.1 運動量

運動量 $\bm{p}(t)$ は,物体(質点)の速度と質量の積で定義される物理量である.
$$\bm{p}(t) = m\bm{v}(t) \quad [\mathrm{kg(m/s)}] \tag{4.1}$$
この運動量を用いて,運動方程式を書き換えると,$\frac{d\bm{v}(t)}{dt} = \bm{a}(t)$ であるため,
$$\underbrace{\frac{d\bm{p}(t)}{dt}}_{\text{結果}} = \underbrace{\sum_{i=1}^{N} \bm{F}_i(t)}_{\text{原因}} \tag{4.2}$$
と運動方程式を1階の微分方程式として表現できる.2章の式 (2.3) と比較してほしい.運動量の変化の原因は,物体に作用する力が原因となることを示している.$N = 1$ の場合で両辺を時間で不定積分すると,
$$d\bm{p}(t) = \int \bm{F}(t)\,dt \tag{4.3}$$
となる.積分の区間を決めると,
$$\bm{p}(t_B) - \bm{p}(t_A) = \int_{t_A}^{t_B} \bm{F}(t)\,dt \tag{4.4}$$
となり,例えば,図 4.1 に示す,曲線下の面積が運動量となる.

このような運動量という物理量と2章の 2.4 節で示した第3法則を使うと,物体が衝突,分裂するような運動を理解し説明できる.このように複数の質点で構成された質点の集まりは質点系とよばれる.図 4.2 に示すように,お互い

太陽系の系と同じ意味で複数の要素で構成されるという意味

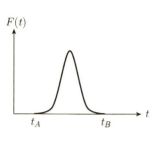

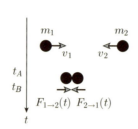

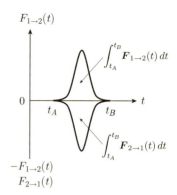

図 4.1 運動量　　**図 4.2** 2 物体の衝突　　**図 4.3** 2 物体の衝突時の運動量

逆方向に運動している 2 つの物体 m_1 と m_2 が衝突する場合を考える。これらの物体について運動方程式を立てると，衝突時の運動方程式は，

$$\frac{d\boldsymbol{p}_1(t)}{dt} = \boldsymbol{F}_{2\to 1}(t) \tag{4.5}$$

$$\frac{d\boldsymbol{p}_2(t)}{dt} = \boldsymbol{F}_{1\to 2}(t) \tag{4.6}$$

となる。これは，他方の物体からのみ力を受けることを意味している。それぞれの両辺について定積分を行うと，

$$\boldsymbol{p}_1(t_B) - \boldsymbol{p}_1(t_A) = \int_{t_A}^{t_B} \boldsymbol{F}_{2\to 1}(t)\, dt \tag{4.7}$$

$$\boldsymbol{p}_2(t_B) - \boldsymbol{p}_2(t_B) = \int_{t_A}^{t_B} \boldsymbol{F}_{1\to 2}(t)\, dt \tag{4.8}$$

さらに，これらの式を足しあわせると，

$$\boldsymbol{p}_1(t_B) - \boldsymbol{p}_1(t_A) + \boldsymbol{p}_2(t_B) - \boldsymbol{p}_2(t_A) = \int_{t_A}^{t_B} \boldsymbol{F}_{2\to 1}(t)\, dt + \int_{t_A}^{t_B} \boldsymbol{F}_{1\to 2}(t)\, dt \tag{4.9}$$

となる。第 3 法則を用いると，図 4.3 に示すように右辺は 0 となるので，

$$\boldsymbol{p}_1(t_A) - \boldsymbol{p}_1(t_A) + \boldsymbol{p}_2(t_B) - \boldsymbol{p}_2(t_B) = 0 \tag{4.10}$$

となる。移項すると，

$$\boldsymbol{p}_1(t_A) + \boldsymbol{p}_2(t_A) = \boldsymbol{p}_1(t_B) + \boldsymbol{p}_2(t_B) \tag{4.11}$$

となり，運動量が時間的に保存されることを示す。この関係は，2 個以上の物体についても，任意の 2 物体間について式 (4.11) が成り立ち，さらにそれらの衝突のタイミングはバラバラであるため，N 個の質点では，

$$\sum_{i=1}^{N} \boldsymbol{p}_i(t) = \sum_{i=1}^{N} \boldsymbol{p}_i(t') = 一定 \tag{4.12}$$

とかける。ただし，$t \neq t'$ である。運動量を質量と速度を使って書き直すと，

$$\sum_{i=1}^{N} m_i \boldsymbol{v}_i(t) = \sum_{i=1}^{N} m_i \boldsymbol{v}_i(t') \tag{4.13}$$

となる．速度を成分に分解して表記すると，

$$\sum_{i=1}^{N} m_i \boldsymbol{v}_{xi}(t) = \sum_{i=1}^{N} m_i \boldsymbol{v}_{xi}(t') \tag{4.14}$$

$$\sum_{i=1}^{N} m_i \boldsymbol{v}_{yi}(t) = \sum_{i=1}^{N} m_i \boldsymbol{v}_{yi}(t') \tag{4.15}$$

$$\sum_{i=1}^{N} m_i \boldsymbol{v}_{zi}(t) = \sum_{i=1}^{N} m_i \boldsymbol{v}_{zi}(t') \tag{4.16}$$

となる．

4.2 弾性衝突と非弾性衝突

一連の運動のなかで運動量が保存される．その一方で，3章で定義した運動エネルギーの変化を基準にして2つの衝突現象がある．

4.2.1 弾性衝突

弾性衝突は，衝突前後で物体の運動エネルギー K が保存され，式 (4.12) と同時に，

$$\sum_{i=1}^{N} K_i(t) = \sum_{i=1}^{N} K_i(t') \tag{4.17}$$

つまり，

$$\sum_{i=1}^{N} \frac{1}{2} m_i \boldsymbol{v}_i^2(t) = \sum_{i=1}^{N} \frac{1}{2} m_i \boldsymbol{v}_i^2(t') \tag{4.18}$$

を満たす衝突である．

4.2.2 非弾性衝突

非弾性衝突は，衝突前後で運動エネルギー K が保存されない(多くの場合は減少する)ため，式 (4.12) と同時に，

$$\sum_{i=1}^{n} K_i(t) \neq \sum_{i}^{N} K_i(t') \tag{4.19}$$

を満たす運動である．

多くの場合 K は減少し，このエネルギーの減少分の熱に変化する．つまり，物体の温度が上昇する．

4.2.3 完全非弾性衝突

(1) 融　合

複数の物体が衝突により融合して一つの物体になる場合は，完全非弾性衝突とよばれる。この場合も，非弾性衝突と同じように運動エネルギーは保存されない。運動量は，融合前後の時間を $t_1 < t_2$ として，衝突後の運動量 $\bm{p}'(t_2)$ は，

$$\bm{p}_1(t_1) + \bm{p}_2(t_1) = \sum_{i=1}^{N} \bm{p}_i(t) = \bm{p}'(t_2) \tag{4.20}$$

となる。2つの物体が衝突後の一体化した物体の速度 $\bm{v}'(t_2)$ は，

$$m_1\bm{v}_1(t_1) + m_2\bm{v}_2(t_1) = (m_1 + m_2)\bm{v}'(t_2) \tag{4.21}$$

で求められる。

(2) 分　裂

分裂は，前節の融合の逆過程 (時間の反転) と考えればよい。衝突と分裂はその現象を見ているタイミングが異なるだけである (図 4.4)。花火のような爆発も分裂である。このような分裂の前後でも運動量は保存される。時間を $t_1 < t_2$ として，1つの物体が2個に分裂する場合は，

$$(m_1 + m_2)\bm{v}'(t_1) = m_1\bm{v}_1(t_2) + m_2\bm{v}_2(t_2) \tag{4.22}$$

となる。ロケットは，激しい分裂を連続的に引き起こすことにより，運動を可能にする推進装置である。

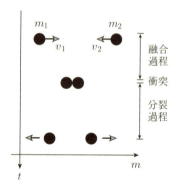

図 4.4 融合，衝突，分裂

4.3 運動量保存則，内力，外力

式 (4.2) は，運動量の時間的変化 (傾き) の原因が力であることを示している。したがって，右辺が $\bm{F}(t) = 0$ の場合は，

$$\frac{d\bm{p}(t)}{dt} = 0 \tag{4.23}$$

であり，結果として運動量の時間的変化(傾き)は0となる。これは，質点の運動量に時間的な変化はなく，保存されることを意味している。式(4.12)は，複数の物体であっても，運動量が時間的に変化せず一定であり，つまり保存されることを示している。つまり，時間で両辺を微分すると，

$$\sum_{i=1}^{N} \frac{d\boldsymbol{p}_i(t)}{dt} = 0 \tag{4.24}$$

となり，式(3.30)で見たように，力学的エネルギー保存則と同様の関係が得られる。これは，運動量保存則とよばれる。この保存則の成立条件は，注目する物体間(質点系内)にはたらく力のみが運動の原因の場合に得られた計算結果である。このように，注目する物体間(質点系内)にはたらく力は，内力とよばれる。その一方で，注目する質点系の外側から作用する力を外力とよばれ，区別される。したがって，質点(系)に外力が作用し，その和が0とならない場合は，注目する質点(系)の運動量は，保存されず変化する。

4.4　質点系の重心

質点系の重心位置 $\boldsymbol{R}(t)$ を考えよう。2つの質点からなる質点系は，個々の質点の位置を図4.5のように $\boldsymbol{r}_i(t)$ とすると，重心の位置 $\boldsymbol{R}(t)$ は，

$$\boldsymbol{R}(t) = \frac{m_1\boldsymbol{r}_1(t) + m_2\boldsymbol{r}(t)}{m_1 + m_2} \tag{4.25}$$

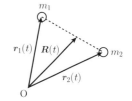

図 4.5 質点系の重心

となる。一般に，N 個の質点系では，

$$\boldsymbol{R}(t) = \frac{\sum_{i=1}^{N} m_i \boldsymbol{r}_i(t)}{\sum_{i=1}^{N} m_i} \tag{4.26}$$

となる。これを変形すると，

$$M\boldsymbol{R}(t) = \sum_{i=1}^{N} m_i \boldsymbol{r}_i(t) \tag{4.27}$$

となる。ただし，$M = \sum\limits_{i=1}^{N} m_i$ である。さらに，両辺を時間 t で微分すると

$$M\frac{d\boldsymbol{R}(t)}{dt} = \sum_{i=1}^{N} m_i \frac{d\boldsymbol{r}_i(t)}{dt} = \sum_{i=1}^{N} m_i \boldsymbol{v}_i(t) = \sum_{i=1}^{N} \boldsymbol{p}_i(t) \tag{4.28}$$

となる。さらに，両辺を時間 t で微分すると

$$M\frac{d^2\boldsymbol{R}(t)}{dt^2} = \sum_{i=1}^{N} \frac{d\boldsymbol{p}_i(t)}{dt} \tag{4.29}$$

となり，重心の位置の運動方程式が得られる。式(4.24)と比較すると，個々の質点は内力のみで運動するが，質点系の重心位置は外力が0の場合，停止また

は等速度運動を行うことを示している。さらに，質点系の運動量は保存されることを示している。

4.5 外 積

2つのベクトルの積が，ベクトルとなる演算を外積 (ベクトル積) という。図4.6のように，2つのベクトル $\bm{A}$ と $\bm{B}$ の外積は，

$$\bm{C} = \bm{A} \times \bm{B} \tag{4.30}$$

内積を表す・と区別して表記する。

と表記する。ベクトル $\bm{C}$ の向きは，$\bm{A}$ と $\bm{B}$ に垂直で，$\bm{A}$ から $\bm{B}$ へ右ネジを回す時に，右ネジの進む方向である。したがってかける順番を逆にすると，

$$-\bm{C} = \bm{B} \times \bm{A} \tag{4.31}$$

となる。ベクトル $\bm{C}$ の大きさは，

$$|\bm{C}| = |-\bm{C}| = |\bm{A} \times \bm{B}| = |\bm{A}||\bm{B}|\sin\theta \tag{4.32}$$

ただし，θ は，2つのベクトル $\bm{A}$ と $\bm{B}$ がなす角度である。同じベクトル間の外積は，なす角度が 0 となるので，

$$\bm{A} \times \bm{A} = 0 \tag{4.33}$$

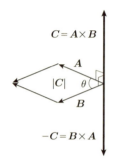

図 4.6 外積の定義

したがって，1章の図 1.6 に示した，単位ベクトル間の外積は，

$$\bm{i}_x \times \bm{i}_y = \bm{i}_z \tag{4.34}$$
$$\bm{i}_y \times \bm{i}_z = \bm{i}_x \tag{4.35}$$
$$\bm{i}_z \times \bm{i}_x = \bm{i}_y \tag{4.36}$$
$$\bm{i}_x \times \bm{i}_x = 0 \tag{4.37}$$
$$\bm{i}_y \times \bm{i}_y = 0 \tag{4.38}$$
$$\bm{i}_z \times \bm{i}_z = 0 \tag{4.39}$$

となる。2つの3次元ベクトル $\bm{A}$ と $\bm{B}$ は，単位ベクトルを用いて

$$\bm{A} = A_x \bm{i}_x + A_y \bm{i}_y + A_z \bm{i}_z \tag{4.40}$$
$$\bm{B} = B_x \bm{i}_x + B_y \bm{i}_y + B_z \bm{i}_z \tag{4.41}$$

とおくと，これら2つのベクトル積 $\bm{C}$ は，$\bm{C} = \bm{A} \times \bm{B}$

$$= (A_y B_z - A_z B_y)\bm{i}_x + (A_z B_x - A_x B_z)\bm{i}_y + (A_x B_y - A_y B_x)\bm{i}_z \tag{4.42}$$

となる。成分で表示すると，

$$= (A_y B_z - A_z B_y, \quad A_z B_x - A_x B_z, \quad A_x B_y - A_y B_x) \tag{4.43}$$

になる。

[例題 4.1]
$\bm{A}$ と $\bm{B}$ が，xy 平面に限られている場合で $\bm{A} \times \bm{B}$ を求めよ。

4.6 つり合いの条件とトルク

図 4.7 に示すような,つり合いについて考える。長さ $(r_1 + r_2)$ の棒の両端に,質量 m_1, m_2 の質点 (物体) が重力によりぶら下がっており,支点 O で支えた時に棒は水平となりつり合っている。いま,これら 2 つの質点 (物体) の質量以外は無視できると考える。これら,m_1, m_2 と r_1, r_2 との関係は,

$$r_1 m_1 = r_2 m_2 \tag{4.44}$$

となる。これをトルクという物理量で説明する。いま,m_2 が少し軽くなったり,重くなったりすれば,つり合いが崩れ,2 つの物体が繋がった棒は,右または左周りに傾き,回転運動を始める。1 つの質点の運動では,運動の変化の原因となる N 個の力の和が

$$\sum_{i=1}^{N} \boldsymbol{F}_i = 0 \tag{4.45}$$

の時,停止もしくは等速度運動を行った。このつり合いが崩れた時の回転運動では,力ではなく,トルク (力のモーメント) $\boldsymbol{N}$ というベクトル量の和が,

$$\sum_{i=1}^{N} \boldsymbol{N}_i = 0 \tag{4.46}$$

の時,つり合って動かなくなる。このトルクは,4.5 節で定義した外積を用いて,

$$\boldsymbol{N} = \boldsymbol{r} \times \boldsymbol{F} \quad [\text{mN}] = [\text{J}] \tag{4.47}$$

と定義される。原点を O $(0, 0, 0)$ として,棒の右方向を x 軸の + 方向,物体のぶら下がっている方向とは逆方向を y 軸の + 方向とすれば,紙面の垂直方向が z 軸の + 方向となる。したがって,$\boldsymbol{r}_1 = (-r_1, 0, 0)$, $\boldsymbol{r}_2 = (r_2, 0, 0)$, $\boldsymbol{F}_1 = (0, -m_1 g, 0)$, $\boldsymbol{F}_1 = (0, -m_2 g, 0)$ となる。したがって,$\boldsymbol{N}_1, \boldsymbol{N}_2$ は,

$$\boldsymbol{N}_1 = (0, 0, r_1 m_1) = r_1 m_1 \boldsymbol{i}_z \tag{4.48}$$

$$\boldsymbol{N}_2 = (0, 0, -r_2 m_2) = -r_2 m_2 \boldsymbol{i}_z \tag{4.49}$$

つり合いの条件は,

$$\boldsymbol{N}_1 + \boldsymbol{N}_2 = (0, 0, r_1 m_1 - r_2 m_2) = (r_1 m_1 - r_2 m_2) \boldsymbol{i}_z = 0 \tag{4.50}$$

である。これから,式 (4.44) が得られる。図 4.8 では,トルクの方向は,紙面に垂直に立っている。トルクは,支点 O に関する回転運動の原因を表す物理量である。

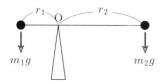

図 4.7 つり合い

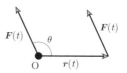

図 4.8 トルクの定義

[例題 4.2]
図 4.7 の支点 O は，2 つの質点 m_1, m_2 からなる質点系の重心であることを示せ。

4.7 角 運 動 量

回転運動の原因となる物理量は，トルク N であるが，結果として変化する物理量は，角運動量 $l(t)$ である。この角運動量 $l(t)$ もトルクと同様に，外積を使って定義され，位置ベクトル r と運動量 p の外積であり，

$$l(t) = r(t) \times p(t) = r(t) \times mv(t) \quad [\mathrm{kg(m^2/s)}] \tag{4.51}$$

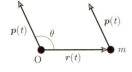

図 4.9 角運動量の定義

となる。単位は $[\mathrm{kg(m^2/s)}] = [\mathrm{J/s}]$ である。図 4.9 では，角運動量の方向は，紙面に垂直になる。角運動量は，支点 O に関するトルクが原因となって結果的に生じる運動の変化を表す物理量である。

4.7.1 回転運動の運動方程式

したがって，回転運動の運動方程式は，一般的に，

$$\underbrace{\frac{dl(t)}{dt}}_{結果} = \underbrace{\sum_{i=1}^{N} N_i(t)}_{原因} \tag{4.52}$$

とかける。これは，角運動量の時間的な変化の原因は，物体に作用するトルクが原因となることを示している。式 (4.2) や，2 章の式 (2.3) と比較してほしい。成分を示すと，

$$\frac{dl_x(t)}{dt} = \sum_i N_{xi}(t) \tag{4.53}$$

$$\frac{dl_y(t)}{dt} = \sum_i N_{yi}(t) \tag{4.54}$$

$$\frac{dl_z(t)}{dt} = \sum_i N_{zi}(t) \tag{4.55}$$

となる。

式 (4.53)～式 (4.55) と 2 章の式 (2.4)～式 (2.6) を比較してほしい。添え字の xyz は，トルクや角運動量が示す方向である。ここで，これまでの質点の運動は，回転運動と区別するため，並進 (直線) 運動とよぶ。

4.7.2 角運動量とトルクの関係

4.7.1 項の式 (4.52) を証明する。角運動量 $l(t)$ は，$N = 1$ の場合

$$\bm{l}(t) = \bm{r}(t) \times \bm{p}(t) = \bm{r}(t) \times m\bm{v}(t) = \bm{r}(t) \times m\frac{d\bm{r}(t)}{dt} \tag{4.56}$$

である。これを時間 t で微分すると，

$$\frac{d\bm{l}(t)}{dt} = m\frac{d(\bm{r}(t) \times \bm{v}(t))}{dt} = m\frac{d\bm{r}(t)}{dt} \times \bm{v}(t) + m\bm{r}(t) \times \frac{d\bm{v}(t)}{dt}$$
$$= m\bm{v}(t) \times \bm{v}(t) + \bm{r} \times m\bm{a}(t) = \bm{r}(t) \times \bm{F}(t) = \bm{N}(t) \tag{4.57}$$

となり，したがって

$$\frac{d\bm{l}(t)}{dt} = \bm{N}(t) \tag{4.58}$$

となり，$N=1$ の場合の式 (4.52) が得られた。ただし，外積の定義から $\bm{v}(t) \times \bm{v}(t) = 0$ を用いた。

また，運動方程式の両辺に左から位置ベクトル $\bm{r}(t)$ をかけて，

$$m\frac{d^2\bm{r}(t)}{dt^2} = \bm{F}(t) \tag{4.59}$$

$$\bm{r}(t) \times m\frac{d^2\bm{r}(t)}{dt^2} = \bm{r}(t) \times \bm{F}(t) \tag{4.60}$$

$$\bm{r}(t) \times m\frac{d\bm{v}(t)}{dt} = \bm{r}(t) \times \frac{d\bm{p}(t)}{dt} = \bm{r}(t) \times \bm{F}(t) \tag{4.61}$$

$$\frac{d\bm{l}(t)}{dt} = \bm{N}(t) \tag{4.62}$$

となり，再び，$N=1$ の場合の式 (4.52) が得られた。このように，運動方程式と外積を用いると，角運動量とトルクの関係 (回転運動の運動方程式) を導出することができる。

4.8 角運動量保存則

運動量と同様に，角運動量 $\bm{l}(t)$ が保存される場合を考える。式 (4.52) の右辺が 0 の場合，つまりトルクの和が 0 となる場合には，角運動量 $\bm{l}$ は，増減せず一定となる。

$$\frac{d\bm{l}(t)}{dt} = 0 \tag{4.63}$$

式 (4.23) と比較してほしい。

4.8.1 等速円運動の角運動量とトルク

ここで，1 章の 1.8.1 項で示した等速円運動の角運動量とトルクを求める。位置ベクトルは，

$$\bm{r}(t) = A(\cos(\omega t)\bm{i}_x + \sin(\omega t)\bm{i}_y) \tag{4.64}$$

であり，質量が m の場合の運動量 $\bm{p}(t)$ は，

$$\bm{p}(t) = m\frac{d\bm{r}(t)}{dt} = m\bm{v}(t) = -m\omega A(\sin(\omega t)\bm{i}_x + A\omega\cos(\omega t)\bm{i}_y) \tag{4.65}$$

となる。したがって角運動量 $l(t)$ は,

$$l(t) = r(t) \times p(t) = mA^2\omega i_z \tag{4.66}$$

となる。角運動量が時間的に変化しないため,

$$\frac{dl(t)}{dt} = 0 \tag{4.67}$$

である。つまり,等速円運動している質点に作用しているトルクは 0 であることを示しており,結果的に角運動が保存されていることを意味する。

章末問題 4

4.1 図 4.10A のように,x 軸上の原点 $x=0$ [m] に質点と見なせる質量 $3m$ [kg] の物体が静止している (外力は無し)。$t=0$ [s] において,この物体は質量 m [kg] と $2m$ [kg] の 2 つに分裂 (分裂の原因は内力のみ) し (図 4.10B),お互いに x 軸上を反対方向に等速度 v [m/s] > 0,v' [m/s] で移動しはじめた (図 4.10B)。分裂した 2 つの質点の位置は,原点 O からそれぞれ,$r_1(t)$,$r_2(t)$ 位置にあると考える。x 軸方向の単位ベクトルは i_z とする。以下の問いに答えよ。

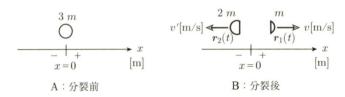

A：分裂前   B：分裂後

図 4.10

(a) 分裂前後で運動量が保存されることにより,v' を v を用いで表せ。
(b) (a) の結果を用いて,原点 O からの重心ベクトル $R(t)$ を求めよ。

4.2 図 4.11C に示すように支点 O (=原点 (0,0,0)) で支えられていて質量の無視できる棒の両端 A,B に,それぞれ 12 [kg] と α [kg] の物体が鉛直 (真下) 方向にぶら下がっている。棒は水平であり,つり合っている。支点 O から A 端までの長さが 4 [m],B 端までの長さが 6 [m] である。ここで,重力加速度は,y 軸の負の向きに g [m/s^2],支点 O (=原点 (0,0,0)) から紙面の右の方向を x 軸で正 (+) の方向,紙面の上の方向を y 軸で正 (+) の方向である。z 軸の方向は,図 4.11A,B に示した記号 ($\odot$, $\otimes$) の意味から把握すること。ただし,棒は支点 O で滑らずに xy 平面内のみ回転可能とする。力の単位に [N] を用いて,以下の計算を行いなさい。

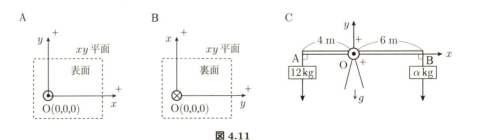

図 4.11

(a) O を支点として棒を xy 平面上で反時計 (=左) 回りに回転させるトルクを求めよ。

(b) O を支点として棒を xy 平面上で時計 (=右) 回りに回転させるトルクを求めよ。

(c) (a) と (b) の結果を用いて，B 端につながっているおもりの質量 α [kg] を求めよ。

4.3 質量 m [kg] の物体が，xy 平面上を等速円運動をしており，その物体の位置を指し示す位置ベクトルは，

$$\bm{r}(t) = R \cdot \cos(\omega t) \cdot \bm{i}_x + R \cdot \sin(\omega t) \cdot \bm{i}_y + 0 \cdot \bm{i}_z = (R \cdot \cos(\omega t), R \cdot \sin(\omega t), 0)$$

と表わせる。ただし，m [kg] > 0，半径 R [m] > 0，角速度 ω [$\frac{\mathrm{rad}}{\mathrm{s}}$] > 0，t [s] ≥ 0 である。以下の計算を行いなさい。

(a) この物体の速度ベクトル $\dfrac{d\bm{r}(t)}{dt}$ を求めよ。

(b) この物体の加速度ベクトル $\dfrac{d^2\bm{r}(t)}{dt^2}$ を求めよ。

(c) 位置ベクトルと速度ベクトルとの内積 $\left(\bm{r}(t) \cdot \dfrac{d\bm{r}(t)}{dt}\right)$ を求めよ。

(d) (a) の結果を用いて，この物体の位置ベクトルと速度ベクトルとの外積 $\left(\bm{r}(t) \times \dfrac{d\bm{r}(t)}{dt}\right)$ を求めよ。

(e) (b) の結果を用いて，位置ベクトルと加速度ベクトルとの外積 $\left(\bm{r}(t) \times \dfrac{d^2\bm{r}(t)}{dt^2}\right)$ を求めよ。

5
剛体の力学

質点は大きさを持たないため，座標系内を移動する並進運動のみを扱ってきた。しかし，大きさのある物体は，並進運動に加えて，回転という運動も考慮しなければならない。そこで，大きさのある物体を質点の集団として考える剛体を定義する。そして，この剛体の回転運動に対する回しにくさの程度 (慣性モーメント) を定義する。このような剛体に対しても，並進運動と同様に物体の運動を考えればよいことを示す。

5.1 剛 体

物体を構成する複数の質点 m_i があり，これらが位置 r_i にあるとき，式 (5.1) を満たすような物体を剛体とよぶ。

$$|\boldsymbol{r}_i(t) - \boldsymbol{r}_j(t)| = 一定 \tag{5.1}$$

これは，全ての質点間の位置関係が変化しないことを示しており，言い換えると変形しない，硬い物体を思い浮かべてもらえばよい。

5.2 慣性モーメント

図 5.1 に示す 3 次元直交座標において，xy 平面内のみを図 5.2 のように，原点 O を回転軸として，半径 R，角速度 ω で等速円運動を行う質量 m [kg] の物体を考える。この物体の角運動量の大きさ $|\boldsymbol{l}|$ は，4 章の式 (4.66) より，

$$|\boldsymbol{l}| = mR^2\omega = m(x^2 + y^2)\omega \tag{5.2}$$

となる。ここで，剛体を考慮して R は時間的に変化しないと考えると，

$$I = mR^2 = m(x^2 + y^2) \quad [\text{kg·m}^2] \tag{5.3}$$

とおいて，I を慣性モーメント [kg·m^2] という物理量で定義できる。いま剛体の回転を考えると，複数の質点 m_i が原点 O を通り z 軸に平行な回転軸から r_i の距離にあるので，この質点で構成された剛体の慣性モーメントは，

$$I_z = \sum m_i R_i^2 = \sum m_i(x_i^2 + y_i^2) \quad [\text{kg·m}^2] \tag{5.4}$$

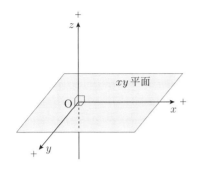
図 5.1 3次元直交内の xy 平面

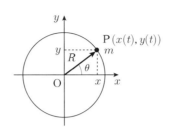
図 5.2 等速円運動

となる。このように，剛体の慣性モーメントは，質点と回転軸からの距離で決まる物理量である。

慣性モーメントを使って，角運動量を表記すると，

$$l_z(t) = I_z \omega \tag{5.5}$$

となる。l_z は z 軸を回転軸とする角運動量である。角速度 ω は必ずしも時間的に一定でなくてもよいので，$\theta(t)$[rad] を使い，一般的に書くと，

$$l_z(t) = I_z \frac{d\theta(t)}{dt} \tag{5.6}$$

もう一度時間 t で両辺を微分すると，

$$\frac{dl_z(t)}{dt} = I_z \frac{d^2\theta(t)}{dt^2} = N_z(t) \tag{5.7}$$

となる。N_z は z 軸を回転軸とするトルクである。$\frac{d^2\theta(t)}{dt^2}$ [rad/s^2] は，角加速度とよばれる。2 章の式 (2.7) の運動方程式と比較すると，慣性モーメントが質量に対応することがわかる。質量は，並進運動の変化のさせにくさの程度を示しているので，慣性モーメントは，回転運動の変化に対する回しにくさの程度を示している。

[例題 5.1]

4.6 節の図 4.7 に示した 2 つの質点からなる物体の慣性モーメントを求めよ。ただし，回転軸は支点 O を通り z 軸に平行な軸とせよ。

5.2.1 連続体の慣性モーメント

式 (5.4) は，剛体が質点の集合として構成される場合であったが，物体が連続して存在して剛体を構成している場合を考える。質量 m が，密度 ρ で構成されている物体と考え，この密度が $\rho(x)$, $\rho(x,y)$ のように位置の関数で定義できる。すると，微小区間 dx における微小質量 dm は，$dm = \rho(x)\,dx$, $dm = \rho(x,y)\,dxdy$ と書ける。$m = \int \rho(x)\,dx$, $m = \int\int \rho(x,y)\,dxdy$ である。そ

こで慣性モーメントは,

$$I = \int x^2 \rho(x)\,dx \tag{5.8}$$

$$I = \iint (x^2 + y^2)\rho(x,y)\,dxdy \tag{5.9}$$

となる。積分の区間は,物体の存在する範囲であり,回転軸の位置は $x=0$, $y=0$ の位置である。円板,リング状の場合は,面密度が $\rho(r)$, $dm = 2\pi r \rho(r)\,dr$ なので,

$$I = 2\pi \int r r^2 \rho(r)\,dr \tag{5.10}$$

となる。

5.2.2 棒の慣性モーメント

図 5.3 のように,3 次元直行座標系の x 軸上に太さの無視できるような長さ L [m], 質量 M [kg] で線密度 $\frac{M}{L} = \rho(x)$ [kg/m] が均一な棒の慣性モーメントを求める。慣性モーメントは回転位置によって異なり,

1) 棒の重心 G (中心) を z 軸に平行な軸を回転軸として,xy 平面内を回転させる場合には,

$$I_{\mathrm{G}} = \int_{-\frac{L}{2}}^{\frac{L}{2}} x^2 \rho\,dx = \frac{\rho}{3}[x^3]_{-\frac{L}{2}}^{\frac{L}{2}} = \frac{1}{12}\rho L^3 = \frac{1}{12}ML^2 \tag{5.11}$$

となる。

2) 棒の端を z 軸に平行な軸を回転軸として,xy 平面内を回転させる場合には,回転軸の位置を $x=0$ にして積分を行い,

$$I_{端} = \int_0^L x^2 \rho\,dx = \frac{\rho}{3}[x^3]_0^L = \frac{1}{3}\rho L^3 = \frac{1}{3}ML^2 \tag{5.12}$$

となる。

5.2.3 リング状の物体の慣性モーメント

図 5.4 のように,厚さの無視できるようなリング上の物体の慣性モーメントを求める。3 次元直行座標系の xy 平面上にこの物体を置き,重心 G (中心) を

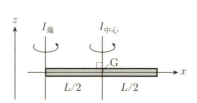

図 5.3 棒の慣性モーメント

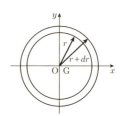

図 5.4 リング状物体の慣性モーメント

原点に合わせる。半径 a [m], 質量 M [kg] で面密度 $M = \rho$ [kg/m^2] の物体をリングの中心で回転させる。

$$I_\mathrm{G} = 2\pi\rho \int_a^b rr^2\, dr = \frac{\pi\rho}{2}\bigl[r^4\bigr]_a^b = \frac{\pi\rho}{2}(a^4 - b^4) \tag{5.13}$$

となる。

1) $a > b$ の場合：$\rho(\pi(a^2 - b^2)) = M$ であるので，

$$I_\mathrm{G} = \frac{\pi\rho}{2}(a^4 - b^4) = \frac{M}{2}(a^2 + b^2) \tag{5.14}$$

$$I_\mathrm{G} = \frac{M}{2}(a^2 + b^2)$$

となる。

2) $a = R$ かつ $b = 0$ の場合：円板もくしは円柱の慣性モーメントが求まり，

$$I_\mathrm{G} = \frac{M}{2}a^2$$

となる。

3) $a = R$ かつ $b = R$ の場合：薄い円環，もくしは薄い円柱の慣性モーメントが求まり，

$$I_\mathrm{G} = MR^2 \tag{5.15}$$

となる。

5.2.4 種々の慣性モーメント

種々の剛体の慣性モーメントを図 5.5 から図 5.10 に示す。ただし全ての剛体の質量は M である。図 5.5，図 5.7，図 5.9，図 5.10 に示した剛体の回転軸は，重心 G を通り，図示された回転軸 (点線) で回転させた時の慣性モーメントを示す。図 5.6，図 5.8 に示した剛体の回転軸は，剛体の端を回転軸 (点線) としたときの慣性モーメントである。

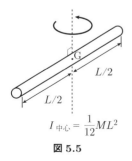

図 5.5

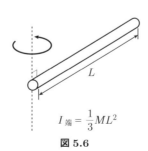

図 5.6

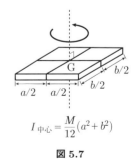

図 5.7

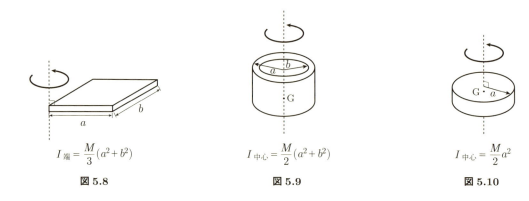

図5.8　　$I_端 = \dfrac{M}{3}(a^2+b^2)$

図5.9　　$I_{中心} = \dfrac{M}{2}(a^2+b^2)$

図5.10　　$I_{中心} = \dfrac{M}{2}a^2$

5.3 平行軸の定理

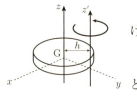

図5.11 平行軸の定理

図5.11のように，質量 M の剛体の重心 G を通る回転軸 z を z' へ距離 h だけ平行移動させた場合の慣性モーメントは，

$$I_{z'} = I_G + Mh^2 \tag{5.16}$$

となる。重心を通る軸を回転軸にすると慣性モーメント I_G は最小になることを意味している。これを平行軸の定理という。

[例題 5.2]

式 (5.16) に示した平行軸の定理を利用し，図 5.8 に示した慣性モーメントを図 5.7 に示した慣性モーメントから求めよ。

5.4 垂直軸 (平板) の定理

図5.12 垂直軸の定理

板状の剛体を図 5.12 に示すように，xy 平面上に置く。そこで，この剛体の慣性モーメントを考える。z 軸で回転させた時の慣性モーメント I_z は，回転軸からの質量分布を考えると，x 軸で回転させた時の慣性モーメント I_x や，y 軸で回転させた時の慣性モーメント I_y はよりも大きく，ちょうど

$$I_z = I_x + I_y \tag{5.17}$$

の関係が得られる。これを，垂直軸の定理という。

[例題 5.3]

図 5.10 に示した円板を xy 平面に置いた時，I_x, I_y, I_z をそれぞれ求めよ。

5.5 剛体の回転エネルギー

回転運動のエネルギーは，並進運動の運動エネルギーと同様に，質量と速度できまり，等速円運動の場合を考えると，$v = R\omega$ なので，

$$K = \frac{1}{2}mv^2 = \frac{1}{2}m(R\omega)^2 = \frac{1}{2}I\omega^2 \tag{5.18}$$

となる。角速度 ω は必ずしも時間的に一定でなくてもよいので，$\theta(t)$ を使用して，一般的に記述すると，

$$K = \frac{1}{2}I\omega^2 = \frac{1}{2}I\left(\frac{d\theta(t)}{dt}\right)^2 \tag{5.19}$$

となる。

5.5.1 剛体の回転運動の運動方程式

式 (5.7) は，剛体の回転運動の運動方程式であり，

$$\underbrace{I_z \frac{d^2\theta(t)}{dt^2}}_{結果} = \underbrace{N_z(t)}_{原因} \tag{5.20}$$

である。剛体に作用するトルクが回転運動の原因となり，結果として剛体の角加速度が変化することを意味している。一般的な剛体の回転軸は，剛体の重心を通る回転軸は最大3つあるので，

$$I_x \frac{d^2\theta_x(t)}{dt^2} = \sum_i N_{xi} \tag{5.21}$$

$$I_y \frac{d^2\theta_y(t)}{dt^2} = \sum_i N_{yi} \tag{5.22}$$

$$I_z \frac{d^2\theta_z(t)}{dt^2} = \sum_i N_{zi} \tag{5.23}$$

となる。これに並進運動についても，最大3つの運動方程式が考えられるので，1つの剛体についてその運動を記述，説明する場合には，最大6個の連立運動方程式を解く必要がある。一般に物体の運動を決める独立変数の数を運動の自由度という。したがって，剛体の自由度は，最大で6になる。

5.6 単振り子

式 (5.20) を図 5.13 に適用する。図には，質量 m の質点が，長さの変わらない長さ l のヒモにぶら下がっている。この質点をヒモを伸ばしたまま，少し持ち上げて放すと，この質点は左右に移動するが，その運動は xy 平面に限定されている。この時の質点の慣性モーメントは $I = l^2 m$ であり，回転運動の原

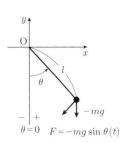

図 5.13 単振り子

因となるトルクは，z 軸方向のみである．1 章の図 1.4 に示した 2 次元極座標を用いると，回転半径は一定なので，質点の位置ベクトル $\boldsymbol{r} = (l, 0)$ であり，力は回転方向の接線方向のみなので，$\boldsymbol{F} = (0, -mg\sin\theta(t))$ となる．したがって，この運動の原因となるトルクは，

$$\boldsymbol{N} = \boldsymbol{r} \times \boldsymbol{F} = -lmg\sin\theta(t)\boldsymbol{i}_z \tag{5.24}$$

である．したがって単振り子の回転運動の運動方程式は，

$$ml^2\frac{d^2\theta(t)}{dt^2} = -lmg\sin\theta(t) \tag{5.25}$$

となる．ここで，$\sin\theta(t) \ll 1$ の場合は，$\sin\theta(t) \approx \theta(t)$ となるので，

$$ml^2\frac{d^2\theta(t)}{dt^2} = -lmg\theta(t) \tag{5.26}$$

となる．整理すると，

$$\frac{d^2\theta(t)}{dt^2} = -\frac{g}{l}\theta(t) \tag{5.27}$$

となり，2 章の 2.7 節の式 (2.61) の単振動と同じ型の運動方程式が得られる．

5.7 実体振り子

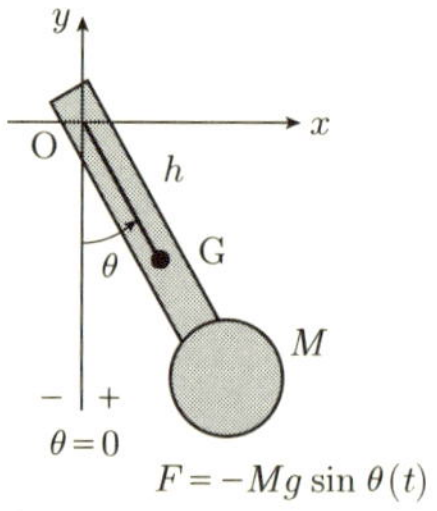

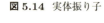

図 5.14 実体振り子

単振り子では，物体は質点であったが，図 5.14 のように，質量 M の剛体を振り子にした場合を考える．この場合，回転軸 O と重心 G の距離を h，剛体の慣性モーメントを I_z とすると，この剛体の回転運動の原因となるトルクは，$N_z = -Mgh\sin\theta(t)$ となる．したがって剛体の回転運動の運動方程式は，

$$I_z\frac{d^2\theta(t)}{dt^2} = -hMg\sin\theta(t) \tag{5.28}$$

となる．単振り子と同様に考えれば，

$$\frac{d^2\theta(t)}{dt^2} = -\frac{hMg}{I_z}\theta(t) \tag{5.29}$$

となり，再び，2 章の 2.7 節の式 (2.61) の単振動と同じ型の運動方程式が得られる．

[例題 5.4]

式 (5.29) における振動周期 T を求め，さらに求めた T の単位が秒 [s] になっていることを確かめよ．

5.8 並進(直線)運動と回転運動のまとめ

表 5.1 に，並進運動と回転運動に関する，式や物理量を示す．

表 5.1 並進運動と回転運動の物理量の比較

物理量	並進 (直線) 運動	回転運動
変位	位置 $r(t)$	角度 $\theta(t)$
速度	$\dfrac{dr(t)}{dt} = v(t)$	角速度 $\omega(t) = \dfrac{d\theta(t)}{dt}$
加速度	$\dfrac{d^2r(t)}{dt^2} = \dfrac{dv(t)}{dt} = a(t)$	角加速度 $\dfrac{d^2\theta(t)}{dt^2} = \dfrac{d\omega(t)}{dt}$
慣性 (動かしにくさの程度)	質量 m	慣性モーメント $I = mr^2$
運動の変化の原因となる量	力 F, $F\left(t, r, \dfrac{dr}{dt}\right)$	トルク N
結果として変化する物理量	運動量 $p = mv$	角運動量 $l = r \times p$, $l_z = I_z \omega_z$
運動の因果関係 (因果律)	力と運動量 $F = \dfrac{dp}{dt}$	トルクと角運動量 $N = \dfrac{dl}{dt}$, $N_z = I_z \dfrac{d^2\theta}{dt^2}$
運動方程式	$m\dfrac{d^2r(t)}{dt^2} = \sum F_i \left(t, r, \dfrac{dr}{dt}\right)$	$N = r \times F$, $N_z = I_z \dfrac{d^2\theta}{dt^2}$
運動エネルギー	$\dfrac{1}{2}mv^2$	$\dfrac{1}{2}I\omega^2$, $\dfrac{1}{2}I_z\omega_z^2$, $\dfrac{1}{2}|l|\omega$
仕事	$F \cdot \Delta r$	$|N|\Delta\theta$
仕事率	$F \cdot \Delta v$	$|N|\Delta\omega$

* 1～8 段目は並進運動と回転運動の単位は異なるが，9～11 段目の単位は同じである．

章末問題 5

5.1 図 5.15(I) に示すように，長さ $\frac{l}{2}$ [m] で，2 つの異なる線密度 ρ [kg/m] と $\alpha\rho$ [kg/m] の棒を直線的に連結して，長さ l [m] の 1 つの剛体を作成し，3 次元直交座標系において x 軸上に置いた．以下の問いに答えよ．ただし，棒の太さは無視できるとし，$\alpha[-] > 0$ とする．

(a) 図 5.15(I) の剛体を図 5.15(II) のように剛体の左端 A を回転軸 (z 軸に平行)

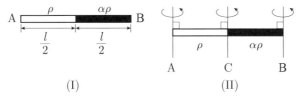

図 5.15 線密度 ρ の異なる棒

とし，xy 平面内を回転させたとき，この慣性モーメント I_A を ρ, α と l を含む式で示せ．

(b) 図 5.15(I) の剛体を図 5.15(II) のように剛体の右端 B を回転軸 (z 軸に平行) とし，xy 平面内を回転させたとき，この慣性モーメント I_B を ρ, α と l を含む式で示せ．

(c) (a) と (b) の結果を用いて，$I_A = I_B$ となる，α を求めよ．

(d) 図 5.15(I) の剛体を図 5.15(II) のように剛体の中心 C を回転軸 (z 軸に平行) とし，xy 平面内を回転させたとき，この慣性モーメント I_C を ρ, α と l を含む式で示せ．

(e) (a)，(b) と (d) の結果を用いて，$\alpha = 2$ の時の，I_A, I_B, I_C を示し，さらに大小関係を不等号を用いて示せ．

5.2 図 5.16 (I) に示すように，3 次元直交座標系における xy 平面の x 軸に沿って，長さ l [m] の棒 (点線) を置き，その棒の両端 ($(x,y) = (0,0)$ と $(x,y) = (l,0)$) に質量 m [kg] と $2m$ [kg] の物体をそれぞれ固定して 1 つの剛体とした (5.16A)．だだし，棒の質量と両端の 2 つの物体の大きさは無視できるとする．以下の問いに答えなさい．

(a) この剛体の重心の位置 (x_g, y_g) を示すベクトル $\boldsymbol{R}_g$ を求めよ．

(b) (a) で求めた重心を通り，この剛体に垂直な軸を回転軸 (z 軸と平行な軸) として，xy 平面内を回転させる時，この剛体の慣性モーメント I_g を求めよ．

(c) (b) での結果を用いて，この剛体が，xy 平面内を角速度 ω [rad/s] で回転している時の角運動量 l_z を求めよ．

(d) 図 5.16 (II) に示すように，回転軸を (b) の回転軸 (=重心軸) から点 $\mathrm{O}' = (l/3, 0)$ へ平行移動させた．この場合における慣性モーメント $I_{\mathrm{O}'}$ を求めよ．

(e) 図 5.16 (III) に示すように，剛体を点 O' を固定軸とした xy 平面内を移動する実体 (剛体) 振り子とした．そこで，この振り子の運動の原因となる回転方向のトルク N_z を示し，さらにこのトルクを用いて，この振り子の運動方程式を示せ．

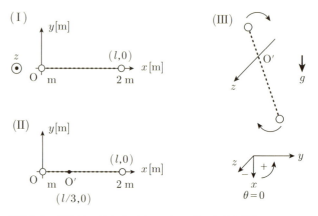

図 5.16 剛体とその振り子：(I) における $\odot$ は，z 軸の方向を示している．(III) におけるプラス ($+$) マイナス ($-$) は，x 軸からの角度 θ の方向を示す．

6
振動と波動

振動子の集まりとして波動を扱う。波の変位を表すため、時刻と位置を用いる。このとき、位置を表す変数 x と時刻を表す変数 t は互いに独立な変数であることを理解する。

6.1 調和振動

図 6.1 のように、一端を固定したバネ定数 k のバネのもう一端に質量 m の質点を取り付ける。バネの自然長からの変位を x とすると、運動方程式は

$$m\frac{d^2x}{dt^2} = -kx \tag{6.1}$$

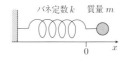

図 6.1 単振動

で与えられる。ここでは、式 (6.1) をいろいろな方法によって解いていく。

6.1.1 重ね合わせの性質 (線形性)

$x = x_1$ と $x = x_2$ の 2 つがそれぞれ、式 (6.1) の解であるとき、$x = x_1 + x_2$、および、kx_1 (k は定数) も式 (6.1) の解であるという性質 (線形性とよぶ) をもっていることに注目する。この性質を利用すれば、何らかの方法で、式 (6.1) の特解を見つけることができれば、その一般解を求めることができる。

係数を見やすくするため、式 (6.1) の両辺を m で割り、比 k/m を ω^2 とおく。

$$\frac{d^2x}{dt^2} = -\omega^2 x, \qquad \omega = \sqrt{\frac{k}{m}} \tag{6.2}$$

特解とは、一般解に含まれる任意定数に特定の値を代入した解のことを表す。

三角関数 $\sin x, \cos x$ は x で 2 回微分すると、それぞれ、もとの関数と符号の異なったものに帰着することに注目すると、式 (6.2) の特解として

$$x = \sin\omega t, \ \cos\omega t$$

が得られる。重ね合わせの性質を用いると、式 (6.2) の一般解は

$$x = A\sin\omega t + B\cos\omega t \qquad (A, B \text{ は任意定数})$$

2 階の微分方程式の一般解は 2 つの任意定数をもつ。

で与えられる。

6.1.2 エネルギー保存則

式 (6.1) の両辺に dx/dt を掛け，t で積分すると，力学的エネルギー保存則

$$\frac{1}{2}m\left(\frac{dx}{dt}\right)^2 + \frac{1}{2}kx^2 = E \quad (E \text{ は積分定数}) \tag{6.3}$$

が得られる。式 (6.3) を dx/dt について解くと

$$\frac{dx}{\sqrt{a^2 - x^2}} = \pm\omega\,dt \quad \left(a^2 = \frac{2E}{m\omega^2}\right) \tag{6.4}$$

公式
$$\int \frac{1}{\sqrt{a^2 - x^2}}\,dx = \sin^{-1}\frac{x}{|a|} + C$$
(C は積分定数)

となる。式 (6.4) の両辺を積分すると

$$x = A\sin(\omega t + \theta_0)$$

を得る。ここで，$A = \pm|a|$，また，θ_0 は式 (6.4) を積分する際に現れる積分定数である。

6.1.3 その他の解法

式 (6.1) の解法には，線形性やエネルギー保存則を用いる方法以外に

- x を t についてべき級数で表す方法
- 複素数 $z = x + ip$（ここで，$p = \frac{1}{\omega}\frac{dx}{dt}$）を導入し，式 (6.2) を 1 階の微分方程式に帰着させる方法

などが考えられる。これらは，章末の演習問題とする。

6.2 減衰振動

調和振動子が速度に比例した抵抗を受けた場合の運動方程式

$$\frac{d^2x}{dt^2} = -2\gamma\frac{dx}{dt} - \omega^2 x \quad (\gamma \text{ は正定数}) \tag{6.5}$$

いまの場合，力学的エネルギーは保存しない。

を考える。式 (6.5) は依然，線形性を示すので，特解を求める方法が有効である。$\omega = 0$ の場合，x の特解は指数関数 $\exp(-2\gamma t)$ で表されることがわかるので，$\omega \neq 0$ のときも，指数関数で与えられると期待される。

$$x = \exp(-\tilde{\gamma}t) \quad (\tilde{\gamma} \text{ は定数})$$

を仮定して，$\tilde{\gamma}$ の値を求めると

$$\tilde{\gamma} = \gamma_+, \gamma_- \quad (\gamma_\pm = \gamma \pm \sqrt{\gamma^2 - \omega^2})$$

となる。以下 3 つの場合について調べる。

(1) $\gamma > \omega$ のとき

$\gamma_+ > \gamma_- > 0$ となり，2 つの特解はともに，時間とともに単調に減衰することがわかる。一般解は，以下で与えられる。

$$x = A\exp(-\gamma_+ t) + B\exp(-\gamma_- t) \quad (A, B \text{ は任意定数})$$

(2) $\gamma = \omega$ のとき

$\gamma_+ = \gamma_- = \gamma$ となり，2 つの特解が縮退する．$\exp(-\gamma t)$ と (線形) 独立な特解は，$t\exp(-\gamma t)$ で与えられることが，直接，式 (6.5) に代入すればわかるので，一般解は，以下で与えられる．

$$x = A\exp(-\gamma t) + Bt\exp(-\gamma t) \quad (A, B\text{ は任意定数})$$

(3) $\gamma < \omega$ のとき

$\tilde{\omega} = \sqrt{\omega^2 - \gamma^2}$ とおくと，$\exp(-\gamma_\pm t) = \exp(-\gamma t)\exp(\mp i\tilde{\omega})$ となる．ここで，オイラー (Euler) の公式を用いると，一般解は，以下で与えられる．

オイラーの公式
$\exp(ix) = \cos x + i\sin x$

$$x = A\exp(-\gamma t)\sin\tilde{\omega}t + B\exp(-\gamma t)\cos(\tilde{\omega}t) \quad (A, B\text{ は任意定数})$$

これより，抵抗係数 γ が ω より小さければ，x は振動しながら減衰することがわかる．

6.3 強制振動・共鳴

調和振動子に外界から強制的に力 $F = F(t)$ を作用させる場合を考える．運動方程式は

$$\frac{d^2x}{dt^2} + \omega^2 x = f(t) \tag{6.6}$$

で与えられる．ここで，$f(t) = F(t)/m$ であり，式 (6.6) の線形性は，依然，保たれている．いま，式 (6.6) の特解を x_0 とすると，$y = x - x_0$ は，非斉次項のない方程式

式 (6.6) 右辺の項を非斉次項とよぶ．

$$\frac{d^2y}{dt^2} + \omega^2 y = 0 \tag{6.7}$$

を満たすことがわかる．$x = y + x_0$ より

(式 (6.6) の一般解) = (式 (6.7) の一般解) + (式 (6.6) の特解)

という関係式が成り立つ．式 (6.7) の一般解は，すでに，6.1 節で求められているので，式 (6.6) の特解を求めることに集中する．この節では，一般の $f(t)$ ではなく，ある角振動数 ω_0 で振動している外力

$$f(t) = f_0\sin\omega_0 t \quad (f_0\text{ は定数})$$

の場合において，式 (6.6) の特解の求め方に焦点をあてる．

振動子は外力 $f(t)$ と同じ周期で振動すると期待される．そこで，特解として

$$x_0 = A\sin\omega_0 t + B\cos\omega_0 t \quad (A, B\text{ はある定数})$$

を仮定して，これを式 (6.6) に代入すると

$$A = \frac{f_0}{\omega^2 - \omega_0^2},\ B = 0 \quad (\omega_0 \neq \omega)$$

を得る。これらが，特解の振幅 A, B を表す。しかしながら，$\omega_0 = \omega$ のときは，これらの関係式を用いることはできない。そこで，$\omega_0 = \omega$ のときは，A, B を定数ではなく，t の関数とみなし，$x_0 = A(t)\sin\omega t + B(t)\cos\omega t$ を式 (6.6) に代入して，$A(t), B(t)$ を求めると

> 線形微分方程式における定数変化法。

$$A(t) = 0, \ B(t) = -\left(\frac{f_0}{2\omega}\right)t\cos\omega t \qquad (\omega_0 = \omega)$$

となることがわかる。以上をまとめると，式 (6.6) の特解 x_0 は

$$x_0 = \begin{cases} \frac{f_0}{\omega^2-\omega_0{}^2}\sin\omega_0 t & (\omega_0 \neq \omega) \\ -\left(\frac{f_0}{2\omega}\right)t\cos\omega t & (\omega_0 = \omega) \end{cases} \tag{6.8}$$

となる。$\omega_0 = \omega$ のとき，外力 $f(t)$ と振動子の固有振動が共鳴を起こし，振動の振幅が時間とともに増大し，発散することがわかる。

6.4 正弦波

x 方向の正の向きに速さ V で伝播している正弦波に対して，時刻 t, 位置 x における変位を $\phi(x,t)$ で表す。原点 $x=0$ において，振幅 A, 周期 T の正弦波は

$$\phi(0,t) = A\sin\left(\frac{2\pi}{T}t + \theta_0\right) \tag{6.9}$$

> 正弦関数の引数を一般に位相とよぶ。

と表すことができる。ここで，θ_0 は初期位相を表す。x における正弦波は，$x=0$ における正弦波が，時間 x/V だけ遅れて到達するので

$$\phi(x,t) = \phi(0, t - x/V) \tag{6.10}$$

なる関係式が成り立つ。式 (6.9) を式 (6.10) に代入して

$$\phi(x,t) = A\sin\left[2\pi\left(\frac{t}{T} - \frac{x}{\lambda}\right) + \theta_0\right], \qquad V = \frac{\lambda}{T} \tag{6.11}$$

> $\omega = \frac{2\pi}{T}$, $k = \frac{2\pi}{\lambda}$ を導入すると便利である。ω は角振動数, k は波数とよばれる。

を得る。ここで，λ は波長を表す。x 方向の負の向きに速さ V で伝播している正弦波に対しては，式 (6.11) における x の前の負号を正に変えたものが $\phi(x,t)$ になる。形式的には，$V \to -V$, すなわち，$\lambda \to -\lambda$ と置き換えればよい。

6.5 弦の波動方程式

図 6.2 のように，線密度 σ(単位長さあたりの質量) の弦を，長さ Δ の区間に細かく分割する。区間 $[x, x+\Delta]$ における弦の y 軸方向の運動方程式を考える。点 P, 点 Q をそれぞれ，いま考えている区間の左端，右端とする。また，点 P, Q に作用している張力を S とし，x 軸と弦のなす角度を，それぞれ，θ, θ' とする。

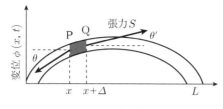

図 6.2 弦の横波

区間 $[x, x+\Delta]$ における弦の質量は，$\sigma\Delta$ で与えられるので，この区間における弦の y 軸方向の運動方程式は，y 軸方向の弦の変位を $\phi = \phi(x,t)$ と表せば

$$(\sigma\Delta)\phi_{tt} = S(\sin\theta' - \sin\theta) \tag{6.12}$$

となる。ここで，$\phi_{tt} = \frac{\partial^2}{\partial t^2}\phi$ である。いま，弦の変位が弦の長さに比べ，十分小さければ，$\theta, \theta' \ll 1$ としてよい。このとき，$\sin\theta \simeq \tan\theta$，$\sin\theta' \simeq \tan\theta'$ となる。また，$\tan\theta = \frac{\partial\phi}{\partial x}$，$\tan\theta' = \left.\frac{\partial\phi}{\partial x}\right|_{x\to x+\Delta}$ に注意すると，式 (6.12) は，$\Delta \to 0$ の極限で

$$\sigma\phi_{tt} = S\phi_{xx} \tag{6.13}$$

と書き換えられる。ここで，$\phi_{xx} = \frac{\partial^2}{\partial x^2}\phi$ である。よって，弦の横波の変位 ϕ を表す波動方程式は

$$\left(\frac{\partial^2}{\partial x^2} - \frac{1}{V^2}\frac{\partial^2}{\partial t^2}\right)\phi(x,t) = 0 \tag{6.14}$$

で与えられる。ここで，V は弦の横波が伝わる (位相) 速度で式 (6.13) より

$$V = \sqrt{\frac{S}{\sigma}}$$

で与えられる。

> V を光速 c に置き換えれば，電磁波も式 (6.14) と同じ形で表される。

式 (6.14) で表される波動方程式の一般解は，V が定数のとき，2 つの任意関数 f, g を用いて

$$\phi(x,t) = f(x - Vt) + g(x + Vt) \tag{6.15}$$

と表される (章末問題 6.4 参照)。式 (6.14) 右辺第 1 項，第 2 項はそれぞれ，右向き，左向き進行波を表す。

> 2 階の偏微分方程式の一般解は，2 つの任意関数を含む。

6.6 波の反射

この節では，1 次元の波の反射を，波動方程式の解 (6.15) を用いて議論する。いま，x 軸の正方向に入射してくる波 ϕ_{inc} が $x = L$ で反射された場合を考える。入射波 ϕ_{inc} は右向きに，反射波 ϕ_{ref} は左向きに進行しているので，ある関数 f, g を用いて，以下のように表すことができる。

$$\begin{cases} \phi_{\text{inc}}(x,t) = f(x - Vt) \\ \phi_{\text{ref}}(x,t) = g(x + Vt) \end{cases}$$

合成波 $\phi_{\text{tot}} = \phi_{\text{inc}} + \phi_{\text{ref}}$ は，式 (6.15) の右辺と同じ形で表すことができるので，ϕ_{tot} も波動方程式の解になっていることがわかる。

ϕ_{inc} と ϕ_{ref} の関係は，境界条件によって異なる。境界条件として，反射面が固定端の場合と自由端の場合を考える。

6.6.1 固定端

反射面が固定端とは，反射面 $x = L$ において合成波 ϕ_{tot} が常に 0 になるという条件である。すなわち

$$\phi_{\text{tot}}(L, t) \equiv 0 \tag{6.16}$$

を満たすことである。ここで，$\equiv$ は恒等式を表す。式 (6.16) より，反射波を表す関数 g が入射波を表す f を用いて

$$g(x) = -f(2L - x)$$

と表される。

> このような条件をディリクレ境界条件とよぶ。

$y = f(2L - x)$ というグラフは，$y = f(x)$ のグラフを $x = L$ に対し，線対称に移したもので与えられるので，$g(x)$ は $f(x)$ を $x = L$ と x 軸 ($y = 0$) に線対称移動することで求められる (図 6.3 参照)。

> $L + Vt = \xi$ とおけば，$L - Vt = 2L - \xi$ となる。
>
> $x' = 2L - x$ とおくと，x' と x の中点が L になる。

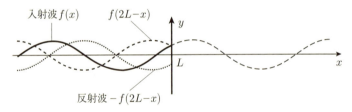

図 6.3 固定端による反射

6.6.2 自由端

反射面が自由端とは，反射面 $x = L$ において，例えば，弦の横波の場合では，復元力が生じないことを意味する。式で表せば

$$\frac{\partial}{\partial x}\phi_{\text{tot}}(L, t) \equiv 0 \tag{6.17}$$

となる。さらに，$x = L$ において，ある時刻に，$\phi_{\text{inc}} = 0$ ならば，そのときに，復元力がないので，$\phi_{\text{ref}} = 0$ を満たす。よって式 (6.17) の解は

$$g(x) = f(2L - x)$$

となる。これより，$g(x)$ は $f(x)$ を $x = L$ に対して，線対称に移したもので与えられる (図 6.4 参照)。

> このような条件をノイマン境界条件とよぶ。
>
> 式 (6.17) は，$x = L$ において，$\frac{\partial \phi_{\text{tot}}}{\partial x}$ が，時刻 t によらず，恒等的に 0 になるという意味である。

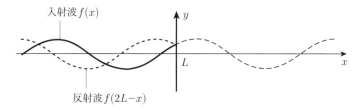

図 6.4 自由端による反射

6.7 ドップラー効果

この節では,音波のドップラー効果を扱う。また,6.8 節で光のドップラー効果についても触れる。音波のドップラー効果において,注意すべき点は,音速は,媒質である空気の重心が静止しているような座標系において定義されている点である。

> 風が吹いていれば,音速は風速の分だけ変化する。

図 6.5 のように,音速が V で与えられるような座標系を P 系,P 系に対して一定の速さ v で x 軸方向に並進している座標系を P′ 系とする。

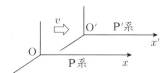

図 6.5 並進運動している座標系

時刻 $t = 0$ で,2 つの座標系の原点が一致していれば

$$x' = x - vt \tag{6.18}$$

が成り立つ。ここで,x, x' は,それぞれ,P, P′ 系における x 座標を表す。

また,P, P′ 系における音波の粗密波による変位を,それぞれ,$\phi(x,t)$, $\phi'(x',t)$ とすると

$$\phi'(x',t) = \phi(x,t) \tag{6.19}$$

が成立する。ここで,変位は,どちらの座標系においても等しいことを用いた。

以下,観測者が運動する場合と音源が運動する場合を考える。

> 式 (6.19) が成立するような関数 $\phi(x,t)$ をスカラー関数とよぶ。

6.7.1 観測者が運動する場合

図 6.6 のように,音源が P 系の原点に,観測者が P′ 系の原点にある場合を考える。$t > 0$ において,観測者は音源に対して速さ v で遠ざかっている。

P 系において,x 軸の正の向きに伝播する正弦波は,式 (6.11) で与えられるので,式 (6.18), (6.19) を用いると P′ 系における正弦波は

$$\phi'(x',t) = A\sin\left[2\pi\left(\frac{t}{T'} - \frac{x'}{\lambda}\right) + \theta_0\right], \qquad \frac{1}{T'} = \frac{1}{T} - \frac{v}{\lambda}$$

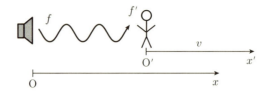

図 6.6 ドップラー効果：観測者が運動する場合

と書き換えられる．観測者が観測する振動数 $f'\,(=1/T')$ は，音源の振動数 $f\,(=1/T)$ に対し

$$\frac{f'}{f} = 1 - \frac{v}{\lambda}T = \frac{V-v}{V} \tag{6.20}$$

となる関係式が成立するので，$f' < f$ となることがわかる．

一方，観測者が音源に対して，近づく場合は，式 (6.20) において，$v \to -v$ なる置き換えをすればよい．

6.7.2 音源が運動する場合

図 6.7 のように，観測者が P 系の原点にあり，音源が P′ 系の原点にある場合に相当する．

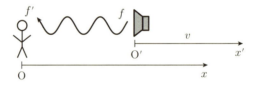

図 6.7 ドップラー効果：音源が運動する場合

$t > 0$ において，観測者は，音源から x 軸の負の向きに伝播する波を観測するので，音源から周期 T の正弦波は

$$\phi'(x',t) = A\sin\left[2\pi\left(\frac{t}{T} + \frac{x'}{\lambda'}\right) + \theta_0\right] \tag{6.21}$$

という形に書ける．ここで，波長 λ' は，P 系における音速が V(あるいは，P′ 系における音速が $V+v$) という条件から求められる．すなわち

$$\frac{\lambda'}{T} = V + v \tag{6.22}$$

を満たす．式 (6.22) を式 (6.21) に代入し，式 (6.18)，(6.19) を用いると

$$\phi(x,t) = A\sin\left[2\pi\left(\frac{t}{T'} + \frac{x}{\lambda'}\right) + \theta_0\right], \quad \frac{1}{T'} = \left(\frac{V}{V+v}\right)\frac{1}{T} \tag{6.23}$$

を得る．これより，観測者が観測する振動数 $f'\,(=1/T')$ は，音源の振動数 $f\,(=1/T)$ に対し

$$\frac{f'}{f} = \frac{V}{V+v} \qquad (6.24)$$

となる．一方，観測者が音源に対して，近づく場合は，式 (6.24) において，$v \to -v$ なる置き換えをすればよい．

6.8 光のドップラー効果

音速におけるドップラー効果を表 6.1 にまとめる．音源と観測者が相対的に離れるような運動をしていれば，観測者の観測する振動数は，音源の振動数より小さくなる．しかしながら，音源が運動している場合と観測者が運動している場合では，相対速度が等しくても観測する振動数は異なる．

一方，光もドップラー効果を起こすことが知られているが，音波の場合と異なり，観測者の観測する振動数は，光源と観測者の相対速度できまり，どちらが静止して，どちらが運動しているという条件には依存しない (表 6.2 参照)．これは，音波には媒質 (空気) が存在するのに対し，光波には媒質が存在しない (真空中を伝播する) ことを反映している．

音速は媒質の重心が静止しているような座標系で定義されていることを思い出すと，光速を定義する座標系はどのようにとればよいか自明ではなくなる．地球の自転を利用した実験によれば，光速は光源に対して運動している系から観測しても不変であることが知られている．このことは，自明と思われた式

マイケルソン・モーリーの実験 (1881, 1887 年)．

表 6.1 音波のドップラー効果．音源から振動数 f の音波が発生し，観測者は音源に対して相対速度 v で遠ざかっている．V は音速を表す．

座標系	原点	振動数	音速	波長
P 系	音源	f	V	λ
P′ 系	観測者	$\left(\frac{V-v}{V}\right)f$	$V-v$	λ
P′ 系	音源	f	$V+v$	$\left(\frac{V+v}{V}\right)\lambda$
P 系	観測者	$\left(\frac{V}{V+v}\right)f$	V	$\left(\frac{V+v}{V}\right)\lambda$

表 6.2 光のドップラー効果．光源から振動数 f の光が発生し，観測者は光源に対して相対速度 v で遠ざかっている．c は真空中における光速を表す．光速は運動している系から観測しても c である (光速不変の原理)．

座標系	原点	振動数	光速	波長
P 系	光源	f	c	λ
P′ 系	観測者	$\sqrt{\frac{c-v}{c+v}}f$	c	$\sqrt{\frac{c+v}{c-v}}\lambda$
P′ 系	光源	f	c	λ
P 系	観測者	$\sqrt{\frac{c-v}{c+v}}f$	c	$\sqrt{\frac{c+v}{c-v}}\lambda$

(6.18) が修正を受けることを意味する．式 (6.18) は，座標系間の相対速度 v が光速 c に比べ，十分小さいときに成立し，v が c に近づくにつれ，より大きく修正を受けるようになる．

章末問題 6

6.1 級数を用いて，式 (6.2) を以下の手順で解く．

(a) $x = x_1$ を式 (6.2) の解とする．$x_2(t) = x_1(-t)$ によって，x_2 を与える．$x = x_2$ は，式 (6.2) の解であることを示せ．

(b) 式 (6.2) の線形性より，$x = x_1 \pm x_2$ も式 (6.2) の解である．

$$x = \sum_{n=0}^{\infty} a_n t^{2n} \quad (a_0, a_1, \ldots \text{は定数})$$

を式 (6.2) に代入し，t^{2n} の係数を比較することにより，$a_n = \dfrac{(-1)^n}{(2n)!} a_0 \omega^{2n}$ を示せ．同様に，

$$x = \sum_{n=0}^{\infty} b_n t^{2n+1}$$

の係数 b_n を b_1 を用いて表せ．

(c) $\sin x, \cos x$ のマクローリン展開が，

$$\sin x = \sum_{n=0}^{\infty} (-1)^n \frac{1}{(2n+1)!} x^{2n+1}, \qquad \cos x = \sum_{n=0}^{\infty} (-1)^n \frac{1}{(2n)!} x^{2n}$$

で与えられることを用いて，$\sum_{n=0}^{\infty} a_n t^{2n}$，$\sum_{n=0}^{\infty} b_n t^{2n+1}$ を求めよ．

6.2 $p = \dfrac{1}{\omega} \dfrac{dx}{dt}$ に対し，複素数 $z = x + \mathrm{i}p$ を導入すると，式 (6.2) は 1 階の微分方程式

$$\frac{d}{dt} z = -\mathrm{i}\omega z \tag{6.25}$$

に書き換えられる．

(a) 式 (6.2) が，式 (6.25) に書き換えられることを確認せよ．

(b) x が実数のとき，微分方程式 $\dfrac{d}{dt}x = kx$ (k は定数) の一般解が

$$x = \exp(kt)\, x_0 \quad (x_0 \text{ は任意定数})$$

で表されるのと同様に，式 (6.25) の一般解は

$$z = \exp(-\mathrm{i}\omega t)\, z_0 \quad (z_0 \text{ は任意の複素数}) \tag{6.26}$$

と表される．式 (6.26) が式 (6.25) の解であることを確かめよ．

(c) $z_0 = x_0 + \mathrm{i}p_0$ ($x_0, p_0 \in \mathbb{R}$) に対し，式 (6.26) の両辺の実部をとることによって，x を x_0, p_0 を用いて表せ．

6.3 式 (6.6) の特解に，式 (6.7) の特解を足したものも，式 (6.6) の特解になる．$\omega_0 \neq \omega$ のとき，式 (6.8) の第 1 式に，$\dfrac{-f_0}{\omega^2 - \omega_0^2} \sin \omega t$ を足したものを，式 (6.6) の特解 x_0 とせよ．この特解の，$\omega_0 \to \omega$ における極限値を求めよ．得られた結果は，式 (6.8) の第 2 式と一致することを確認せよ．

6.4 $x = \dfrac{s+r}{2}$, $Vt = \dfrac{s-r}{2}$ により,式 (6.14) を $(x,t) \to (s,r)$ に変数変換せよ.また,方程式 $\dfrac{\partial}{\partial s} f(s,r) = 0$ の一般解は,$g: \mathbb{R} \to \mathbb{R}$ を任意関数にして,$f(s,r) = g(r)$ と与えられることを用いて,式 (6.14) の一般解を求めよ.

6.5 式 (6.17) を,$x = L$ において,$\phi_{\text{inc}} = 0$ ならば,$\phi_{\text{ref}} = 0$ という条件を与えることを用いて導け.

6.6 式 (6.22) を,P 系における音速が V という条件を用いて導け.

6.7 図 6.8 のように,静止している音源から振動数 f の音波が x 軸の正の向きに伝播している.x 軸上に壁があり,一定の速度 v で音源に近づいている.壁で反射された音波を音源の位置で観測したときの振動数 f' を以下の手順で求める.ただし,$v < V$ (V は音速) とする.

(a) 壁の位置を原点とし,x 軸と同じ方向を向く座標軸を x' とする.時刻 $t = 0$ のとき,壁は $x = L$ にあるとすれば,x' と x の間にはどのような関係式を求めよ.

(b) 音源からの音波を正弦波 $\phi_1 = \sin\left[2\pi f\left(t - \dfrac{x}{V}\right)\right]$ で与えると,壁で反射された音波は $\phi_2 = \sin\left[2\pi f'\left(t + \dfrac{x}{V}\right) + \theta\right]$ と書ける.ここで,θ は初期位相を表す.合成波 $\phi = \phi_1 + \phi_2$ が $x' = 0$ で常に 0 になる (固定端) という条件から,f'/f の値を求めよ.

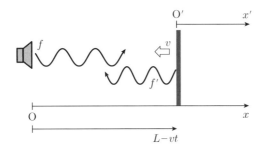

図 6.8 動く壁によるドップラー効果

7
熱力学第1法則

温度，熱，圧力など熱力学における基本的な量を，構成する分子の運動から力学的に理解する。

7.1 温度・熱

温度，熱とよばれる熱力学で基本となる量を，分子運動のレベルで理解するため，気体分子と固体原子間の1次元衝突問題を考える。図 7.1 のように，質量 m_g，速度 v_g の気体分子が，質量 m_s，速度 v_s の固体原子と弾性衝突したとき，衝突前後における気体分子の運動エネルギーの変化量 ΔK_g は

$$\Delta K_g = 4\frac{m_g m_s}{(m_g + m_s)^2}\left[K_s - K_g + \frac{1}{2}(m_g - m_s)v_g v_s\right] \tag{7.1}$$

で与えられる (章末問題 7.1 参照)。

ここで，$K_g = \frac{1}{2}m_g v_g^2$ は，気体の運動エネルギー，$K_s = \frac{1}{2}m_s v_s^2$ は固体原子の運動エネルギーを表す。気体分子，固体原子はアボガドロ数程度存在するような系を考えているので，各気体分子と固体原子における ΔK_g の平均 $\langle \Delta K_g \rangle$ を考える。いま，気体と固体の運動が独立であると仮定すると

$$\langle v_g v_s \rangle = \langle v_g \rangle \langle v_s \rangle \tag{7.2}$$

が成り立つ。また，固体原子はつり合いの位置で振動しているので，$\langle v_s \rangle = 0$ が成立しているものと考えられる。このとき，$\langle \Delta K_g \rangle$ は，次のように，$\langle K_s \rangle$ と $\langle K_g \rangle$ の差で表される。

$$\langle \Delta K_g \rangle = 4\frac{m_g m_s}{(m_g + m_s)^2}(\langle K_s \rangle - \langle K_g \rangle) \tag{7.3}$$

$\langle ... \rangle$ は，集団平均を表す。

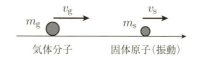

図 7.1 気体分子と固体分子の衝突

ここで，$\langle K_s \rangle$, $\langle K_g \rangle$ を，それぞれ，固体，気体の (分子運動論における) 温度 T_s, T_g と約束する．すなわち

$$\begin{cases} \langle K_s \rangle = \frac{1}{2} k_B T_s \\ \langle K_g \rangle = \frac{1}{2} k_B T_g \end{cases} \quad (7.4)$$

> 比例定数 k_B はボルツマン定数とよばれる．

一方，$\langle \Delta K_g \rangle$ は，固体原子から気体分子に与えられたエネルギーを表すので，エネルギーの移動元と移動先を明示して，$\Delta Q_{s \to g}$ と表すると，式 (7.3) より

$$\Delta Q_{s \to g} \gtrless 0 \iff T_s \gtrless T_g \quad (7.5)$$

を得る．この関係式は，温度の高い系から低い系に，エネルギーが自然と移動することを意味している．そこで，$\Delta Q_{s \to g}$ のことを，(気体1分子あたり，固体原子から気体分子に流れた) 熱とよぶ．

7.2 状態量・状態方程式

熱力学では，分子1つあたりでななく，多数の分子にはたらく平均的な力やエネルギーなど，巨視的な変数とよばれている変数をあつかう．これら巨視的な変数，圧力 P，体積 V，温度 T で表されるような量を状態量とよぶ．

ここで，注意すべき点は，一般に，P, V, T は独立な変数ではなく，ある3変数関数 f を用いて

$$f(P, V, T) = 0$$

となる関係式を満たしている．このような関係式を状態方程式とよぶ．

例 7.1 理想気体の状態方程式 n モルあたりの状態方程式は

$$PV = nRT \quad (7.6)$$

なるボイル・シャルルの法則で与えられる．ここで，R は気体定数とよばれ，その値は，8.31 J/(mol·K) で与えられる．

> 理想気体とは，分子間力，および分子の大きさが無視できるような気体である．

この節では，気体にはたらく圧力を，分子運動論の立場から，気体の温度に結びつけることにより，理想気体の状態方程式を導く．

7.2.1 圧力の定義

図 7.2 のように，一辺の長さが L の容器に，質量 m_g の気体分子を N 個閉じ込める．気体分子の x 軸方向の，衝突前後の速度を v_g, v_g' とする．

この1回の衝突において，気体分子が壁から与えられる平均の力積 ΔI は

$$\Delta I = m_g (v_g' - v_g)$$

である．一方，気体分子が壁に1回衝突するのに必要な時間 Δt は

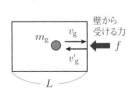

図 7.2 気体分子の圧力

$$\Delta t = \frac{L}{v_\text{g}} - \frac{L}{v'_\text{g}}$$

<small>時間平均を上線で表している。</small>

で与えられる。ここで，$v'_\text{g} < 0$ と仮定した。よって，この 1 回の衝突で，気体分子が壁から受ける平均的な力 $\overline{f}$ は

$$\Delta I = \overline{f}\,\Delta t$$

を満たすので

$$\overline{f} = m_\text{g}\frac{v'_\text{g}v_\text{g}}{L} \tag{7.7}$$

となる。壁の分子の質量を m_s，気体分子との衝突直前の x 軸方向の速度を v_s とすると，式 (7.1) を導いたときと同様な計算によって

$$\overline{f} = \frac{m_\text{g}}{L}(-v_\text{g}^2 + 2v_\text{g}V_\text{G}) \tag{7.8}$$

を得る。ここで，$V_\text{G} = \frac{m_\text{g}v_\text{g}+m_\text{s}v_\text{s}}{m_\text{g}+m_\text{s}}$ は，気体分子と固体原子の重心の速度の x 成分を表す。そこで，容器の壁を剛体近似 ($m_\text{g}/m_\text{s} \to 0$) すると，式 (7.8) 右辺第 2 項は第 1 項に比べ，無視することができるので

<small>壁の剛体近似においても，v_s は 0 ではなく，$m_\text{s}v_\text{s}^2$ が $m_\text{g}v_\text{g}^2$ と同じ程度の大きさになる必要がある。</small>

$$\overline{f} = -\frac{m_\text{g}v_\text{g}^2}{L} \quad (\text{壁の剛体近似}) \tag{7.9}$$

となる。式 (7.9) を式 (7.7) と比較すると，$v'_\text{g} \to -v_\text{g}$ と置き換えられることがわかる。

式 (7.9) を気体分子に関して平均化し，気体分子の総数 N を乗ずると，すべての気体分子が壁に与える平均的な力

<small>作用・反作用の法則より，気体分子が壁に与える力は，壁が気体分子に与える力と，大きさが等しく，向きが逆になる。</small>

$$\langle F \rangle = N\frac{\langle m_\text{g}v_\text{g}^2\rangle}{L} \tag{7.10}$$

が得られる。気体の圧力 P は，単位面積あたりにはたらく $\langle F \rangle$ を表すので，壁の面積を S とすると

$$P = N\frac{\langle m_\text{g}v_\text{g}^2\rangle}{V} \tag{7.11}$$

となる。ここで，容器の体積を $V = LS$ とした。

式 (7.4) を思い出すと，$\langle m_\text{g}v_\text{g}^2\rangle$ は気体の温度 T を表すので，式 (7.11) は，ボイル・シャルルの法則

$$PV = nRT \qquad \begin{cases} n = N/N_\text{A} \\ k_\text{B} = R/N_\text{A} \end{cases}$$

を表す。ここで，便宜上，アボガドロ数 N_A を導入し，k_B の代わりに，気体定数 R を用いた。

7.2.2 仕事の定義

図 7.3 のように，シリンダーに閉じ込められた物体を，外力 F によって，dx だけ圧縮したときに必要な仕事 $d'W$ を求める。

ピストンを物体と熱平衡状態を保ちながらゆっくり動かせば，dx の移動のあいだ，F は一定とみなすことができるので

$$d'W = -F\,dx$$

となる。ここで，マイナスの符号は物体を圧縮するときに，$d'W$ が正になることより得られる。シリンダーの断面積を S とすると，F は物体の圧力 P と

$$F = PS$$

の関係にあるので，$d'W$ は，P を用いて

$$d'W = -P\,dV \tag{7.12}$$

と書き換えられる。ここで，V は物体の体積で，その微分が，$dV = S\,dx$ で与えられる。

つぎに，仕事 W が状態量でないことを示す。状態量とは，P, V, T の関数で表されるような量であることを思い出す。P, V, T は状態方程式により，独立の変数ではないので，ここでは，P と V を独立変数にとる。以下，W が状態量でないことを背理法を用いて示す。

いま，ある熱機関を図 7.4 のような状態変化を 1 サイクル行わせる。この状態変化における W の変化量を ΔW とすると，ΔW は，図 7.4 の斜線をつけた面積 S に相当する。

一方，W を状態量と仮定すると，どのようなサイクルを行わせても，同じ状態 (同じ P，同じ V) に戻れば，同じ P，同じ V をとるので，$\Delta W = 0$ となる。これは，$\Delta W = S$ と矛盾する。よって，仕事 W は，状態量ではないことがわかる。

最後に，シリンダーに閉じ込められた物体が理想気体の場合を考え，気体分子 1 つあたりのエネルギー ϵ_g が，仕事 $d'W$ によって，どれだけ変化するかを求める。外界からもらった仕事の分だけ，エネルギーは増えるので，式 (7.9) を用いると，$d\epsilon_g = \overline{f}\,dx$ を得る。すなわち

$$d\epsilon_g = -2\epsilon_g \left(\frac{dx}{L}\right) \tag{7.13}$$

となる。ここで，$\epsilon_g = \frac{1}{2}m_g v_g^2$ とおいた。

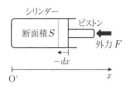

図 7.3 外力がする仕事

プライム記号 $'$ は，仕事が状態量でないことを表す。

熱平衡状態を保ちながら，状態を変化させる過程は，準静的過程とよばれる。

背理法とは，仮定した命題が矛盾を引き起こすことによって，もとの命題が偽であることを証明する方法。

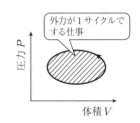

図 7.4 外力が 1 サイクルでする仕事

7.3 熱力学第 1 法則

熱力学第 1 法則とは，熱というものを含めた，広い意味でのエネルギー保存則を表すものである。いま，エネルギー ϵ_i の状態が，n_i 個あるような系を考えると，その内部エネルギー U は

> 内部エネルギーとは、系全体の重心 r_G が静止し、かつ、r_G のまわりの全角運動量が 0 であるような座標系における、原子・分子のもつ力学的エネルギーの総和を表す。

$$U = \sum_i \epsilon_i n_i$$

と与えられる。その微分は

$$dU = \sum_i n_i\, d\epsilon_i + \sum_i \epsilon_i\, dn_i \tag{7.14}$$

となる。式 (7.14) の右辺第 1 項におけるエネルギー変化 $d\epsilon_i$ は、外界からの仕事によるものと解釈できる (式 (7.13) 参照)。一方、式 (7.14) の右辺第 2 項は、仕事以外による内部エネルギーの変化を表し、外界からもらった熱 $d'Q$ に相当する。すなわち

> 熱 Q も仕事 W と同様に、状態量ではないので、プライム記号 $'$ をつける。

$$\begin{cases} d'W = \sum_i n_i\, d\epsilon_i \\ d'Q = \sum_i \epsilon_i\, dn_i \end{cases} \tag{7.15}$$

となる。式 (7.15) を式 (7.14) に代入すると

$$dU = d'W + d'Q \tag{7.16}$$

を得る。この関係式を熱力学第 1 法則とよぶ。状態数 n_i のエネルギー依存性の、仕事、および、熱による変化を、それぞれ、図 7.5 に模式的に表す。

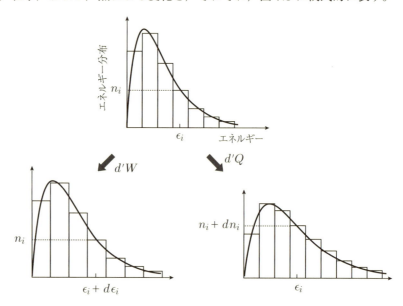

図 7.5 仕事、および、熱によるエネルギー分布の変化

7.3.1 内部エネルギー

ここでは、理想気体の内部エネルギーを求める。いま、考えている温度が、常温 (~ 300 K) 程度以下であれば、原子核に束縛されている電子のもつ力学的エネルギーは、原子核が静止しているような系からみて、ほとんど一定の値をとるので、原子を質点とみなすことができる。

質点系の力学的エネルギーは，その重心に注目すると，2つに分けることができる．

(1) 重心の並進運動エネルギー
(2) 重心に乗っている系からみた，力学的エネルギー

以下，単原子分子，2単原子分子の場合を考える．

● **単原子分子**

(2) のエネルギーは，無視することができるので，(1) における重心の運動エネルギーだけを考えればよい．運動エネルギーの x 軸，y 軸，z 軸方向の成分は，気体分子について平均すると，それぞれ，$\frac{1}{2}k_\mathrm{B}T$ に等しいので，内部エネルギー U は

$$U = \frac{3}{2}Nk_\mathrm{B}T$$

と表すことができる．ここで，N は分子の総数を表す．

単原子分子とは，1つの原子核のまわりを複数の電子が運動しているような分子である．

● **2原子分子**

原子間の振動を無視することができれば，(2) のエネルギーは，原子の重心のまわりの回転による運動エネルギーに相当する．いま，分子軸を z 軸方向にとると，回転の運動エネルギーは $\frac{1}{2}I_x\omega_x^2 + \frac{1}{2}I_y\omega_y^2$ で与えられる．ここで，I_x, I_y は，それぞれ x 軸，y 軸まわりの慣性モーメントであり，ω_x, ω_y は，それぞれ対応する角速度を表す．重心の並進運動と同様に，$\frac{1}{2}I_x\omega_x^2$, $\frac{1}{2}I_y\omega_y^2$ が，それぞれ気体分子について平均すると，$\frac{1}{2}k_\mathrm{B}T$ に等しいと仮定すると，内部エネルギーは

$$U = \frac{5}{2}Nk_\mathrm{B}T$$

となる．単原子分子，2原子分子，いずれの場合も，理想気体の内部エネルギーは，温度 T だけで決まることがわかる．

1つの自由度あたり，同じエネルギーをもつことを，エネルギー等分配法則とよび，統計力学における基本的な原理の1つである．

7.3.2 比 熱

内部エネルギーの温度依存性は，比熱とよばれる量を測定することにより，その妥当性を推し量ることができる．物質を単位温度上昇させるのに必要な熱量を熱容量 $C = \frac{d'Q}{dT}$ とよぶ．単位質量，あるいは，単位モルあたりの熱容量を比熱，あるいはモル比熱とよぶ．

ここでは，理想気体のモル比熱を考える．熱は状態量ではないので，状態変化を表す過程を明記する必要がある．典型的な状態変化として，等積，等圧，断熱過程がある．断熱過程では $dQ' = 0$ なので，等積，等圧過程を考える．等積モル比熱を C_V，等圧モル比熱を C_P と表す．すなわち

$$\begin{cases} C_V = \frac{1}{n}\left(\frac{d'Q}{dT}\right)_{V\text{ 一定}} \\ C_P = \frac{1}{n}\left(\frac{d'Q}{dT}\right)_{P\text{ 一定}} \end{cases} \quad (7.17)$$

ここで、n はモル数を表す。式 (7.17) に、式 (7.16)、(7.12) を代入すると式 (7.17) 第 1 式に、

$$C_P = C_V + \frac{1}{n} P \left(\frac{dV}{dT}\right)_{P\text{ 一定}} \tag{7.18}$$

を得る。ここで、理想気体の内部エネルギー U は温度 T のみに依存し、体積 V には依存しないということを用いた。

式 (7.18) に、理想気体の状態方程式、式 (7.6) を用いると

$$C_P = C_V + R \quad \text{(理想気体)} \tag{7.19}$$

が得られる (章末問題 7.5 参照)。

式 (7.19) は、マイヤーの関係とよばれる。

7.4 断熱過程

熱の出入がない過程を、断熱過程とよぶ。このとき、熱力学第 1 法則 (7.16) において、$d'Q = 0$ が成立する。この節では、理想気体の断熱過程について、以下の関係式

$$PV^\gamma = \text{一定} \quad \text{(断熱過程)} \tag{7.20}$$

式 (7.20) はポアソンの式とよばれる。

が成り立つことを示す。ここで、$\gamma = C_P/C_V$ である。γ の値は、一般に 1 より大きいことに注意しておく。このことは、断熱圧縮・収縮における温度上昇・下降の変化率は、等温圧縮・収縮におけるそれよりも大きくなることを意味する (図 7.6 参照)。

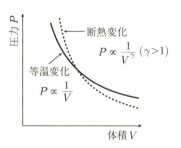

図 7.6 断熱変化と等温変化

式 (7.21) は、式 (7.6) の両辺の対数をとって、微分するとより簡便に得られる。

まず、理想気体の状態方程式 (7.6) より、

$$\frac{dP}{P} + \frac{dV}{V} = \frac{dT}{T} \tag{7.21}$$

が成り立つ。一方、式 (7.16) において、$d'Q = 0$ とおいた関係式に、$U = nC_V T$ (n はモル数) を代入すると

$$nC_V \, dT = -P \, dV \quad \text{(断熱過程)} \tag{7.22}$$

となる。式 (7.22) の両辺を T で割り、式 (7.21) を用いて、dT/T を消去すると

$$nC_V \left(\frac{dP}{P} + \frac{dV}{V}\right) = -\frac{P}{T} dV$$

を得る。再び、状態方程式 (7.6) を用い、T を消去すると、上式は

$$\frac{dP}{P} + \gamma \frac{dV}{V} = 0, \quad \gamma = \frac{C_P}{C_V} \tag{7.23}$$

となる。ここで、マイヤーの関係 (7.19) を用いた。式 (7.23) 第1式の両辺を積分すると、式 (7.20) が得られる。

$\int \frac{dP}{P} = \log P + 定数$

式 (7.20) は、P と V の関係式であるが、状態方程式を用いれば、T と V の関係式や T と P の関係式

$$TV^{\gamma-1} = 一定, \quad T^\gamma P^{1-\gamma} = 一定 \quad (断熱過程) \tag{7.24}$$

が得られる。

7.5 気温の高度依存性

断熱過程の応用例として、気温の高度依存性を求める。図 7.7 のように、地表面を原点にした z 軸を、鉛直上向きを正になるようにとる。

高度 z における気体の圧力を $P(z)$、気体の個数密度を $\rho(z)$ とすると、断面積 S で、z と $z+dz$ に囲まれた領域のつり合いの式は

$$P(z) - P(z+dz) - mg\rho(z)\,dz = 0 \tag{7.25}$$

となる。ここで、m は気体分子の質量、g は重力加速度を表す。式 (7.25) の両辺を dz で割ると

$$\frac{dP(z)}{dz} = -mg\rho(z) \tag{7.26}$$

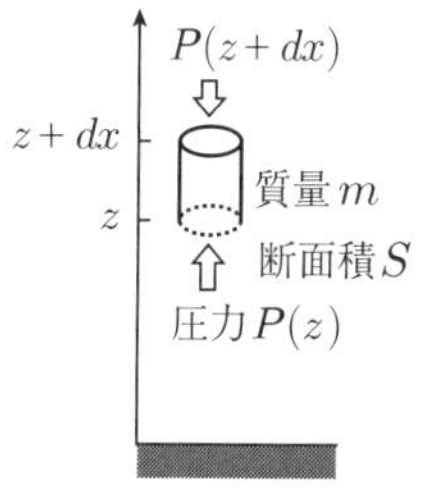

図 **7.7** 気温の高度依存性

を得る。いま、気体を理想気体とみなすと、$\rho\,(=N/V)$ は

$$\rho = \frac{P}{k_B T} \tag{7.27}$$

で与えられる。ここで、T は気体の温度である。式 (7.27) を式 (7.26) に代入すると

$$\frac{dP}{dz} = -mg\frac{P}{k_B T} \tag{7.28}$$

となる。いま、考えている過程が断熱過程とみなせれば、式 (7.24) が成り立つので、第2式より

$$(1-\gamma)\frac{dP}{P} + \gamma\frac{dT}{T} = 0 \tag{7.29}$$

を得る。式 (7.29) を式 (7.28) に代入し、dP/P を消去すると

$$\frac{dT}{dz} = -\left(\frac{\gamma-1}{\gamma}\right)\frac{mgN_A}{R} = \begin{cases} -9.7 \text{ K/km} & (乾燥空気) \\ -5.3 \text{ K/km} & (水蒸気) \end{cases}$$

となる。ここで、乾燥空気は2原子分子、水蒸気は3原子分子とみなした。現実の空気は、水蒸気を含むので、dT/dz の値は、乾燥空気の場合より、少し大きくなることがわかる。

一般に、「100 m 登ると、約 0.6°C 気温が下がる」と言われている。つまり -6 K/km である。

章末問題 7

7.1 式 (7.1) を，衝突後の気体分子の速度 v'_g を，m_g, m_s, v_g, v_s を用いて表すことによって導け。

7.2 式 (7.10) の導出に，容器の壁を剛体壁 ($m_g/m_s \to 0$) を用いたことは，条件としては理想化しすぎている。この点に関して，以下の問いに答えよ。

(a) 極限 $m_g/m_s \to 0$ において，容器の壁は断熱壁になり，壁と気体分子の温度が異なっても，熱を通さなくなってしまうことを，式 (7.3) を用いて示せ。

(b) 式 (7.8) に，式 (7.2) を用いて，
$$\langle \overline{f} \rangle = \frac{1}{L} \frac{m_g(m_g - m_s)}{m_g + m_s} \langle v_g^2 \rangle$$
を導け。

(c) 気体分子が空気，固体原子が鉄の場合，生の m_g/m_s の値を求めよ (現実の系では，気体分子が壁と固体原子との衝突の際，複数の固体原子が寄与するものと考えられる。これにより，実効的な m_s の値は，1 つの固体原子の質量より，何桁も大きくなり得る)。

7.3 m_s と m_g の実効的な比 $\gamma = m_g/m_s$ は，次のような測定を行えば，実験的に求められる。一辺の長さが L の直方体の容器を，周りの気体の温度 T_0 より，ΔT_h だけ高い状態にしておく。この容器の中に，温度 T_0 の気体を入れたところ，時間 Δt 後，気体の温度が，$T_0 + \Delta T$ になったとする。

(a) 式 (7.3) を用いると，気体分子が直方体の容器に 1 回衝突すると，$4\gamma\Delta T_h$ だけ温度が増大する (γ の 2 次以上の項は無視できると仮定する)。気体分子が 2 回衝突すると，さらに，$4\gamma(\Delta T_h - 4\gamma\Delta T_h)$ だけ，温度が上昇する。気体分子が円筒の右側から排出するまでに，容器と N 回衝突したとする。このとき，ΔT を求めよ。

(b) γ^2 以上の微小量を無視すると
$$\Delta T = 4\gamma N \Delta T_h + O(\gamma^2)$$
が成立することを示せ。ただし，$\Delta T \leq \Delta T_h$ とする。

(c) v を気体分子の平均速度とすると，気体分子が円筒と衝突する平均頻度は，単位時間あたり，v/L で与えられる。N を $L, v, \Delta t$ を用いて表せ。

(d) この容器は，1 モルの気体を 1 秒間に 10 度，温度を上げる能力があるとする。このとき，気体の発熱率を求めよ。ただし，気体の定積モル比熱を $\frac{5}{2}R$ とする。

(e) さらに，$v \approx 280$ m/s，および，$\Delta T_h \geq 10$ K を用いることにより
$$\gamma \leq \frac{1}{4000} \quad (L = L_0,\ \Delta t = 1\text{ s},\ \Delta T = 10\text{ K})$$
を示せ。ただし，$L = L_0\ (\simeq 0.28$ m$)$ の立方体中に存在する気体分子の数は 1 モルとしてよい。

7.4 式 (7.13) に関して，以下の問いに答えよ。

(a) $\epsilon_g = \dfrac{p^2}{2m_g}$ により，運動量 p を導入し，L を x に置き換えると，式 (7.13) は，関係式
$$x\,dp = -p\,dx \tag{7.30}$$
に書き換えられることを示せ。

(b) 式 (7.30) は，p と x で囲まれる "体積" xp が不変であること，すなわち
$$(x+dx)(p+dp) = xp$$
と表されることを示せ (d の 2 次以上の項は無視せよ)。

7.5 式 (7.18) を導くことにより，式 (7.19) を導け。

7.6 図 7.8 のように，1 モルの理想気体を状態 A (圧力 P_A，体積 V_A) から，状態 B (圧力 P_B，体積 V_B) に断熱的に圧縮し ($V_B < V_A$)，その後，温度が一定のまま，圧力が P_A になった状態を C とする。

(a) P_A, P_B, V_A, V_B の間に成立する関係式を求めよ。
(b) 状態 B から C になる間，理想気体が外界に対してする仕事 ΔW を求めよ。
(c) 状態 B から C に等温変化するとき，気体のエントロピーの変化量 ΔS を求めよ。

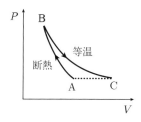

図 7.8 断熱・等温過程

8
熱力学第2法則

熱は内部エネルギーなどと異なり，状態量でないが，温度で割ることによって，熱力学的状態量，エントロピーが導入される。

8.1 熱力学第2法則

前章の式 (7.3) で示されたように，温度の異なる物体を接触させると，温度の高い物体から低い物体にエネルギーが熱という形で移動し，その逆の方向には，エネルギーは流れないようにみえる。このような状態変化の過程を不可逆過程とよぶ。

> 一方，時間を反転した状態変化が起こり得るような過程を，可逆過程とよぶ。

熱力学第2法則とは，不可逆過程に関する法則で，いくつかの表現がある。

- **クラウジウスの原理**
  熱は低温部から高温部へ，何の仕事も要さないで移動しない。
- **トムソンの原理**
  熱は外部に何ら変化を残さないで，力学的な仕事に変わらない。

これら2つの表現は，物理的に同値であることが知られている (章末問題 8.1 参照)。

8.2 クラウジウスの不等式

図 8.1 のように，高温側 (温度 T_1)，低温側 (温度 T_2) の熱源から，それぞれ，熱 Q_1, Q_2 をもらって，1サイクルを行う熱機関を考える。

熱力学第2法則は，以下のような不等式

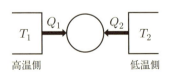

図 8.1 熱機関

$$\frac{Q_1}{T_1} + \frac{Q_2}{T_2} \leq 0 \quad (\text{等号は, 可逆サイクルのとき}) \tag{8.1}$$

を用いて表すことができ, クラウジウスの不等式とよばれる (章末問題 8.2 参照)。

式 (8.1) は, より一般化され, 複数の熱源 (温度 T_i) から熱 Q_i をもらう熱機関に対して, $\sum_{i=1}^{N} \left(\frac{Q_i}{T_i}\right) \leq 0$ と一般化され, さらに, $N \to \infty$ となるような連続的に熱源の温度が変わるような極限において

$$\oint \frac{d'Q}{T'} \leq 0 \quad (\text{等号は, 可逆サイクルのとき}) \tag{8.2}$$

となる。ここで, 積分記号 $\oint$ は, 1 サイクルあたり積分するということを示しており, 温度 T にプライム記号を付けているのは, T' は熱源の温度であり, 熱機関に用いられている作業物質の温度 T ではないことを区別するためである。

式 (8.2) は, 理想気体を作業物質としたサイクルに限らず, 任意のサイクルに対して成立するが, その証明において, 理想気体を作業物質とするサイクルの存在を仮定している。そこでここでは, 式 (8.2) が, 理想気体に対して, 成立することを以下で示す。

8.2.1 可逆サイクル

理想気体を作業物質とした可逆サイクルを考える。一般的な可逆サイクルを扱う前に, まず, 図 8.2 のような具体的なサイクル (カルノー・サイクルとよばれる) において, $Q_1/T_1 + Q_2/T_2 = 0$ が成立することを確かめる。

> カルノー・サイクルにおいて, 熱効率 $e = \frac{Q_1+Q_2}{Q_1}$ は最大値 $\frac{T_1-T_2}{T_1}$ をとる。

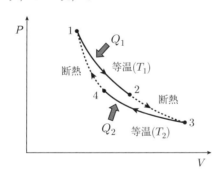

図 8.2 カルノー・サイクル
いまの場合, $T_1 > T_2$, および, $Q_1 > 0$, $Q_2 < 0$ である。

カルノー・サイクルは, 等温過程と断熱過程の組合せからなり, 熱の出入りがあるのは, 等温過程において行われる。等温過程 $1 \to 2$ において, 熱源 (高温側) からもらう熱 Q_1 は, 熱力学第 1 法則により, この過程における理想気体のする仕事に等しく

$$Q_1 = \int_{V_1}^{V_2} P \, dV = nRT_1 \int_{V_1}^{V_2} \frac{1}{V} dV$$

> 可逆サイクルにおいて, T_1, T_2 は作業物質の温度でもある。

となる。同様に、等温過程 $3 \to 4$ において、熱源 (低温側) からもらう熱 Q_2 (いまの場合、負になる) は

$$Q_2 = \int_{V_3}^{V_4} P\,dV = nRT_2 \int_{V_3}^{V_4} \frac{1}{V}\,dV$$

となる。ここで、関係式 (章末問題 8.3 参照)

$$V_1 V_3 = V_2 V_4 \tag{8.3}$$

に注意すると、$Q_1/T_1 + Q_2/T_2 = 0$ を得る。

つぎに、一般の可逆サイクルにおいて、$\oint \frac{d'Q}{T} = 0$ を示す。ここで、可逆サイクルにおいて、熱源の温度 T' は、作業物質の温度 T と等しいことを用いた。熱力学第 1 法則、理想気体の状態方程式、および、$U = nC_V T$ を用いると

$$\frac{dQ'}{T} = n\left(C_V \frac{dT}{T} + R \frac{dV}{V}\right) \quad \text{(理想気体)} \tag{8.4}$$

が成立しているので、$\oint \frac{d'Q}{T} = n\left(C_V \oint d\log T + R \oint d\log V\right) = 0$ となる。ここで、1 サイクルを行い、同じ状態に戻ると、同じ温度、同じ体積をもつことを用いた。

8.2.2 不可逆サイクル

熱源の温度 T' が、作業物質の温度 T と異なるとき、不可逆変化が起こることを思い出す。図 8.3 のように、熱源から熱機関への熱の流れを $d'Q$ とする。熱は、高温の領域から低温の領域に、自然と流れるので

- $T' > T$ のとき
  $d'Q > 0$ より、$\frac{d'Q}{T'} < \frac{d'Q}{T}$ を得る。
- $T' < T$ のとき
  $d'Q < 0$ より、$\frac{d'Q}{T'} < \frac{d'Q}{T}$ を得る。

いずれの場合も

$$\frac{d'Q}{T'} < \frac{d'Q}{T} \quad (T' \neq T) \tag{8.5}$$

図 8.3 熱の流れ

となるので、$\oint \frac{d'Q}{T'} < 0$ を得る。

8.3 熱力学的エントロピー

前節において、$\oint_C \frac{d'Q}{T} = 0$ が、任意のサイクル C に対して、成立することがわかった。これは、$\frac{d'Q}{T}$ という量が状態量になるということを意味する。すなわち

$$dS = \frac{d'Q}{T} \tag{8.6}$$

S は状態量なので、d にプライム記号が不要になる。

とおけば、S は状態量になり、これを熱力学的エントロピーとよぶ。実際、理

想気体においては，式 (8.4) より，S は T と V の関数

$$S = n\left(C_V \log T + R \log V\right) + S_0 \qquad (理想気体) \qquad (8.7)$$

で書けることがわかる．ここで，S_0 は積分定数である．

ここまでの議論で鍵になる点は，熱 Q そのものは状態量ではないが，温度の逆数を掛けると，状態量になるという点である．そこで，熱に温度の逆数以外の因子を掛けて，その量が状態量となるものが存在するか否かという問題が生じる．理想気体において，そのような因子は存在する (章末問題 8.4 参照)．しかしながら，この因子は理想気体の種類 (比熱) に依存し，一般の熱力学対象物に普遍的に用いることができない．

すべての熱力学対象物に適用することができる因子は，温度の逆数 (に比例するもの) しか存在しないことがわかっている．

最後にエントロピーを用いて，熱力学第2法則を表現してみる．式 (8.6) に，式 (8.5) を代入すると

$$dS = \frac{d'Q}{T} \geq \frac{d'Q}{T'} \qquad (等号は，可逆過程のとき成立)$$

を得る．この式は，断熱過程 ($d'Q = 0$) において，$dS \geq 0$, すなわち，エントロピーは減ることはないと主張する．このことをエントロピー増大則という．

8.4 統計力学への橋渡し

前節までの議論で，熱力学的エントロピーは，熱と温度の比によって与えられることがわかったが，しかしながら，エントロピーというのは，温度計などと異なり，直接その量を測るような便利な装置はないため，イメージとしては，依然と抽象的な概念のままである．

一方，気体の圧力は，気体分子の運動を考えることによって，力学的に理解することができた．そこで，エントロピーを分子レベルの立場において，どのように解釈できるか議論する．

いま，図 8.4(a) のように，分子数 N の理想気体が，体積 V_1 の領域に閉じ込められている状態 1 から，図 8.4(b) のように，体積が V_2 になるような状態 2 に等温変化させる．

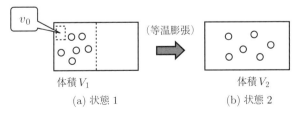

図 **8.4** 等温膨張変化によるエントロピーの変化量

このとき，熱力学的エントロピーの変化 $S_2 - S_1$ は，式 (8.7) より

$$S_2 - S_1 = \frac{1}{T} \int_{V_1}^{V_2} P\, dV \qquad \left(P = Nk_\mathrm{B} \frac{T}{V}\right)$$

で与えられる。

一方，1つの気体分子の占める体積を v_0 とすると，体積 V_i $(i=1,2)$ における1つの分子が占める場所の数は

$$\omega_i = \frac{V_i}{v_0} \qquad (i=1,2)$$

で与えられる。N 個の分子を位置づける仕方の総数 Ω_i は

$$\Omega_i = \omega_i^N \qquad (i=1,2)$$

となる。そこで，この状態数の対数の差をとってみると

$$\log \Omega_2 - \log \Omega_1 \propto S_2 - S_1$$

なる関係式が成り立つことがわかる (比例定数はボルツマン定数の逆数)。この関係式は，ある物質の熱力学エントロピーが，それを構成する物質が取りうる状態数の対数で表されることを意味する。実際，ボルツマンは，いくつかの物理的仮定のもとで，取りうる状態数の対数が熱力学的エントロピーに等しくなることを示した。すなわち

$$S = k_\mathrm{B} \log \Omega \tag{8.8}$$

> ウィーンにあるボルツマンの墓には，式 (8.8) に相当する式が刻まれている。

として S を与えると，S は熱力学エントロピーに等しくなる。式 (8.8) の右辺は統計力学的量を表しているので，これを統計力学的エントロピーとよぶ。Ω がより大きいとは，取りうる状態数がより多いということを意味するので，系は，より "乱雑" な状態にあると見なせる。

最後に，状態数の対数をとるという操作を確率論的に解釈してみる。いま，簡単な例として，1個のサイコロを振った場合を考える。サイコロの目は6つあるので，許される状態数は6である。一方，i という目 $(i=1,2,\ldots,6)$ が出る確率 p_i は $p_i = \frac{1}{6}$ で与えられるので，$\log 6 = -\log(1/6) = -\sum_{i=1}^{6} p_i \log p_i$ が成り立つ。サイコロの場合は，1つの目が出る確率は等確率であるが，これを一般化して，ランダムな値をとる変数の確率分布を p_i に対し

$$S = -\sum_i p_i \log p_i \qquad \left(\sum_i p_i = 1\right)$$

> 情報理論において，対数の底は，通常2をとる。

としたものをシャノン・エントロピーよび，情報量を表すものとして，情報理論で用いられる。

コラム：ブラックホールのエントロピー

アインシュタインの一般相対論によれば，強い重力による引力によって，光が外向きに伝わらないような時空が存在する。このような時空のことをブラックホール (BH) とよぶ。いま，図 8.5 のように質量 M の物体を考える。M のつくる強い重力によって，質量 m の物体が M から離れることができない条件を，古典力学的に見積もってみる。

M から距離 r だけ離れた m の脱出速度 (第 2 宇宙速度) v_0 は，力学的エネルギー保存則より $v_0 = \sqrt{2GM/r}$ で与えられる。ここで，G は万有引力定数である。v_0 は光速 c を越えることができないので，r はある値 r_s より大きくなる必要がある。r_s は，v_0 が c になるときの r の値，すなわち

$$r_s = \frac{2GM}{c^2} \quad (8.9)$$

で与えられる [1]。$r < r_s$ の領域は，BH の外にいる観測者にとって，BH が出す光をも観測することができない。

1975 年，ホーキングにより，BH は $r = r_s$ における重力加速度に比例するような温度 T_{BH} をもち，熱放射をしていることが指摘された。図 8.5 のような BH では，T_{BH} は

$$k_B T_{BH} = \frac{1}{(4\pi)^2} \frac{hc^3}{GM} \quad (8.10)$$

で与えられる。ここで，h はプランク定数とよばれる普遍定数で角運動量と同じ次元をもつ。BH に対して，温度が定義されるということは，BH を熱力学的対象物として扱えることを意味するので，BH はエントロピーをもつと考えられる。

BH に外部から熱 $d'Q$ を与える。このとき，外部から BH への仕事がなければ，この熱はすべて，BH のもつ静止エネルギー Mc^2 の増加量 $dM \cdot c^2$ に還元されると考えられる [2]。そこで，熱力学的エントロピー S_{BH} を以下のように見積ることができる [3]。式 (8.6) に式 (8.10) を代入して，式 (8.9) を用いると

$$dS_{BH} = \frac{dM \cdot c^2}{T_{BH}} = \frac{\pi}{2}\left(\frac{k_B c^3}{hG}\right)dA \quad (8.11)$$

を得る。ここで，$A = 4\pi r_s^2$ は，半径 r_s の球面積を表す。式 (8.11) で注目すべき点は，BH のエントロピーが r_s で囲まれた体積ではなく，面積に比例しているという点である。

最後に，われわれが住んでいる宇宙における"暗黒"エネルギーをエントロピーの観点から理解することができるか議論する [4]。われわれが観測できる銀河は，銀河までの距離に比例した速度で，われわれの銀河から遠ざかっていることがわかっている。これは，ある距離 (ハッブル距離 r_H)[5] 以上になると，そこから発せられた光がわれわれに観測されないということを意味する。

ここで，ある領域から光 (情報) が届かなくなるという状況は，BH の場合にもあったことを思い出す。ホーキングが BH の温度が，$r = r_s$ における重力加速度で与えられた機構と同様に，$r < r_H$ で囲まれた領域の"温度"T_c が，$r = r_H$ における重力加速度に比例する形で与えられる。また，同時に対応するエントロピー S_c が求められる。現在の宇宙において，圧力 P は小さく無視できるとすると，内部エネルギー U_c は，$dU_c \simeq T_c dS_c$ となるので，最終的に

$$U_c \simeq \left(\frac{c^4}{G}\right)r_H \quad (8.12)$$

を得る [6]。一方，2009 年時点において，暗黒エネ

図 8.5 質量 M がつくる BH

ルギー U_Λ の観測値は

$$U_\Lambda = \frac{1}{2}\left(\frac{c^4}{G}\right) r_\mathrm{H}\, \Omega_\Lambda, \qquad \Omega_\Lambda = 0.726 \pm 0.015$$

で，U_c の半分以下の値になっている。もし，U_c が本質的に暗黒エネルギーを表しているのであれば，式 (8.12) において，U_c の値が大きく見積もられた原因を考える必要がある。その原因として考えられるものとして，T_c を求める際に，宇宙の地平線を静的なものと見なしている点や，S_c を求める際，宇宙の圧力を無視している点などがある。

---

1) 式 (8.9) の厳密な導出は，一般相対論におけるアインシュタイン方程式を解くことによって，得られる。

2) BH が回転せず，電荷をもっていなければ，BH への仕事は零になることが知られている。

3) 質量がエネルギーと等価であるというアインシュタインの式 $E = Mc^2$ を用いている。

4) 暗黒エネルギーとは，宇宙の加速膨張を担う未知のエネルギーのことを表す。

5) ハッブル距離は約 140 億光年 $\approx 1.3 \times 10^{26}$ m である。

6) 式 (8.12) の右辺は，BH の静止エネルギー $Mc^2 = \frac{1}{2}\left(\frac{c^4}{G}\right) r_\mathrm{s}$ と同じ関数形をしていることに注意する。

章末問題 8

8.1 クラウジウスの原理とトムソンの原理が同等であることを示せ。

8.2 図 8.6 のような，任意のサイクル C とカルノーサイクル C′ を用いて 1 サイクルを行う。Q_2' を $Q_2 + Q_2' = 0$ となるようにとると，トムソンの原理より，$Q_1 + Q_1' \leq 0$ となることを示せ。これにより，式 (8.1) を示せ。

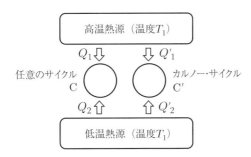

図 8.6 クラウジウスの不等式

8.3 式 (8.3) を示せ。

8.4 理想気体において，$V^\lambda d'Q$ ($\lambda = R/C_V$) は，T と V の関数 $\tilde{S} = nC_V TV^\lambda$ の微分 $d\tilde{S}$ で書けることを示せ。

8.5 $f = f(T, V)$ を T, V の 2 変数関数とする。理想気体において，$f\dfrac{d'Q}{T}$ が，ある T, V の関数 $g = g(T, V)$ の微分 dg で与えられるような f の一般解を求める。

(a) $\dfrac{d'Q}{T} = f_1(T, V)\, dT + f_2(T, V)\, dV$ なる形で表現したとき，関数 f_1, f_2 を求めよ。

(b) $dg = g_T\, dT + g_V\, dV$ に注意し，与えられた関係式から f を消去すると

$$f_2 g_T - f_1 g_V = 0 \tag{8.13}$$

となることを示せ。（$g_T = \dfrac{\partial g}{\partial T}, g_V = \dfrac{\partial v}{\partial T}$ である。）

(c) 1 階線形偏微分方程式 (8.13) の一般解は，2 つの特性方程式

$$\frac{dT}{f_2} + \frac{dV}{f_1} = 0, \quad dg = 0 \tag{8.14}$$

から求めた 2 つの積分を，$\varphi_1(T, V, g) = c_1, \varphi_2(T, V, g) = c_2$ (c_1, c_2 は積分定数) としたとき，$G(\varphi_1, \varphi_2) = 0$ で与えられる（あるいは，これを g について，求めたもの）。ここで，G は任意の 2 変数関数である。φ_1, φ_2 を具体的に求めよ。

(d) f の一般解は，Φ を任意の 1 変数関数として

$$f(T, V) = \Phi(TV^\lambda)$$

となることを示せ。ここで，$\lambda = R/C_V$ である（問題 8.4 は，$\Phi(x) = x$ の場合に相当する）。

8.6 図 8.7 で示されるような可逆サイクルを，1 モルの理想気体を作業物質とする熱機関に対して行った。

(a) 1 サイクル A→B→C→D→A を行ったとき，エントロピー S の変化量 ΔS を求めよ。

(b) B, C における温度 T_B, T_C を求めよ。

(c) B→C における S の変化量 $S_C - S_B$ を求めよ。

(d) この熱機関が外部から熱をもらっている過程はどこか，また，その熱量 Q_1 を求めよ。
(e) この熱機関の熱効率 $e = (Q_1 - Q_2)/Q_1$ を求めよ。ここで，Q_2 は，熱機関が，1 サイクルにおいて，外部に与える熱の総量である。

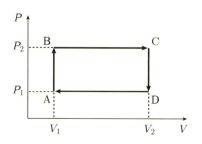

図 8.7 等積・等圧過程からなるサイクル

9
電荷と電場

電気力は物質間にはたらく根本的な力のひとつである。この力は空間の性質が電荷の存在によって変化した場を介して伝わる。場に存在する電荷はポテンシャルエネルギーをもつ。

9.1 電荷と電気力：クーロンの法則

物質の基本的な性質のひとつとして，電荷がある。電荷は正，負の代数的符号をもち，この過不足により帯電した2つの物質間に以下のような性質の電気力 (**クーロン力**) がはたらく。

(1) 力は点電荷を結ぶ直線の方向にはたらく。
(2) 力の大きさは2つの電荷の大きさの積に比例し，距離の2乗に逆比例する。
(3) 2つの電荷が同符号なら斥力，異符号なら引力となる。

電子の電荷が負であるのは，電荷の発見の歴史による。

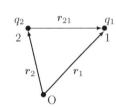

図 9.1 電荷間にはたらく力

図 9.1 のように2つの電荷 q_1, q_2 が 1 と 2 に置かれ，その位置ベクトルをそれぞれ r_1, r_2 とする。q_2 が q_1 に及ぼすクーロン力は，性質 (1) によって q_2 から q_1 へ向かう直線の方向にはたらく。この方向の単位ベクトルは，

$$e_{21} = \frac{r_1 - r_2}{|r_1 - r_2|} = \frac{r_1 - r_2}{r_{21}} \tag{9.1}$$

となり，電荷間の距離 r_{21} は

$$r_{21} = |r_1 - r_2| = \sqrt{(x_1-x_2)^2 + (y_1-y_2)^2 + (z_1-z_2)^2} \tag{9.2}$$

となる。性質 (2) から，クーロン力は比例係数 k_e を用いて，

$$F_{21} = k_e \frac{q_1 q_2}{r_{21}^2} \tag{9.3}$$

と表され，電気力の基本法則である**クーロンの法則**としてまとめられる。k_e は真空中では，真空の誘電率 $\varepsilon_0 = 8.85 \times 10^{-12}$ Nm^2/C^2 を用いて

$$k_e = \frac{1}{4\pi\varepsilon_0} = 9.00 \times 10^9 \text{ Nm}^2/\text{C}^2 \tag{9.4}$$

電荷の単位
[C (クーロン)]

となる。式 (9.1) と式 (9.3) を用いてクーロン力をベクトルで表現すると，

$$\bm{F}_{21} = F_{21}\bm{e}_{21} = \frac{q_1 q_2}{4\pi\varepsilon_0}\frac{\bm{r}_1 - \bm{r}_2}{r_{21}{}^3} \tag{9.5}$$

となり，直交座標の成分を使った表現では

$$\bm{F}_{21} = \frac{q_1 q_2}{4\pi\varepsilon_0|\bm{r}_1 - \bm{r}_2|^3}(x_1 - x_2, y_1 - y_2, z_1 - z_2) \tag{9.6}$$

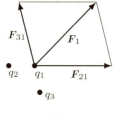

図 9.2 電気力の合成

となる．作用反作用の法則から q_1 が q_2 に及ぼすクーロン力の大きさは等しく，向きが逆なので，$\bm{F}_{12} = -\bm{F}_{21}$ となる．図 9.2 のように，2 つの電荷 q_2, q_3 から q_1 にはたらくクーロン力 $\bm{F}_{21}$, $\bm{F}_{31}$ がある場合には平行四辺形の対角線 $\bm{F}_1$ として合成できる．さらに，多数の電荷から力を受ける場合，ベクトルとして合成することで

$$\bm{F}_1 = \sum_{i=2}^{N} \bm{F}_{i1} = \sum_{i=2}^{N} \frac{q_1 q_i}{4\pi\varepsilon_0}\frac{\bm{r}_1 - \bm{r}_i}{|\bm{r}_1 - \bm{r}_i|^3} \tag{9.7}$$

と求められる．

[例題 9.1]

図 9.3 のように，一辺 $2a$ の正方形 1234 の頂点に電荷が置かれている．点電荷 1 にはたらくクーロン力の各成分を求めよ．

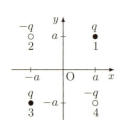

図 9.3 座標上の電荷

[解] 点電荷 1 と他の点電荷との距離はそれぞれ，$r_{21} = 2a$, $r_{31} = \sqrt{2a^2 + 2a^2}$, $r_{41} = 2a$ となるから，クーロン力は

$$\bm{F}_{21} = -\frac{q^2}{4\pi\varepsilon_0(2a)^3}(2a, 0), \qquad \bm{F}_{31} = \frac{q^2}{4\pi\varepsilon_0\sqrt{(2a)^2 + (2a)^2}^3}(2a, 2a)$$

$$\bm{F}_{41} = -\frac{q^2}{4\pi\varepsilon_0(2a)^3}(0, 2a)$$

と求められる．力を合成してそれぞれ x, y 成分毎に示すと

$$x \text{ 成分} \quad \frac{q^2}{4\pi\varepsilon_0}\left(-\frac{2a}{(2a)^3} + \frac{2a}{\sqrt{(2a)^2 + (2a)^2}^3} + 0\right) = -\frac{q^2}{4\pi\varepsilon_0}\frac{2\sqrt{2}-1}{8\sqrt{2}a^2}$$

$$y \text{ 成分} \quad \frac{q^2}{4\pi\varepsilon_0}\left(0 + \frac{2a}{\sqrt{(2a)^2 + (2a)^2}^3} - \frac{2a}{(2a)^3}\right) = -\frac{q^2}{4\pi\varepsilon_0}\frac{2\sqrt{2}-1}{8\sqrt{2}a^2}$$

となり，ベクトル表現では以下のようになる．

$$\bm{F}_1 = \bm{F}_{21} + \bm{F}_{31} + \bm{F}_{41} = -\frac{q^2(2\sqrt{2}-1)}{4\pi\varepsilon_0 8\sqrt{2}a^2}(1, 1)$$

9.2 電場と電気力線

電荷 q_2 が電荷 q_1 に及ぼすクーロン力 $\bm{F}_{21}$ は q_2 から直接，遠隔的に伝わるのではなく，q_2 の存在が空間に作用しその性質の変化が q_1 に力を及ぼしたと考えると

$$\bm{F}_{21} = q_1 \left(\frac{q_1}{4\pi\varepsilon_0}\frac{\bm{r}_1 - \bm{r}_2}{|\bm{r}_1 - \bm{r}_2|^3}\right) = q_1 \bm{E}_2 \tag{9.8}$$

のように q_1 以外の部分が E_2 としてまとめられ，q_2 の及ぼす空間の性質に対応する．これを**電場**という．クーロン力の式 (9.3) との比較から，電場は電荷の大きさに比例し，距離の 2 乗に逆比例するので，q_2 による任意の位置 $r(x,y,z)$ の電場は

$$E_2(r) = \frac{q_2}{4\pi\varepsilon_0}\frac{1}{|r-r_2|^2}e_{r2} = \frac{q_2}{4\pi\varepsilon_0|r-r_2|^3}(x-x_2, y-y_2, z-z_2) \quad (9.9)$$

電場の単位
[N/C] または [V/m]

となる．複数の点電荷 $q_i\ (i=1,2,\ldots,N)$ がそれぞれ点 $r_i\ (i=1,2,\ldots,N)$ にあるとき，ベクトルとして合成される r の電場は，

$$E(r) = \sum_{i=1}^{N}\frac{q_i}{4\pi\varepsilon_0}\frac{r-r_i}{|r-r_i|^3} \quad (9.10)$$

と求まる．連続的に分布した電荷による電場の場合は，

$$E(r) = \int \frac{\rho_e(r')}{4\pi\varepsilon_0}\frac{r-r'}{|r-r'|^3}\,dV' \quad (9.11)$$

と，位置 r' にある点電荷の体積 V' の積分として求まる．

例 9.1 原点にある電荷 q による任意の点 $r(x,y,z)$ の電場は式 (9.9) より

$$E(r) = \frac{q_2}{4\pi\varepsilon_0|r|^3}(x,y,z)$$

と表される．$\sqrt{x^2+y^2+z^2} = |r| = r$ となるので，電場の大きさは

$$|E(r)| = \frac{q}{4\pi\varepsilon_0}\frac{\sqrt{x^2+y^2+z^2}}{|r|^3} = \frac{q}{4\pi\varepsilon_0 r^2}$$

と表される．これは，r のみに依存するので，極座標の r 成分として考えると理解しやすい．

[例題 9.2]

図 9.4 のように正負の 2 つの点電荷 $\pm q$ がそれぞれ $r_\pm\left(\pm\frac{d}{2}, 0, 0\right)$ に置かれている．d が小さいとき，原点から十分離れた点 $r(x,y,z)$ の電場を求めよ．

[解] 式 (9.10) より電場は

$$E(r) = \frac{q}{4\pi\varepsilon_0}\left[\frac{r-r_+}{|r-r_+|^3} - \frac{r-r_-}{|r-r_-|^3}\right]$$

と表される．分母を $d \ll r$ として，$r_\pm$ のまわりでテーラー展開すると

$$|r-r_\pm|^3 = [(x \pm d/2)^2 + y^2 + z^2]^{3/2}$$
$$= [x^2+y^2+z^2]^{3/2} + \frac{3}{2}[x^2+y^2+z^2]^{1/2} 2x \cdot \frac{\pm d}{2} + \cdots$$
$$= r^3 + 3xr \cdot \frac{\pm d}{2} + \cdots$$

$$\frac{1}{|r-r_+|^3} - \frac{1}{|r-r_-|^3} \sim \frac{1}{r^3(1-\frac{3x}{r^2}\frac{d}{2})} - \frac{1}{r^3(1+\frac{3x}{r^2}\frac{d}{2})}$$

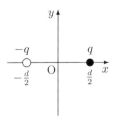

図 9.4 電気双極子モーメント

となり，$(\frac{3xd}{2r^2})^2$ は非常に小さいことを考慮して y, z 成分を求めると

$$\frac{y}{r^3(1-\frac{3x}{r^2}\frac{d}{2})} - \frac{y}{r^3(1+\frac{3x}{r^2}\frac{d}{2})} = \frac{y \cdot \frac{3xd}{r^2}}{r^3(1-(\frac{3xyd}{2r^2})^2)} \sim \frac{3xyd}{r^5}, \quad \frac{3xzd}{r^5}$$

となる。x 成分について同様に計算すると

$$\frac{x-\frac{d}{2}}{r^3(1-\frac{3x}{r^2}\frac{d}{2})} - \frac{x+\frac{d}{2}}{r^3(1-\frac{3x}{r^2}\frac{d}{2})} = \frac{(3x^2-r^2)d}{r^5}$$

$$E(r) = \frac{q}{4\pi\varepsilon_0}(\frac{(3x^2-r^2)d}{r^5}, \frac{3xyd}{r^5}, \frac{3xzd}{r^5})$$

となって電場が求まる。

例題 9.2 のように，正負の 2 つの点電荷 $\pm q$ が非常に小さい距離に置かれた状態を**電気双極子**とよぶ。負電荷から正電荷に向かう変位ベクトル $\boldsymbol{d}(d,0,0)$ を用いて**電気双極子モーメント**は $\boldsymbol{p} = q\boldsymbol{d}$ と表されるから，このまわりの電場は

$$E(r) = \frac{1}{4\pi\varepsilon_0}\left(\frac{3px\boldsymbol{r}}{r^5} - \frac{\boldsymbol{p}}{r^3}\right) = \frac{1}{4\pi\varepsilon_0}\left(\frac{3(\boldsymbol{p}\cdot\boldsymbol{r})\boldsymbol{r}}{r^5} - \frac{\boldsymbol{p}}{r^3}\right) \quad (9.12)$$

となる。

電場の向きを連ねた曲線を**電気力線**とよび，以下の性質をもつ。

(A) 電場の向きに平行。
(B) 面密度は，電場の大きさに比例。
(C) 正電荷で発生，負電荷に終結。有限距離に対になる電荷がない場合は無限遠まで伸びる。それ以外の場所での発生，消滅なし。
(D) 任意の閉曲面から外へ出る電気力線の総本数は内部に含まれる電荷に比例。

電気力線は性質 (A) から図 9.5 のように放射状に延びた直線となる。性質 (B) から，真空中の半径 r の球面を貫く電気力線の面密度 w は，E に比例しその比例定数を α として

$$w(r) = \alpha E(r)$$

と表される。電荷を中心とする球体の表面を垂直に貫く電気力線の本数 N は

$$N(r) = 4\pi r^2 w(r) = 4\pi r^2 \alpha E(r) = 4\pi r^2 \alpha \frac{q}{4\pi\varepsilon_0 r^2} = \frac{\alpha}{\varepsilon_0}q \quad (9.13)$$

となって r によらず一定である。このことは，電荷以外の場所で発生，消滅しない性質 (C)，および閉曲面となる球の表面から出る電気力線の総本数は内部に含まれる電荷に比例する性質 (D) に一致する。電気力線は正電荷から出発し負電荷に終結するので，出発点と終結点は異なる。

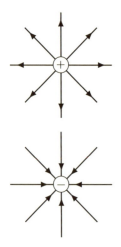

図 9.5 電気力線

図 9.6 のように，任意の閉曲面の一部である微小面積を電気力線が貫くときの本数 ΔN は，微小面積のベクトル $\Delta \boldsymbol{S}$ との角度 θ を考慮して

$$\Delta N(\boldsymbol{r}) = w(\boldsymbol{r})\cos\theta \Delta S = \alpha E(\boldsymbol{r})\cos\theta \Delta S = \alpha \boldsymbol{E}\cdot\Delta\boldsymbol{S} \quad (9.14)$$

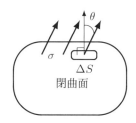

図 9.6 微小面積のベクトル
面積ベクトルの方向は微小面積の法線方向

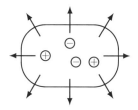

図 9.7 電場のガウスの法則
閉曲面から電気力線が出る。閉曲面内の電荷のみ合計する。

と内積を用いて表される。上式を全閉曲面で積分して式 (9.13) と比較すると電気力線の本数は

$$N(\boldsymbol{r}) = \int_{\text{閉曲面}} \alpha \boldsymbol{E} \cdot d\boldsymbol{S} = \frac{\alpha q}{\varepsilon_0} \tag{9.15}$$

となる。$\alpha = 1$ とおくと

$$\varepsilon_0 \int_{\text{閉曲面}} \boldsymbol{E}(\boldsymbol{r}) \cdot d\boldsymbol{S} = q \tag{9.16}$$

となり，この式で示される関係を**電場のガウスの法則**という。図 9.7 のように，複数の電荷が閉曲面内に含まれる場合は電荷を合計し，電荷が連続して分布している場合には電荷密度 $\rho_e(\boldsymbol{r})$ を体積 V で積分して

$$\varepsilon_0 \int_{\text{閉曲面}} \boldsymbol{E}(\boldsymbol{r}) \cdot d\boldsymbol{S} = \sum_i q_i = \int_{\text{閉曲面内}} \rho_e(\boldsymbol{r}) \, dV \tag{9.17}$$

となる。

例 9.2 電荷が単純な形状の物体に分布する場合には，ガウスの法則を用いて簡単に電場が計算できる。真空中で電荷 Q に帯電した電荷球 (半径 a) がある。閉曲面を電荷球の形状に合わせて半径 r の球面とする。$r > a$ のときはどんなに半径の大きい球面も内部に含まれる電荷は Q なので，式 (9.16) を用いて

$$\varepsilon_0 E 4\pi r^2 = Q, \qquad E(r > a) = \frac{Q}{4\pi\varepsilon_0 r^2}$$

となる。電荷球の内部 ($r < a$) で閉曲面を考えると，内部に含まれる電荷は $Q\dfrac{r^3}{a^3}$ となるので

$$\varepsilon_0 E 4\pi r^2 = Q \frac{r^3}{a^3}, \qquad E(r < a) = \frac{Q}{4\pi\varepsilon_0} \frac{r}{a^3}$$

となり，閉曲面の外側の電荷の影響は打ち消しあう。

[例題 9.3]

真空中で半径 b の無限に長い導体に一様な表面電荷密度 σ_e で電荷が分布している。導体のまわりの電場を求めよ。

[解] 電荷は導体の表面に分布し，電場は放射状にでるので，導体を囲む閉曲面を半径 r の円筒形とすると導体の長さ 1 m あたり

$$\varepsilon_0 \int_{閉曲面} E\,dr = \varepsilon_0 2\pi r E = 2\pi b \sigma_e \quad (r \geq b) \qquad E = \frac{b\sigma_e}{\varepsilon_0 r}$$

$$\varepsilon_0 \int_{閉曲面} E\,dr = \varepsilon_0 2\pi r E = 0 \qquad (r < b) \qquad E = 0$$

となる。

9.3 電位

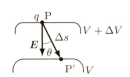

図 9.8 電場と電位の関係

電荷を移動させる仕事はクーロン力と移動距離の積になる。図 9.8 のように電荷 q を点 P から点 P′ までの微小距離 Δs だけ移動させるとき，クーロン力を電場 E で置き換えて仕事を表すと

$$\Delta W = qE\Delta s \cos\theta \tag{9.18}$$

となる。Δs は非常に小さいので直線と近似すると変位ベクトル Δr で置き換えられるから，仕事は電場と変位ベクトルとの内積を使って表される。クーロン力が行った仕事によって電荷のポテンシャルエネルギーが減少するので，逆符号となる。単位電荷当たりのポテンシャルエネルギーを電位 V という。PP′ 間の電位差 (電圧) ΔV は，

電位の単位
　　[V (ボルト)]

$$\Delta V = \frac{-\Delta W}{q} = -\boldsymbol{E}\cdot\Delta\boldsymbol{r} = -(E_x\Delta x + E_y\Delta y + E_z\Delta z) \tag{9.19}$$

となる。電位が等しくなる位置は閉曲面 (**等電位面**) を成し，電気力線と直交するので電場に垂直である。

図 9.9 のように，点 P から点 A まで経路 C_1 に沿って移動しても，経路 C_2 に沿って移動しても，電位差は始点の位置と終点の位置によって決まるから，

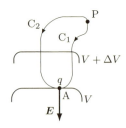

図 9.9 積分経路と電位

$$V_A - V_P = -\int_{P,(C_1)}^{A} \boldsymbol{E}(\boldsymbol{r})\cdot d\boldsymbol{r} = -\int_{P,(C_2)}^{A} \boldsymbol{E}(\boldsymbol{r})\cdot d\boldsymbol{r} \tag{9.20}$$

となって，$\boldsymbol{E}\cdot\Delta\boldsymbol{r}$ は電場方向の線積分なので経路に依存しない。点 P から点 A までの経路 C_1 で移動し，経路 C_2 で点 P に戻ると

$$-\int_{P,(C_1)}^{A} \boldsymbol{E}(\boldsymbol{r})\cdot d\boldsymbol{r} + \int_{P,(C_2)}^{A} \boldsymbol{E}(\boldsymbol{r})\cdot d\boldsymbol{r} = \oint_{P}^{A} \boldsymbol{E}(\boldsymbol{r})\cdot d\boldsymbol{r} = 0 \tag{9.21}$$

1 周積分となって 0 になる。

電荷を中心にした電場は例 9.2 のように球対象で距離 r 以外の成分に依存しない。式 (9.19) を r で $E_x\Delta x + E_y\Delta y + E_z\Delta z = E_r\Delta r$ と置き換えると

$$\Delta V = -\frac{Q}{4\pi\varepsilon_0 r^2}\Delta r \tag{9.22}$$

となる。任意の 2 点 P, P' の電位差は上式を積分して

$$V_{P'} - V_P = -\frac{Q}{4\pi\varepsilon_0}\int_{r_P}^{r_{P'}}\frac{1}{r^2}dr = \frac{Q}{4\pi\varepsilon_0}\left(\frac{1}{r_{P'}} - \frac{1}{r_P}\right) \tag{9.23}$$

と計算できる。上の点 P を原点 $r_P = 0$ として電位の基準にすると $V = \infty$ となり有限の値ではない。これを解決するために無限遠 $r_P = \infty$ の電位を基準にすると $V_P = 0$ になるので

$$V_{P'} - V_P = \frac{Q}{4\pi\varepsilon_0}\left(\frac{1}{r_P} - \frac{1}{\infty}\right) \;\to\; V_{P'} = \frac{Q}{4\pi\varepsilon_0}\frac{1}{r_P}$$

と電位が求まる。点 $\boldsymbol{r}_0$ に位置する点電荷 Q に対する任意の点 $\boldsymbol{r}$ の電位は

$$V(\boldsymbol{r}) = \frac{1}{4\pi\varepsilon_0}\frac{Q}{|\boldsymbol{r} - \boldsymbol{r}_0|} \tag{9.24}$$

となる。複数の点電荷 $q_i\,(i=1,2,\ldots,N)$ が点 $\boldsymbol{r}_i\,(i=1,2,\ldots,N)$ にあるとき $\boldsymbol{r}$ の電位は個々の電位を加算して

$$V(\boldsymbol{r}) = \sum_i \frac{1}{4\pi\varepsilon_0}\frac{q_i}{|\boldsymbol{r} - \boldsymbol{r}_i|} \tag{9.25}$$

と求まる。電荷密度 $\rho_e(\boldsymbol{r}')$ で連続的に分布している場合には $\boldsymbol{r}$ の電位は

$$V(\boldsymbol{r}) = \int \frac{1}{4\pi\varepsilon_0}\frac{\rho_e(\boldsymbol{r}')}{|\boldsymbol{r} - \boldsymbol{r}'|}\,dV' \tag{9.26}$$

と積分して求まる。

[例題 9.4]

点 $\boldsymbol{r}_1 = \left(0,0,-\dfrac{d}{2}\right)$ に負電荷 $-q$, 点 $\boldsymbol{r}_2 = \left(0,0,\dfrac{d}{2}\right)$ に正電荷 q からなる電気双極子のまわりの電位を求めよ。

[解] 2 つの電荷による $\boldsymbol{r}(x,y,z)$ の電位は，式 (9.25) より，

$$V(\boldsymbol{r}) = \sum_i \frac{1}{4\pi\varepsilon_0}\frac{q_i}{|\boldsymbol{r} - \boldsymbol{r}_i|} = \frac{q}{4\pi\varepsilon_0}\left(\frac{1}{|\boldsymbol{r} - \boldsymbol{r}_2|} - \frac{1}{|\boldsymbol{r} - \boldsymbol{r}_1|}\right)$$

となる。ところで，$d \ll r$ として分母をテーラー展開すると

$$|\boldsymbol{r} - \boldsymbol{r}_i| = [x^2 + y^2 + (z \pm d/2)^2]^{1/2} = r + \frac{z}{r}\frac{\pm d}{2} + \cdots$$

となるので，通分して分母の d^2 の項を無視すると

$$\frac{1}{|\boldsymbol{r} - \boldsymbol{r}_2|} - \frac{1}{|\boldsymbol{r} - \boldsymbol{r}_1|} \simeq \frac{1}{r\left(1 - \frac{z}{r^2}\frac{d}{2}\right)} - \frac{1}{r\left(1 + \frac{z}{r^2}\frac{d}{2}\right)} = \frac{zd}{r^3}$$

となる。ここで $qd = |\boldsymbol{p}|$（電気双極子モーメント）とおき，θ を $\boldsymbol{p}$ と $\boldsymbol{r}$ の間の角度とすると，

$$V(\boldsymbol{r}) = \frac{qzd}{4\pi\varepsilon_0 r^3} = \frac{|\boldsymbol{p}|}{4\pi\varepsilon_0 r^2}\frac{z}{r} = \frac{|\boldsymbol{p}|}{4\pi\varepsilon_0 r^2}\frac{|\boldsymbol{r}|\cos\theta}{|\boldsymbol{r}|} = \frac{\boldsymbol{p}\cdot\boldsymbol{r}}{4\pi\varepsilon_0 r^3}$$

となる。

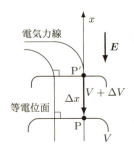

図 9.10 電位の勾配

電場から電位が導かれるように電位から電場が求められる。図 9.10 のように x 方向にのみ移動すると，電場の x 成分は式 (9.19) より

$$E_x = -\frac{\Delta V_{(\Delta y=\Delta z=0)}}{\Delta x}$$

と Δx を微小量とする偏微分になる。他の成分も同様に考えると，電場 $\boldsymbol{E}$ のすべての成分は電位 V に対する各成分の偏微分から

$$\boldsymbol{E} = (E_x, E_y, E_z) = -\left(\frac{\partial V}{\partial x}, \frac{\partial V}{\partial y}, \frac{\partial V}{\partial z}\right) \tag{9.27}$$

と求められ，ベクトル演算子 (ナブラ) ∇ を用いると

$$\boldsymbol{E} = -\operatorname{grad} V = \left(-\frac{\partial V}{\partial x}, -\frac{\partial V}{\partial y}, -\frac{\partial V}{\partial z}\right) = -\boldsymbol{i}_x \frac{\partial V}{\partial x} - \boldsymbol{i}_y \frac{\partial V}{\partial y} - \boldsymbol{i}_z \frac{\partial V}{\partial z} = -\nabla V \tag{9.28}$$

と表される。ここで，

$$\nabla = \boldsymbol{i}_x \frac{\partial}{\partial x} + \boldsymbol{i}_y \frac{\partial}{\partial y} + \boldsymbol{i}_z \frac{\partial}{\partial z} = \left(\frac{\partial}{\partial x}, \frac{\partial}{\partial y}, \frac{\partial}{\partial z}\right)$$

を用いた。

例 9.3 原点の点電荷による電位 $V = \dfrac{1}{4\pi\varepsilon_0}\dfrac{q}{r}$ から電場の x 成分を計算すると

$$E_x = -\frac{\partial V}{\partial x} = -\frac{\partial}{\partial r}\left(\frac{1}{4\pi\varepsilon_0}\frac{q}{r}\right)\frac{\partial r}{\partial x} = -\frac{q}{4\pi\varepsilon_0}\frac{d\left(\frac{1}{r}\right)}{dr}\frac{\partial r}{\partial x} = -\frac{q}{4\pi\varepsilon_0 r^2}\frac{x}{r} = -\frac{qx}{4\pi\varepsilon_0 r^3}$$

となる。ただし，r の x 成分による偏微分は

$$\frac{\partial r}{\partial x} = \frac{1}{2}(x^2+y^2+z^2)^{-\frac{1}{2}} \cdot 2x = \frac{x}{r}$$

となる。

9.4 物質中の電場，誘電体

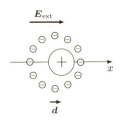

図 9.11 原子の分極

電場をかけても電荷が自由に移動しない物質を**絶縁体**という。しかし，この物質にも電場の影響がある。微視的に考えると，図 9.11 のように物質内の原子を構成する電子は原子核のまわりに束縛されて自由に動けないが，外部電場 $\boldsymbol{E}_{\text{ext}}$ により正負の電荷 $\pm q$ の中心がずれる。これを**分極**といい，このような物質を**誘電体**という。原子より小さい正負電荷のずれをベクトル $\boldsymbol{d}$ で表すと電気双極子 $\boldsymbol{p} = q\boldsymbol{d}$ と近似できる。電気双極子モーメントは $\boldsymbol{E}_{\text{ext}}$ に比例し，その比例定数を原子の分極率 α_e とし ε_0 を用いると以下のようになる。

$$\boldsymbol{p} = \varepsilon_0 \alpha_e \boldsymbol{E}_{\text{ext}}$$

外部からの電場が無くても，化学結合によって電気双極子になるものに HCl，H_2O，CO などの**有極性分子**がある。図 9.12(a) のように，誘電体である任意

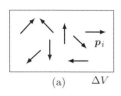 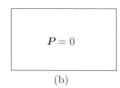 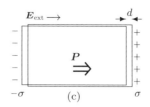

図 9.12 微視的双極子，電気分極，分極電荷の関係

の直方体 ΔV の内部に存在する原子や有極性分子からなる電気双極子モーメントの集まりを単位体積あたりで平均すると

$$P(r) = \frac{\sum_i p_i}{\Delta V} \tag{9.29}$$

電気感受率：無次元量

となり，$P(r)$ を**電気分極** $[\mathrm{C/m^2}]$ という。外部電場がない場合には，電気双極子はいろいろな方向を向いているので，図 9.12(b) のように P は 0 になる。図 9.12(c) のように外部電場 E_ext が印加されるとその方向に電気双極子の向きがそろい始める。電場が小さいときには P は E_ext に比例し，**電気感受率** χ_e を用いて

$$P = \varepsilon_0 \chi_e E_\mathrm{ext} \tag{9.30}$$

と表現できる。電気双極子の体積個数密度を n とすると $P = np$ となるから

$$\chi_e = n\alpha_e$$

となる。大きな E_ext によって p_i の向きがそろうと，仮想的に d ずれた体積電荷密度 ρ_0 の正負の 2 つの ΔV が現れる。全体の電荷がそれぞれの ΔV の中心に集中すると考えると

$$(\rho_0 \Delta V)|d| = |P|\Delta V = q_P$$

となる。これは 2 つの直方体が重なった部分の電荷が打ち消されて両端に残る**分極電荷** q_P に対応する。電気分極の大きさは

分極電荷は物体の端面の電荷で取りだせない。

$$|P| = \rho_0 d = \sigma_P$$

と分極電荷密度 σ_P に等しくなる。このような性質をもつ物質を**常誘電体**という。

右向きの P がある誘電体の内部で，原子の間に図 9.13 のように任意の境界を考えると，この右側に負，左側に正の分極電荷が面密度 σ_P で現れる。境界の両側に向かう法線ベクトル $\nu_\pm$ と P との角度 θ とすると，

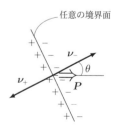

図 9.13 誘電体内の分極電荷

境界の左側 (正電荷) 　　境界の右側 (負電荷)
$\sigma_P > 0 \cdots P \cdot \nu_+$ 　　$-\sigma_P < 0 \cdots P \cdot \nu_-$
$|P|\cdot|\nu_+|\cos(\pi-\theta)$ 　　$|P|\cdot|\nu_-|\cos(\theta)$
$\sigma_P = -P\cos(\theta)$ 　　$-\sigma_P = P\cos(\theta)$

となる。σ_P は，P と $\nu_\pm$ の内積に対して逆符号になることを考慮して，

$$\sigma_P = -P\cos\theta = -\boldsymbol{P}\cdot\boldsymbol{\nu}_\pm \tag{9.31}$$

となる。

誘電体内で $\boldsymbol{P}$ が一様な場合，図 9.14 のように内部に小さい誘電体 (点線) を考えると，その右端には正電荷がある。しかし，どこでも正負のペアの電荷があるので，その誘電体の右端のすぐ外側には負電荷がある。小さい誘電体の右端面を囲む閉曲面 (破線) を考える。図 9.13 の境界面と同様に，小さい誘電体右端の外側には負の分極電荷があり閉曲面の右側はその負電荷を囲み，閉曲面の左側は小さい誘電体の右側の正の分極電荷を囲む。分極電荷 q_P は式 (9.31) より

$$q_P = -\int_{閉曲面}\boldsymbol{P}(\boldsymbol{r})\cdot d\boldsymbol{S} \tag{9.32}$$

となり，閉曲面から外に出て行く向きの $d\boldsymbol{S}$ と $\boldsymbol{P}$ の内積の逆符号になる。閉曲面内の電荷は差し引き 0 なので上式は 0 となる。

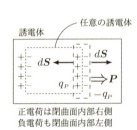

図 9.14 閉曲面内の電気分極

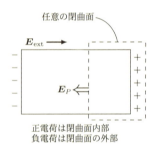

図 9.15 誘導電場のガウスの法則

図 9.15 のように外部電場 $\boldsymbol{E}_{\text{ext}}$ があるとき誘電体に現れる左右の電荷によって内部に誘導電場 $\boldsymbol{E}_P$ が発生する。分極電荷のある誘電体の端を囲むように閉曲面を考えてガウスの法則を適用すると，

$$\varepsilon_0\int_{閉曲面}\boldsymbol{E}_P(\boldsymbol{r})\cdot d\boldsymbol{S} = q_P \tag{9.33}$$

となる。誘電体内部には誘導電場だけでなく閉曲面の外から外部電場が入り込んでいるので，これらを合わせた電場 $\boldsymbol{E}$ は

$$\boldsymbol{E} = \boldsymbol{E}_{\text{ext}} + \boldsymbol{E}_P \tag{9.34}$$

となる。右辺第 1 項の $\boldsymbol{E}_{\text{ext}}$ は誘電体閉曲面の外部にある電荷に起因する電場であるので，外部電荷 q_{ext} と置き換えられる。第 2 項は式 (9.32) (9.33) より $\varepsilon_0\boldsymbol{E}_P(r) = -\boldsymbol{P}(r)$ と置き換えられる。q_{ext} を含む閉曲面を新たに考えて式を変形すると

$$\int_{閉曲面}(\varepsilon_0\boldsymbol{E}(\boldsymbol{r}) + \boldsymbol{P}(\boldsymbol{r}))\cdot d\boldsymbol{S} = q_{\text{ext}} \tag{9.35}$$

となって右辺は外部電荷のみとなる。積分の中の式を

$$\varepsilon_0\boldsymbol{E}(\boldsymbol{r}) + \boldsymbol{P}(\boldsymbol{r}) = \boldsymbol{D}(\boldsymbol{r}) \tag{9.36}$$

と電束密度 D で置き換えると，式 (9.35) は

$$\int_{\text{閉曲面}} D(r) \cdot dS = q_{\text{ext}} \quad (9.37)$$

となって電束密度についてのガウスの法則が導かれる．常誘電体の電束密度は，式 (9.30) を用いて

$$D(r) = \varepsilon_0 E(r) + \varepsilon_0 \chi_e E(r) = \varepsilon E(r) \quad (9.38)$$

となる．電場と電束密度の比例定数となる誘電率 ε は χ_e または相対誘電率 (比誘電率) κ_e を用いて

$$\varepsilon = \varepsilon_0(1 + \chi_e) = \varepsilon_0 \kappa_e \quad (9.39)$$

と表される．真空中では $P(r) = 0$ だから電束密度は $D(r) = \varepsilon_0 E(r)$ となる．強誘電体の場合には，電気分極は外部からの電場に依存しない自発分極 $P_s(r)$ が電気分極より大きいので

$$D(r) = \varepsilon_0 E(r) + P_s(r) \quad (9.40)$$

と表される．

[例題 9.5]

図 9.16 のように，平行平板キャパシタの等しい面積 S の電極板には $\pm\sigma_e$ の面密度で電荷が分布している．キャパシタ内にある誘電率 ε の誘電体の電束密度，電場，電気分極と分極電荷密度を求めよ．

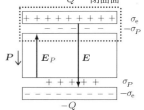

図 9.16 誘電体中の電場

[解] キャパシタの電荷は誘電体に外部電場としてはたらき，極板間では，D のみが連続して存在する．キャパシタにたまった正負の電荷は引き合うので，2 枚電極板の向き合った側の面に電荷がたまり，電束線は下のみに向かう．図 9.16 に点線で示した閉曲面にガウスの法則を適用すると，式 (9.37) から電束密度の大きさは

$$\int_{\text{閉曲面}} D(r) \cdot dS = \sigma_e S, \qquad D = \sigma_e$$

となる．電場 E の大きさを求めると

$$E = \frac{D}{\varepsilon} = \frac{\sigma_e}{\varepsilon}$$

となる．電気分極 P の大きさを求めると

$$|P| = D - \varepsilon_0 E = \left(1 - \frac{\varepsilon_0}{\varepsilon}\right) D = \left(1 - \frac{\varepsilon_0}{\varepsilon}\right) \sigma_e$$

となり，分極電荷密度 σ_p に等しいので

$$\sigma_p = |P| = \left(1 - \frac{\varepsilon_0}{\varepsilon}\right) \sigma_e$$

となる．

章末問題9

9.1 真空中にそれぞれ $-2\,\mathrm{C}$ と $+3\,\mathrm{C}$ の電荷をもった2つの質点が $2\,\mathrm{m}$ 離れて置かれている。$-2\,\mathrm{C}$ の質点にはたらくクーロン力の大きさ，および，$3\,\mathrm{C}$ の質点にはたらくクーロン力の大きさを求めよ。また，作用反作用の法則から2つの質点にはたらく力の大きさと方向はどのような関係にあるか答えよ。

9.2 2つの同じ正電荷 q が x 軸上で距離 d だけ離れて置かれている。これらのまわりの電場を求めよ。

9.3 右図のように，電気力線が正電荷からでて負電荷にはいる。以下の問いに答えよ。

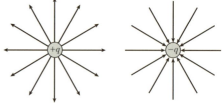

(a) 正電荷と負電荷とのあいだで電気力線がどのようにつながっているか様子を示せ。

(b) 2つの電荷の大きさが $\pm 2.0\,\mathrm{C}$ で距離が $2.0\,\mathrm{m}$ のとき，それぞれの電荷が互いの電荷の位置につくる電場の大きさ，および，及ぼす力を求めよ。

9.4 真空中 (誘電率 ε_0) にある半径 b の導体球の表面に一様な面密度 σ_0 で電荷が分布している。以下の問いに答えよ。

(a) 球の表面，および内部の電荷を求めよ。

(b) 半径 $r\,(>b)$ の球面にガウスの法則を適用し，球面に垂直な電場の大きさを求めよ。

(c) 半径 $r\,(<b)$ の球面にガウスの法則を適用し，球内部の電場の大きさを求めよ。

9.5 無限に長い半径 r_0 の円筒形の導線が表面電荷密度 σ_e で帯電している。円筒系の中心軸から r の距離にある単位電荷にはたらくクーロン力を求めよ。

9.6 半径 R の球状の物体に電荷 Q が一様に分布している。真空の誘電率を ε_0，原子核の中心からの距離を r として，以下の問いに答えよ。

(a) 球の内外の電場を求めて，電場の概要をグラフに表せ。

(b) 球の内外の電位を求めて，電位の概要をグラフに表せ。

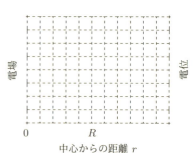

9.7 高さが無限に高い半径 d の円柱に一様な密度の電荷 ρ_e が分布している。円柱の中心軸からの垂直な距離を r として以下の問いに答えよ。

(a) 円柱の内部電場を求めよ。

(b) 円柱の外部の地点に生じた電束密度と電位を求めよ。

9.8 十分広い平行平板キャパシタ ($S=0.01\,\mathrm{m}^2$) の上の電極に正電荷 $(+Q)$，下の電極に負電荷 $(-Q)$ の電荷がたまっている。$Q=0.3\,\mu\mathrm{C}$ のとき，ガウスの法則を利用して極板内外の電場を求めよ。ただし，電極間は真空とする。

9.9 $\pm Q$ の電荷が蓄えられた平行平板キャパシタの面積 S の極板間に，異なる誘電率 $\varepsilon_1,\varepsilon_2$ をもった2層の誘電体が極板に平行に挿入されている。以下の問いに答えよ。

(a) 層1と層2の電場と電束密度を求めよ。
(b) 層1と層2の厚さが等しいとき，2つの誘電体を挿入しないときに比べて電気容量は何倍になるか。

9.10 一様な大きさ E_{ext} の電場の中に誘電率 ε の誘電体を置いたとき，誘電体内の電場と電束密度を求めよ。

9.11 真空中に半径 a と b （$a<b$）の中空の導体球が原点を中心として置かれている。a の導体球には q の電荷が与えられ，b の導体球は接地されている。2つの導体球の間には誘電率 ε の誘電体が封入されている。中心からの距離を r として以下の問いに答えよ。

(a) $r<a$, $a<r<b$, $r>b$ の領域の電場と電束密度を求めよ。
(b) 2つの導体球の電位差を求めよ。
(c) b の導体球の接地をはずし，2つの導体球を導線でつなぐと，電位差はどうなるか。

10
電流と磁場

孤立導体には電荷が蓄えられる。導体の接触によって電荷が流れて電流となり，それによって磁場が発生し，磁荷の根源となる。

10.1 導体中の電荷

図 10.1 のように，導体に正の帯電体を近づけたとき，まわりの電場の変化によって導体内部の電荷が自由に動いて電流となり，帯電体に近い側に負電荷が，反対側に正電荷が誘導される。この正負の**誘導電荷**により導体内で**誘導電場**が生じて外部電場を打ち消すまで，電流は流れる。この現象を**静電誘導**という。外部電場 $\boldsymbol{E}_\text{ext}$ によって生じる誘導電荷密度 ρ_e は物質の形状に依存する。そして ρ_e がつくる誘導電場 $\boldsymbol{E}'$ は $\boldsymbol{E}_\text{ext}$ と導体内部では打ち消しあうから

$$\boldsymbol{E}_\text{ext} + \boldsymbol{E}' = 0 \tag{10.1}$$

となって，導体内部に電場がない。したがって，導体の電位は至るところ等しい。導体の下にあるスイッチを入れると，導体の正電荷は導体の外部に流れ出す。すると，導体内部に電場がないので負電荷は導体表面にのみ一様に分布し，そこに入る電場は導体表面に垂直である。

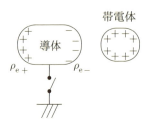

図 10.1 導体の静電誘導

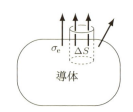

図 10.2 導体とガウスの法則

電荷が，図 10.2 のように導体の表面に一様な正の表面電荷密度 σ_e で分布している。導体表面の微小面積 ΔS を上下の面で挟む円柱を考えると，導体外部にある円柱の上面を貫く電場は外向きである。円柱を閉曲面としてガウスの法則を適用すると，

$$\varepsilon_0 \int_{上面} \boldsymbol{E} \cdot d\boldsymbol{S} + \varepsilon_0 \int_{下面} \boldsymbol{E} \cdot d\boldsymbol{S} + \varepsilon_0 \int_{側面} \boldsymbol{E} \cdot d\boldsymbol{S} = \sigma_e \Delta S \tag{10.2}$$

となる。円柱の高さを非常に低くして側面の積分面積を小さくし，下面は導体内部なので電場は 0 であることを考慮すると，側面と下面の積分は 0 になる。電場の大きさと電荷密度の関係は

$$\varepsilon_0 E = \sigma_e \tag{10.3}$$

となる。もし，半径 a の導体球全体に電荷 $Q = \sigma 4\pi a^2$ が蓄えられている場合には，電場が表面から垂直に出ているので

$$\varepsilon_0 E 4\pi a^2 = Q \tag{10.4}$$

となって 9.2 節の例 9.2 と同じ結果になる。

10.2 静電容量

図 10.3 のように孤立した導体球のまわりの空間の電位 V は与えた電荷 Q に比例する。比例定数を C とすると

$$Q = CV \tag{10.5}$$

となる。式 (9.24) から半径 a の導体球の表面電位 $V = \dfrac{Q}{4\pi\varepsilon_0 a}$ を使うと

$$C = 4\pi\varepsilon_0 a \tag{10.6}$$

となる。C は**電気容量**(**静電容量**) といわれ，単位は F (ファラッド) である。

図 10.4 のように帯電した孤立導体 A に他の導体 B を近づけた場合，A から出る電気力線は B の方に吸い寄せられる。電気的に中性であった B の正電荷は地中に逃げる。A と B の向き合った面にクーロン力により，負電荷が引き寄せられて蓄えられる。2 枚の金属板を使って電荷が蓄えられるようにしたものをキャパシタ (コンデンサ) という。

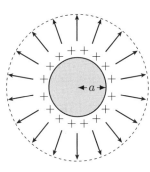

図 10.3 導体球

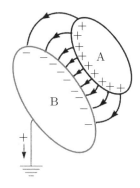

図 10.4 導体の静電誘導

例 10.1 平行平板キャパシタは間隔 d だけ離れた面積 S の等しい 2 枚の導体極板 A, B からなる。電荷が引き合うために 2 つの導体極板の向き合った面のみに電荷 Q が蓄えられる。電荷は極板 A の下面のみ存在するとして図 10.5 のように電極を囲む閉曲面を考えてガウスの法則を適用すると

$$Q = \varepsilon_0 \int E\, dS, \quad E = \frac{Q}{\varepsilon_0 S}$$

となる。式 (9.20) より，2 枚の極板電位 V_A, V_B の電位差は，

$$V_A - V_B = -\int_0^d \boldsymbol{E} \cdot d\boldsymbol{s} = \int_0^d E\, ds = \frac{Q}{\varepsilon_0 S} d$$

となる。式 (10.5) を利用して，電気容量 C_{AB} を求めると

$$C_{AB} = \frac{Q}{V_A - V_B} = \frac{\varepsilon_0 S}{d}$$

となる。さらに，電極間に誘電率 $\varepsilon (\geq \varepsilon_0)$ の誘電体を挿入すると，

$$C'_{AB} = \frac{\varepsilon S}{d} \geq C_{AB}$$

となって電気容量を大きくできる。

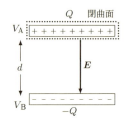

図 10.5 平行平板キャパシタ

図 10.6 のように電気容量の異なるキャパシタ C_i を並列に接続すると，各キャパシタの両端にかかる電圧 V は等しくなる。これらのキャパシタに蓄えられた電荷を Q_i とすると合成した全電気容量 C は

$$C = \frac{Q}{V} = \frac{\sum_{i=1}^n Q_i}{V} = \frac{\sum_{i=1}^n V C_i}{V} = \sum_{i=1}^n C_i \tag{10.7}$$

とすべての C_i の合計となる。これは極板間隔の等しいキャパシタの同符号の極板を横につなげて面積を広くしたのと同等なので，次のように示すことができる。

$$C = \sum_{i=1}^n \frac{\varepsilon S_i}{d} = \frac{\varepsilon}{d} \sum_{i=1}^n S_i \tag{10.8}$$

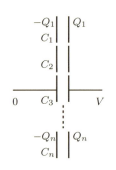

図 10.6 キャパシタの並列接続

図 10.7 のように直列にキャパシタを接続して電圧をかけたとき，内側のキャパシタでは隣のキャパシタに電荷が移動するだけで両端のキャパシタ以外には電荷が蓄えられない。全キャパシタの両端の電圧は各キャパシタにかかる電圧の合計 $V = \sum_i V$ と等しくなるので，全電気容量 C は

$$C = \frac{Q}{V} = \frac{Q}{\sum_{i=1}^n V_i} = \frac{Q}{\sum_{i=1}^n \frac{Q}{C_i}} = \frac{1}{\sum_{i=1}^n \frac{1}{C_i}} \tag{10.9}$$

となる。これは下式に示すように，等しい極板面積をもったキャパシタが縦につながって極板間隔が大きくなったのと同等である。

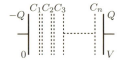

図 10.7 キャパシタの直列接続

$$\frac{1}{C} = \sum_{i=1}^n \frac{1}{C_i} = \sum_{i=1}^n \frac{d_i}{\varepsilon S}, \quad C = \frac{\varepsilon S}{\sum_{i=1}^n d_i} \tag{10.10}$$

10.3 定常電流

電流が流れるとき,図 10.8 のように断面積 S の導線内部を電荷をもった粒子が流れる。電流は 1 秒間に流れる電荷量 Q であり,粒子の電荷を q, 数密度を n, および,速さを v とすると

$$I = \frac{dQ}{dt} = nqvS \tag{10.11}$$

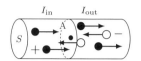

図 10.8 電流は電荷の流れ

電流の単位
[A (アンペア)]

となる。電流は流れの向きと大きさをもったベクトル量である。1 本の導線内の任意の位置 A の断面に入る電流 I_{in} と出る電流 I_{out} の量は等しい。図 10.9 のように導線上で枝分かれしている電流がある場合,分岐点 A に入り込む電流 I_1 の向きを負,出ていく電流 I_2, I_3, I_4 の向きを正とすると,A 点における電荷 Q_{A} の時間変化は,電流の出入りの差になるので

$$-I_1 + I_2 + I_3 + I_4 = -\frac{dQ_{\mathrm{A}}}{dt} \tag{10.12}$$

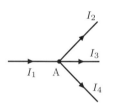

図 10.9 電荷 Q_A の変化と電流

となる。右辺の負号は,電流が出て行くと電荷が減少することに対応している。A での分岐数が n ならば以下のようになる。

$$\sum_{i=1}^{n} I_i = -\frac{dQ_{\mathrm{A}}}{dt} \tag{10.13}$$

電流の方向や大きさが時間によらず一定の場合に**定常電流**といい,分枝の数によらず A の電流は一定で電荷の変化量は 0 となる。そのため電流の向きを考慮して合計すると

$$\sum_{i=1}^{n} I_i = 0 \tag{10.14}$$

と 0 になる。これを**キルヒホッフの第 1 法則**といい,電流回路の基本法則となる。

[例題 10.1]

図 10.10 の回路に流れる定常電流 I_1, I_2, I_3, I_4 の関係を求めよ。

[解] 分岐点 A, B にキルヒホッフの第 1 法則の式 (10.14) を当てはめると

$$\begin{pmatrix} \text{点 A:} & -I_1 + I_2 + I_3 = 0 \\ \text{点 B:} & -I_2 - I_3 + I_4 = 0 \end{pmatrix}$$

となる。もし,$I_2 = I_3$ ならば,$I_2 = I_3 = \dfrac{I_1}{2}$ となる。

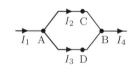

図 10.10 回路の部分と電流

正電荷は電場の方向に,高電位から低電位に移動する。したがって電荷の流れである電流は AB 間の電位差 (電圧) $V_{\mathrm{A}} - V_{\mathrm{B}} = V_{\mathrm{AB}}$ に比例して流れる。

$$V_{\mathrm{AB}} = RI \tag{10.15}$$

比例定数 R を**電気抵抗**とよび,単位は Ω (オーム) である。

[例題 10.2]

図 10.10 の回路において，導線の点 C，D にそれぞれ抵抗 R_2，R_3 を挟んだとき，I_2，I_3 の比を求めよ。

[解] C，D のどちらの導線を通っても AB 間の電位差は等しいので，

$$V_{AB} = R_2 I_2 = R_3 I_3$$

$$I_2/I_3 = R_3/R_2$$

となる。

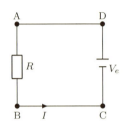

図 10.11 回路に沿っての電位変化

図 10.11 のように抵抗と電源をつないで電流を流す。DA 間，BC 間は導線でつながっているので電位差は 0 である。AB 間は抵抗 R でつながっているのでその電圧の降下は RI となり，電池の起電力 V_e で電圧を回復する。

$$-RI + V_e = 0$$

電流は高い電位から低い電位に流れ，複数の抵抗や電池をつないでも回路を一周するあいだに電位は元に戻るので，

$$-\sum_i R_i I_i + \sum_k V_{e\,k} = 0 \tag{10.16}$$

と抵抗などによる電圧降下と起電力による電圧上昇は等しくなる。これを**キルヒホッフの第 2 法則**という。電位差 V で電荷 q がもっているポテンシャルエネルギー qV は，抵抗内の原子などに衝突して失われ，熱エネルギーに代わる。これは**ジュール熱**とよばれる。t 秒間に電荷 $q = It$ が運ばれ，電気抵抗で発生する熱エネルギーの発熱率 P_J は

$$P_J = \frac{qV}{t} = IV = IR^2 = \frac{V^2}{R} \tag{10.17}$$

となる。電流を流すための起電力は，化学反応 (電池)，熱運動 (熱電対)，光 (太陽電池)，放射線 (電子線) などによって，電位の高い側に電荷 q が運ばれて蓄えられたエネルギーである。

10.4 磁石と磁場

磁荷の単位
[Wb (ウェーバー)]

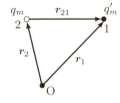

図 10.12 磁石間の磁気力

磁石には N 極，S 極があり，同極は反発し，異極は引き合う。N 極は正，S 極は負の磁荷に対応する。電荷と同様に，図 10.12 の磁荷 q_m，q_m' に対して磁気力のクーロンの法則が適用できる。

$$F_m = \frac{1}{4\pi\mu_0} \frac{q_m q_m'}{r^2} \tag{10.18}$$

となり，$\mu_0 = 4\pi \times 10^{-7}$ N/A^2 は**真空の透磁率**である。他の力と同様に，

$$\boldsymbol{F}_m = \sum_{i=1}^{n} \boldsymbol{F}_{m\,i} \tag{10.19}$$

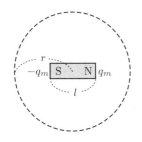
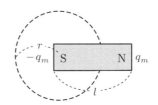

図 10.13 磁場のガウスの法則   **図 10.14** 単独磁荷に対する磁場のガウスの法則

とベクトルとして合成できる。$q_{m'}$ が q_m に及ぼす $\boldsymbol{F}_m$ は $q_{m'}$ が空間に作用してできた**磁場 $\boldsymbol{H}$** が他方の電荷 q_m に影響すると考えると

$$\boldsymbol{F}_m = q_m \boldsymbol{H} \tag{10.20}$$

となる。磁場の単位は N/Wb (= A/m) となる。磁場の向きを連ねた曲線を磁力線といい，電気力線と同様な性質をもつ。

図 10.13 のように真空中に置かれた磁石を任意の閉曲面で囲むと，表面を貫く磁力線は内部に含まれる磁荷の大きさに比例して**磁場のガウスの法則**が成り立つ。磁石は正負磁荷が常に対となるので，

$$q_m - q_m = \mu_0 \int \boldsymbol{H} \cdot d\boldsymbol{S} \tag{10.21}$$

となって $H = 0$ となる。図 10.14 のように閉曲面を磁石の端の単一磁荷のみを閉曲面で囲むと

$$q_m = \mu_0 \int \boldsymbol{H} \cdot d\boldsymbol{S} \tag{10.22}$$

となって磁場の大きさは

$$H = \frac{q_m}{4\pi\mu_0 r^2} \tag{10.23}$$

と求まる。これから磁位を求めると，

$$V_m = -\int_\infty^r H dr = \frac{q_m}{4\pi\mu_0 r} \tag{10.24}$$

となる。

図 10.15 磁気双極子モーメント

磁気単極子の存在が確認されていないことから，磁石のように正負磁荷が常に一対となっている磁気双極子を最小単位と考える。図 10.15 のように近距離 l に置かれた一対の磁荷 q_m, $-q_m$ の**磁気双極子モーメント**は $\boldsymbol{p}_m = q_m \boldsymbol{l}$ と表され，負から正の磁荷に向かう。図 10.16 のように一様な外部磁場 $\boldsymbol{H}$ 中で $\boldsymbol{p}_m$ にはたらく力のモーメント $\boldsymbol{N}$ は

$$\boldsymbol{N} = \boldsymbol{p}_m \times \boldsymbol{H}, \qquad |\boldsymbol{N}| = q_m H l \sin\theta = p_m H \sin\theta \tag{10.25}$$

となって，$\boldsymbol{N}$ の向きは紙面上向きになる。磁場から受けた磁気双極子のエネルギーは電気双極子と同様に

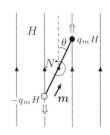

図 10.16 磁気双極子にはたらく力のモーメント

磁気双極子モーメントの単位

$$[\text{J/T} \;(= \text{A/m}^2)]$$

$$U_m = -\boldsymbol{p}_m \cdot \boldsymbol{H} = -p_m H \cos\theta \tag{10.26}$$

となり，$\boldsymbol{p}_m$ が $\boldsymbol{H}$ の向きと一致すればエネルギーは低く，逆なら高くなる。$\boldsymbol{H}$ 内で磁気双極子にはたらく力は保存力なので，エネルギーとの関係は

$$\boldsymbol{F} = -\operatorname{grad} U_m = \operatorname{grad}(\boldsymbol{p}_m \cdot \boldsymbol{H}) \tag{10.27}$$

となる。

　物質は磁性の原因となる電子の軌道やスピンなどの多数の磁気双極子に対応するものからなる。単位体積あたりの磁気双極子モーメントから

$$\boldsymbol{M}(\boldsymbol{r}) = \frac{\sum_i \boldsymbol{p}_{m\,i}}{\mu_0 \Delta V} \tag{10.28}$$

磁化の単位 [A/m]
磁気感受率；無次元量

となり，これを**磁化**という。$\boldsymbol{H}=0$ では $\boldsymbol{p}_m$ はばらばらの方向を向いているから平均化されて $\boldsymbol{M}=0$ となる。しかし，式 (10.26) で示すように，$\boldsymbol{H}$ が印加されると $\boldsymbol{p}_m$ が $\boldsymbol{H}$ に平行になってそろい，エネルギーの低い状態になる。$\boldsymbol{M}$ の $\boldsymbol{H}$ に対する比例定数を**磁気感受率** χ_m として

$$\boldsymbol{M} = \chi_m \boldsymbol{H} \tag{10.29}$$

と表現できる。このような物質を常磁性体という。

　外部磁場がない場合でも，鉄のように**自発磁化**をもった**強磁性体**がある。このような物質の内部ではもとから $\boldsymbol{p}_m$ が偏っていて，磁性の原因となっている。図 10.17 に磁性体の磁化曲線を示す。$\boldsymbol{M}=0$ の強磁性体にかける $\boldsymbol{H}$ を 0 から大きくしていくと，M がだんだん大きくなり，点 A で M の最大値 (飽和磁化 M_s) となって飽和する。この状態から点 B の $\boldsymbol{H}=0$ に戻しても，$M=0$ にはならない。このときの分極値 M_r を**残留磁化**という。$\boldsymbol{H}$ を負の向きにかけると，M は徐々に小さくなり点 C で 0 になる。このときの磁場を**保磁力**といい，強磁性体の M を 0 にもどすための逆向きの磁場となる。さらに逆向きの磁場を強くすると，点 D で飽和する。そして，$\boldsymbol{H}=0$ に戻しても，この磁化曲線は原点を通らずに磁化はそれまでの履歴に依存する。このような磁化のようすを**ヒステリシス**という。強磁性体を高温にすると磁気双極子モーメントの向きがバラバラになって，自発磁化が解消される。このときの閾値を**キュリー温度**という。通常，強磁性体においても磁化は全体でそろっているわけではなく，図 10.18(a) のように，磁気双極子モーメントが部分的にそろっている自発分極のマクロな領域 (**磁区**) からなる。外部磁場が大きくなるとそれに平行な磁区の領域は図 10.18(b) のように大きくなり，反平行な領域は小さくなる。磁区境界の移動によってヒステリシスが起きる。

A 点, M_s；飽和磁化
B 点, M_r；残留磁化
C 点, H_C；保磁力

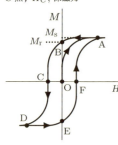

図 10.17 磁化曲線

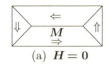

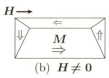

図 10.18 磁性体の磁区構造

　図 10.19 のように，一様な磁性体の内部に小さい磁性体 (点線) を考えると，その右端には正の分極磁荷 q_M がある。しかし，どこでも正負のペアの磁荷があるので，小さい磁性体のすぐ外側には負磁荷がある。小さい磁性体の右端面を囲む閉曲面 (破線) 内の磁荷の合計は 0 であるが，閉曲面の右側はその負磁荷を囲み，閉曲面の左側は小さい磁性体の q_M を囲む。このことから，分極磁

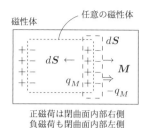

図 10.19 磁性体内部の磁荷

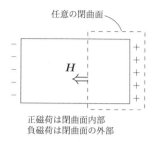

図 10.20 磁場のガウスの法則

荷は，閉曲面に対して外向きの dS と M の内積の逆符号になる．図 10.20 のように磁場のガウスの法則は磁性体の中の閉曲面内に分極磁荷 q_M が存在し，

$$\mu_0 \int_{閉曲面} \boldsymbol{H}(\boldsymbol{r}) \cdot d\boldsymbol{S} = q_M = -\mu_0 \int_{閉曲面} \boldsymbol{M}(\boldsymbol{r}) \cdot d\boldsymbol{S} \tag{10.30}$$

となる．

10.5　電流のつくる磁場

速度 v で運動する電荷 q は一様な磁束密度 B の磁場中で進行方向に直角方向の力 F を受ける．これを**ローレンツの磁気力**という．

$$\boldsymbol{F} = q\boldsymbol{v} \times \boldsymbol{B} = q|\boldsymbol{v}||\boldsymbol{B}|\sin\theta \tag{10.31}$$

図 10.21 のように z 方向の一様な磁束密度 B の中で電荷 q をもつ粒子が速さ v で y 方向に進むとき，進行方向に直角な x 方向に受ける力が向心力

$$\frac{mv^2}{R} = qvB \tag{10.32}$$

になり，図 10.22 のように xy 平面上で半径 R の円運動 (**サイクロトロン運動**) をする．この運動の角振動数 ω [rad/s] は 1 秒間に回る角度となるので，

$$\omega = 2\pi \frac{v}{2\pi R} = \frac{v}{R} = \frac{qB}{m} \tag{10.33}$$

と，B に依存する．v と B の角度が直角でない場合は，らせん運動となる．B だけでなく電場 E も影響するときには，式 (9.8) を考慮して

$$\boldsymbol{F} = q\boldsymbol{E} + q\boldsymbol{v} \times \boldsymbol{B} = q(\boldsymbol{E} + \boldsymbol{v} \times \boldsymbol{B}) \tag{10.34}$$

となり，これを**ローレンツ力**という．

導線を丸くらせん状に巻いてコイルをつくり電流を流すと電磁石となって磁場が発生し，磁石を引き着ける．電流の方向によって磁極が変化する．図 10.23 のように電流の流れる導線と磁荷 q_m が同一平面内にあると考えると，q_m から導線の微小な長さ Δs に向かう位置ベクトル r と磁束密度は

$$\boldsymbol{B}(\boldsymbol{r}) = \mu_0 \boldsymbol{H} = \mu_0 \frac{q_m}{4\pi\mu_0} \frac{\boldsymbol{r}}{|\boldsymbol{r}|^3} \tag{10.35}$$

磁束密度の単位
$[{\rm T}(テスラ)]$
$= [{\rm Wb/m}]$

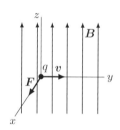

図 10.21 運動電荷にはたらく力

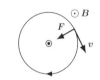

図 10.22 磁場に直角な面内のサイクロトロン運動

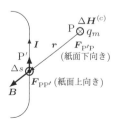

図 10.23 電流素片のつくる磁場

と紙面と平行になる．Δs にある電荷量 Q は，電荷 q をもつ粒子の体積数密度 n，平均の速さ v とすると

$$Q = nqS\Delta s = \frac{I}{v}\Delta s$$

となる．電流素片 $I\Delta s$ の受ける力 $\boldsymbol{F}_{\mathrm{PP}'}$ はローレンツ磁気力なので

$$\boldsymbol{F}_{\mathrm{PP}'} = Q\boldsymbol{v} \times \boldsymbol{B} = \frac{q_m}{4\pi}\frac{\Delta s\boldsymbol{I} \times \boldsymbol{r}}{|\boldsymbol{r}|^3} \tag{10.36}$$

変数の肩に示した $^{(c)}$ は電流が引き起こした磁場という意味である。

となり，$I\Delta s$ が q_m から受ける力 $\boldsymbol{F}_{\mathrm{PP}'}$ は，作用反作用の法則から q_m に及ぼす力 $\boldsymbol{F}_{\mathrm{P'P}}$ となり，I が q_m が置かれた位置に磁場 $\boldsymbol{H}^{(c)}$，磁束密度 $\boldsymbol{B}^{(c)}$ を発生していると理解できる．

$$\boldsymbol{F}_{\mathrm{P'P}} = q_m\boldsymbol{H}^{(c)} = q_m\frac{\boldsymbol{B}^{(c)}}{\mu_0}$$

$I\Delta s$ が点 P につくる $\boldsymbol{B}^{(c)}$ は，逆向きのベクトル $\boldsymbol{r}' = -\boldsymbol{r}$ を用いて

$$\boldsymbol{B}^{(c)} = \mu_0\boldsymbol{H}^{(c)} = \mu_0\frac{\boldsymbol{F}_{\mathrm{QP}}}{q_m} = \mu_0\frac{-\boldsymbol{F}_{\mathrm{PQ}}}{q_m} = \frac{\mu_0}{4\pi}\frac{\Delta s\boldsymbol{I} \times \boldsymbol{r}'}{|\boldsymbol{r}'|^3} \tag{10.37}$$

と書き換えられ，**ビオ-サバールの法則**とよばれる．電流のつくる磁束密度の向きは，電流の向きに対して常に垂直である．

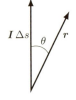

図 10.24 電流のベクトルと位置ベクトルの間の角度

例 10.2 図 10.24 のように電流素片 $\boldsymbol{I}\Delta s$ とこれを起点とした各点の位置ベクトル $\boldsymbol{r}$ の間の角度が θ のとき，式 (10.37) より

$$B^{(c)} = \frac{\mu_0 I\Delta s \sin\theta}{4\pi r^2}$$

となり，磁束密度は $\theta = \dfrac{\pi}{2}$ のとき $\dfrac{\mu_0 I\Delta s}{4\pi r^2}$ と最大になり，$\theta = 0$ のとき 0 になる．

[例題 10.3]

z 軸上を A から B へ流れる電流 I によって点 $\mathrm{P}(x_1, y_1, z_1)$ に誘導される磁束密度を求めよ．

[**解**] 図 10.25 のように z_A と z_B の間の位置 $(0, 0, z)$ にある電流素片 $\boldsymbol{I}\Delta z$ から点 P に向かうベクトルを $\boldsymbol{r}$ とする．式 (10.37) から，Δz がつくる磁束密度は

$$\boldsymbol{B}^{(c)} = \frac{\mu_0}{4\pi}\frac{\boldsymbol{I}\Delta z \times \boldsymbol{r}}{|\boldsymbol{r}|^3} = \frac{\mu_0 I}{4\pi r^3}(-y_1\Delta z, x_1\Delta z, 0)$$

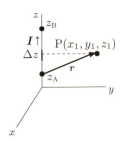

図 10.25 電流線分による磁束密度

となる．$r^2 = x_1^2 + y_1^2 + (z_1 - z)^2 = \rho_1^2 + (z_1 - z)^2$ として，分子は定数だから分母のみ積分すると

$$\int_{z_\mathrm{A}}^{z_\mathrm{B}}\frac{dz}{4\pi r^3} = \int_{z_\mathrm{A}}^{z_\mathrm{B}}\frac{dz}{4\pi \rho_1^3\left(1 + \left(\dfrac{z_1-z}{\rho_1}\right)^2\right)^{\frac{3}{2}}}$$

となる．ここで，$\dfrac{z_1-z}{\rho_1} = \cot\theta$ とおいて微分すると，

$$\frac{dz}{d\theta} = -\rho_1 (\cot\theta)' = -\rho_1 \left(\frac{\cos\theta}{\sin\theta}\right)' = \rho_1 \frac{1}{\sin^2\theta}$$

となるから，z_A のとき θ_A，z_B のとき θ_B に対応する座標変換をして

$$\int_{\theta_A}^{\theta_B} \frac{\frac{\rho_1}{\sin^2\theta}}{4\pi\rho_1^3(1+\cot^2\theta)^{\frac{3}{2}}} d\theta = \int_{\theta_A}^{\theta_B} \frac{\sin\theta}{4\pi\rho_1^2} d\theta = \frac{-1}{4\pi\rho_1^2}(\cos\theta_B - \cos\theta_A)$$

となって，

$$\boldsymbol{B}^{(c)} = \frac{\mu_0 I}{4\pi\rho_1^2}(\cos\theta_A - \cos\theta_B)(-y_1, x_1, 0)$$
$$= \frac{\mu_0 I}{4\pi\rho_1^2}\left(\frac{z_1 - z_A}{r_{AP}} - \frac{z_1 - z_B}{r_{BP}}\right)(-y_1, x_1, 0)$$

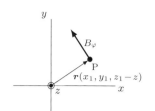

$z = z_1$ にある xy 平面を上 ($+z$ 方向) から見ている

図 10.26 位置 $\boldsymbol{r}$ の磁束密度の φ 成分

となる。このとき，$r_{AP} = \sqrt{x_1^2 + y_1^2 + (z_1 - z_A)^2}$，$r_{BP} = \sqrt{x_1^2 + y_1^2 + (z_1 - z_B)^2}$ とした。$\boldsymbol{B}^{(c)}$ は I に対して垂直だから，円柱座標では

$$(B_\rho, B_\varphi, B_z) = \left(0, \frac{\mu_0 I}{4\pi\rho_1}(\cos\theta_A - \cos\theta_B), 0\right)$$

となって，図 10.26 のように，半径 ρ 方向，z 軸方向は 0 となる。

無限の長さの直線電流 I を軸として半径 ρ の円周上の磁場 $\boldsymbol{B}^{(c)}$ の φ 成分は例題 10.3 において，$\theta_A = \frac{\pi}{2}$，$\theta_B = -\frac{\pi}{2}$ とすると，

$$B_\varphi = \frac{\mu_0 I}{2\pi\rho} \tag{10.38}$$

となる。図 10.27 のように $B_\rho = 0$ である。図 10.28 のように導線の回りを一周積分すると，常に線ベクトルは磁束線の向きなので

$$\oint_C \boldsymbol{B}^{(c)} \cdot d\boldsymbol{s} = \oint_C B_\varphi \, ds = \int_0^{2\pi\rho} \frac{\mu_0 I}{2\pi\rho} ds = \mu_0 I \tag{10.39}$$

となる。n 周積分する場合には以下のように回数を掛ければよい。

$$\oint_{nC} \boldsymbol{B}^{(c)} \cdot d\boldsymbol{s} = n\mu_0 I \tag{10.40}$$

このように電流のまわりにできる磁場をあらわす法則を**アンペールの法則**という。図 10.29 のように電流が太い導線の断面 S に連続的に分布しているようなとき，電流 I を小電流 i の集まりと考えて断面で積分すると

円の面積を求める積分のいろいろ

$$\oint_0^{2\pi r} \frac{r}{2} ds = \int_0^{2\pi} \frac{r}{2} r \, d\theta$$
$$= \int_0^r 2\pi r \, dr$$

第 1 式：半径 r 円周の微小部分 ds の扇型の経路による積分

第 2 式：底辺 r，高さ $rd\theta$ の扇型 (〜三角形の面積 =底辺×高さ÷2) の角度による積分

第 3 式：円周 $2\pi r$，厚さ dr のドーナッツ型の半径による積分

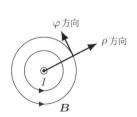

図 10.27 直線電流のまわりの磁束線

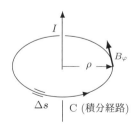

図 10.28 電流のまわりの磁束線

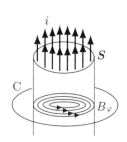

図 10.29 円柱状電流による磁束線

$$\oint_C \boldsymbol{B}^{(c)} \cdot d\boldsymbol{s} = \mu_0 \int \boldsymbol{i} \cdot d\boldsymbol{S} \tag{10.41}$$

となって，磁束密度は閉曲線 C を貫く電流に比例する。

[例題 10.4]

半径 a の円柱状の導線に電流 I が流れるとき，その回りの磁束密度を求めよ。

[解] 積分経路を半径を ρ の円として，$\rho > a$ のとき

$$\oint \boldsymbol{B} \cdot d\boldsymbol{s} = \mu_0 I$$

$$B = \frac{\mu_0 I}{2\pi\rho}$$

となる。$\rho < a$ のときには閉曲線内を貫く電流は I より小さくなるので

$$\oint \boldsymbol{B} \cdot d\boldsymbol{s} = \mu_0 \int_0^{\pi\rho^2} \frac{I}{\pi a^2} dS$$

$$B = \mu_0 I \frac{\pi\rho^2}{\pi a^2} \frac{1}{2\pi\rho} = \frac{\mu_0 I \rho}{2\pi a^2}$$

となる。

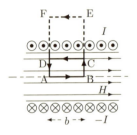

図 10.30 ソレノイドの磁場にアンペールの法則を適用

らせん状の導線を**ソレノイドコイル**という。図 10.30 のように真空中で半径 a で巻数 N（単位長さあたりの巻数 n）のソレノイドコイルの中心軸上の AB 間の経路の長さを b とする。電流を含まない経路 ABCD にアンペールの法則を適用すると，中心軸上の磁束密度を B_0 として，磁束密度の経路積分は AB 間に平行，CD 間に反平行，BC 間，DA 間では垂直だから

$$\oint_{ABCD} \boldsymbol{B} \cdot d\boldsymbol{s} = \int_{AB} \boldsymbol{B} \cdot d\boldsymbol{s} + \int_{BC} \boldsymbol{B} \cdot d\boldsymbol{s} + \int_{CD} \boldsymbol{B} \cdot d\boldsymbol{s} + \int_{DA} \boldsymbol{B} \cdot d\boldsymbol{s}$$
$$= B_0 b + 0 - B b - 0 = 0 \tag{10.42}$$

となる。ゆえに，ソレノイドコイル内ではどこでも $B = B_0$ で一定になる。電流を含む経路 ABEF を 1 周する積分では

$$\oint_{ABEF} \boldsymbol{B} \cdot d\boldsymbol{s} = \int_{AB} \boldsymbol{B} \cdot d\boldsymbol{s} + \int_{BE} \boldsymbol{B} \cdot d\boldsymbol{s} + \int_{EF} \boldsymbol{B} \cdot d\boldsymbol{s} + \int_{FA} \boldsymbol{B} \cdot d\boldsymbol{s}$$
$$= B_0 b + 0 - 0 - 0 = \mu_0 n I b \tag{10.43}$$

となって，外部の磁束密度は 0 であると考えられるので，B_0 が求まる。

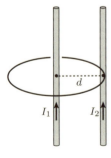

図 10.31 2 本の電流にはたらく引力

図 10.31 のように電流 I_1, I_2 が平行に流れる 2 本の導線も磁場を発生し，互いに力がはたらく。導線間の距離が d のとき，長さ 1 m あたりの I_1 が半径 d の位置につくる磁束密度は $B_{\varphi 1} = \dfrac{\mu_0 I_1}{2\pi d}$ である。この $B_{\varphi 1}$ が長さ 1 m あたりの I_2 に及ぼす力は式 (10.36) より，

$$F_{12} = I_2 B_{\varphi 1} = -\frac{\mu_0 I_1 I_2}{2\pi d} \tag{10.44}$$

となり，電流が平行のとき引力がはたらく．真空中で $d = 1$ m, $I_1 = I_2$ としてはたらく引力の大きさが $\mu_0/2\pi = 2 \times 10^{-7}$ N になるとき，電流の大きさを 1 A と定義する．A は基本単位なので他の電気量の単位を誘導できる．

図 10.32 のように磁束密度 $\boldsymbol{B}(B_x, 0, B_z)$ のなか，xy 平面に置かれた一辺の長さ $2a$ の正方形の閉じたコイルに電流 I が A→B→C→D→A の方向に流れている．このコイルの辺 AB にはたらく磁気力は

$$\boldsymbol{F}_{\mathrm{AB}} = 2a\boldsymbol{I} \times \boldsymbol{B} = (0, -2aIB_z, 0) \tag{10.45}$$

となって，力の方向は $-y$ 方向を向く．同様に各辺にはたらく力を求めると

$$\boldsymbol{F}_{\mathrm{BC}} = (2aIB_z, 0, -2aIB_x) \tag{10.46}$$

$$\boldsymbol{F}_{\mathrm{CD}} = -\boldsymbol{F}_{\mathrm{AB}} = (0, 2aIB_z, 0) \tag{10.47}$$

$$\boldsymbol{F}_{\mathrm{DA}} = -\boldsymbol{F}_{\mathrm{BC}} = (-2aIB_z, 0, 2aIB_x) \tag{10.48}$$

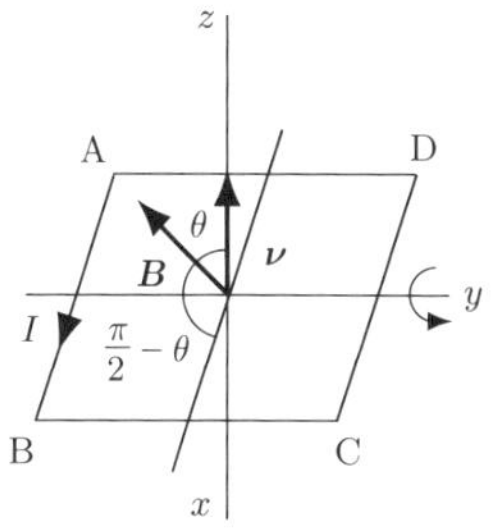

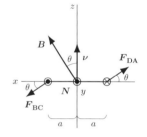

図 10.32 コイル電流にはたらく力

となる．図 10.33 のように y 軸正の方向から見ると，$\boldsymbol{F}_{BC}$ は斜め下向き，$\boldsymbol{F}_{DA} = -\boldsymbol{F}_{BC}$ は斜め上向きで，回転軸と直角の成分があるので回転に寄与する．$\boldsymbol{F}_{CD} = -\boldsymbol{F}_{AB}$ は回転軸と平行なので回転に影響しない．力の z 成分が回転に寄与するので y 軸を中心に回転する．力のモーメントの大きさは，

$$N = -aF_{\mathrm{BC}}(z)\sin\theta + aF_{\mathrm{DA}}(z)\sin\theta = 4a^2 IB_x \sin\theta \tag{10.49}$$

となり，コイルの面積 $4a^2$ を面積ベクトル $\boldsymbol{S}$ で置き換えると，

$$\boldsymbol{N} = I\boldsymbol{S} \times \boldsymbol{B} \tag{10.50}$$

となる．

図 10.33 コイル電流にはたらく力

10.6 閉じた電流のつくる磁場

コイルにはたらく力のモーメントは，式 (10.25) で示した磁気双極子にはたらく力のモーメントと同じだから

$$\boldsymbol{N} = I\boldsymbol{S} \times \boldsymbol{B} = \boldsymbol{p}_m \times \boldsymbol{H} \tag{10.51}$$

となる．上の第 2 式と第 3 式を比べて，

$$I\boldsymbol{S} = \frac{\boldsymbol{p}_m}{\mu_0} = \boldsymbol{m} \tag{10.52}$$

となり，電流のように電荷をもった粒子の閉じたコイル状の軌道運動は，磁気モーメント $\boldsymbol{m}$ をもつ磁石に等しいことが解る．

──────[例題 10.5]──────

xy 平面上で半径 r の円電流 I が流れている．任意の点 $\mathrm{P}(x, y, z)$ の磁位を求めよ．

[解] 9 章の例題 9.4 を参考に，$(x^2 + y^2 + z^2)^{1/2} = l$ とおくと $\cos\theta = z/l$ だから

$$V_m = \frac{\mu_0 \boldsymbol{m} \cdot \boldsymbol{r}}{4\pi\mu_0 l^3} = \frac{Izr^2}{4(x^2 + y^2 + z^2)^{3/2}}$$

となる．

磁荷がつくる磁場は，湧き出し点と吸い込み点があるので閉曲線にならない

電流がつくる磁束密度 $\boldsymbol{B}^{(c)}$ や電子のスピンによる磁束密度 $\boldsymbol{B}^{(s)}$ の磁束線も閉曲線になる。これらを合わせた磁束密度 $\boldsymbol{B} = \boldsymbol{B}^{(c)} + \boldsymbol{B}^{(s)}$ の磁束線は閉曲面に入れば，内部に湧き出しも吸い込みもないので，必ず出る。この表面を閉曲面と考えてガウスの法則を適用すると，

$$\int_{閉曲面} (\boldsymbol{B}^{(c)} + \boldsymbol{B}^{(s)}) \cdot d\boldsymbol{S} = 0 \tag{10.53}$$

と単独磁荷が無いので右辺は 0 となる。

図 10.34 のように，磁性体の中に面積 ΔS，厚さ Δh の薄い層を考える。ミクロに閉じた電流 I_k が流れる面積 ΔS_k を微小コイルとみなすと，磁性体は磁気モーメント $|\boldsymbol{m}_k| = I_k \Delta S_k$ の集まりとなる。面積 ΔS，厚さ Δh の薄い層で磁化 $|\boldsymbol{M}|$ を求めると

$$|\boldsymbol{M}| = \frac{\sum_k m_k}{\Delta S \Delta h} = \frac{\sum_k I_k \Delta S_k}{\Delta S \Delta h} \tag{10.54}$$

となる。

原子核を回る電子や電子自身のスピンなどのミクロに閉じた電流は磁性の原因として考えられる。微小なコイルの集まりは，図 10.35 のように 1 つの大きなコイルに置き換えられる。隣り合う微小なコイルの電流は逆方向に流れて相殺されるので，いちばん外側の微小なコイルの外側のみ電流が流れて 1 つのコイルと同等になる。これを厚さ方向の単位厚さあたりに換算したものを**磁化電流** $\boldsymbol{I}_M$ とよぶ。これは仮想的な電流なのでジュール熱をださない。図 10.36 のように $\boldsymbol{I}_M$ と $\boldsymbol{M}$ は直角をなすので法線ベクトル $\boldsymbol{n}$ を用いて

$$\boldsymbol{I}_M = \boldsymbol{M} \times \boldsymbol{n} \tag{10.55}$$

となる。Δh は外側のコイルを貫く閉曲線 C の一部なので Δs と置き換えて，$\boldsymbol{M}$ の C に沿った一周積分を考えると

$$\int \boldsymbol{I}_M \cdot d\boldsymbol{S} = \oint_C \boldsymbol{M} \cdot d\boldsymbol{s} \tag{10.56}$$

となる。経路上には I_M だけでなく外部電流 I_{ext} による磁場もあることを考慮して，磁性体内の磁束密度 $\boldsymbol{B}$ を求めると，アンペールの法則の式 (10.40) より

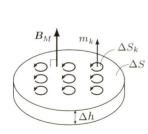

図 10.34 磁気モーメントと磁化

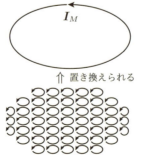

図 10.35 微小コイルの集まり 小さなコイル電流は大きなコイル電流を仮想的に分割したものである。

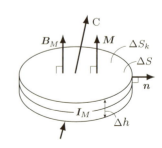

図 10.36 アンペールの法則の閉曲線と磁化電流

が成り立つ．ここで，物質中の磁場 $\boldsymbol{H}^{(c)}$ を

$$\boldsymbol{H}^{(c)} = \frac{\boldsymbol{B}_M}{\mu_0} - \boldsymbol{M} \tag{10.58}$$

とすると，物質の磁気的性質が表される．I_{ext} による物質中の磁場は，

$$\oint_C \boldsymbol{H}^{(c)} \cdot d\boldsymbol{s} = I_{\text{ext}} \tag{10.59}$$

と書き換えられる．スピンによる磁場の C の一周積分は常に 0 だから，電流による磁場とスピンによる磁場をあわせた一般の磁場

$$\boldsymbol{H} = \boldsymbol{H}^{(c)} + \boldsymbol{H}^{(s)} \tag{10.60}$$

に対して，磁性体のアンペールの法則は

$$\oint_C \boldsymbol{H}(\boldsymbol{r}) \cdot d\boldsymbol{s} = \oint_C \left(\boldsymbol{H}^{(c)}(\boldsymbol{r}) + \boldsymbol{H}^{(s)}(\boldsymbol{r}) \right) \cdot d\boldsymbol{s} = I_{\text{ext}} \tag{10.61}$$

となる．

$$\oint_C \boldsymbol{B} \cdot d\boldsymbol{s} = \mu_0 I_{\text{ext}} + \oint \mu_0 \boldsymbol{I}_M \cdot d\boldsymbol{S}$$

$$\mu_0 I_{\text{ext}} = \oint_C \boldsymbol{B} \cdot d\boldsymbol{s} - \oint_C \mu_0 \boldsymbol{M} \cdot d\boldsymbol{s} \tag{10.57}$$

章末問題 10

10.1 図 10.37 のように電気容量が異なるキャパシタを組み合わせた回路がある．回路の両端に 15 V の電圧がかかっている．
  (a) 破線で囲まれた箇所にかかる電圧を求めよ．
  (b) 破線で囲まれた箇所の合成電気容量を計算せよ．
  (c) 全電気容量を求めよ．
  (d) 5.0 μF のキャパシタの電極にかかる電圧を求めよ．

10.2 図 10.38 のように回路内に直列および並行にキャパシタが配置されている．$C_1 = 3.0$ μF，$C_2 = 5.0$ μF のときの合成容量を求めよ．

10.3 容量 C の平行平板キャパシタの 2 枚の極板 (面積 S, 極板間隔 r) にそれぞれ $\pm Q$ の電荷が蓄えられている．以下の問いに答えよ．ただし，極板の端の影響は無視できる．
  (a) 極板間の電場をガウスの法則を利用して求めよ．
  (b) このキャパシタに蓄えられる静電エネルギーを求めよ．

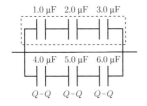

図 10.37 合成電気容量

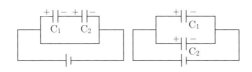

図 10.38 直流回路 (キルヒホッフの第 2 法則)

(c) $C = 1000$ pF, $Q = 80$ nC であるとき,静電エネルギーはいくらか.
(d) $C = 1000$ pF, $S = 1000$ mm^2, $r = 0.1$ mm であるとき,誘電体の比誘電率はいくらか.
(e) 微小な Δq の電荷を負の極板から正の極板に移動させた.この微小な電荷の位置エネルギーはどのくらい変化したか.このとき,微小な電荷によって極板間の電場は変化しなかったものとする.

10.4 容量 C の平行平面キャパシタの電極間で電荷を移動し,静電エネルギーを蓄えることを考える.両電極の電荷が $\pm q$ となったとき,その電位差は v であった.
(a) キャパシタの容量と電荷の関係を示せ.
(b) 微小電荷 dq を負電極から正電極へ移動させる仕事 dW はどう表されるか.
(c) 電荷が 0 から Q になるまで電荷を移動したときの仕事 W を求めよ.
(d) このとき,蓄えられた静電エネルギー U はいくらか.

10.5 図 10.39 の回路において,点 M を出入りする電流の関係を示せ.また,経路 (a),(b) の電圧の関係を示せ.

10.6 断面 $S = 1.0$ mm^2 の導線に 1.0 A の電流が流れている.1.0 秒間に通過する電子数を求めよ.ただし,電子の速さ $v = 1.0 \times 10^7$ m/s とする.

10.7 図 10.40 のような回路に抵抗と電源がつながっている.$E = 5$ V,$R_2 = R_3 = R_4 = 2$ Ω のとき,全抵抗と I_4 を計算せよ.

10.8 図 10.41 のように,磁荷の異なる 2 つの磁石が置かれている.
(a) 2 つの磁石について磁力線の様子を描け.
(b) 2 つの磁石の間にはたらく力を求めよ.
(c) 2 つの磁石の中間点の磁位を計算せよ.ただし,$q_m = 2.0$ Wb,$q'_m = 1.0$ Wb,$l = 2.0$ cm,$l' = 1.0$ cm,$a = 5.0$ m とする.

10.9 半径 5.0 mm,長さ 120 mm の円柱状の鉄の棒磁石がある.鉄の棒磁石の磁化を $M = 2.0$ A/m とする.棒磁石の磁気双極子モーメントと分極磁荷の大きさを求めよ.

10.10 半径 1.0 cm の導線の内部に電流密度 1.0 A/cm^2 が流れる.以下の問いに答えよ.
(a) 導線中芯から半径 $r = 0.5$ cm の位置の磁場を求めよ.
(b) 導線外部にあって,棒の中心から半径 $r = 2.0$ cm の位置の磁場を求めよ.

10.11 真空中に十分長い棒磁石 (磁荷 1 Wb) がある.N 極から距離 1 m での磁場と磁位を計算せよ.

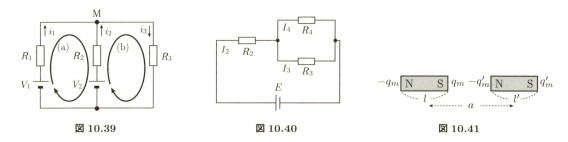

図 10.39　　　図 10.40　　　図 10.41

11
電磁誘導と交流電流

電流は磁場をつくる。反対に磁場は電流をつくるのか。交流回路では電流の時間変化によって誘導される電流が存在する。

11.1 電磁誘導

図 11.1 のように，磁石をコイルに近づけたり遠ざけたり，電流を流したコイル 1 をコイル 2 に近づけるたり遠ざけたりすると，静止した方のコイルを貫く磁束が増加する。コイルを貫く磁束が変化しないように反対向きの磁束がコイルに発生して，**誘導電流**が流れる。この現象を**電磁誘導**という。ただし，誘導電流を流す起電力が生じるのはコイルまたはコイル 2 を貫く磁束が変化する瞬間のみである。磁束 Φ が変化する間，コイルを貫く磁束と逆向きで同じ大きさの磁束をつくる電流が流れる (**レンツの法則**) ので起電力 (**電磁誘導起電力**) は

$$V_e = -\frac{d\Phi}{dt} \tag{11.1}$$

となり，**ファラデーの電磁誘導則**という。

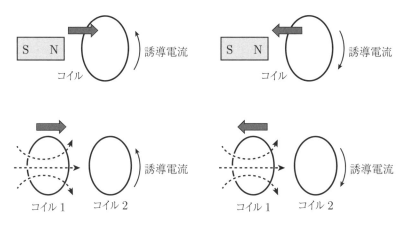

図 11.1 電磁誘導

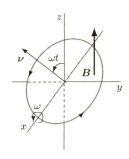

図 11.2 回転コイルの誘導起電力

[例題 11.1]

図 11.2 のように，z 軸方向の一様な磁場の中で面積 S のコイルが x 軸のまわりを角速度 ω で回転している。このコイルに誘導される起電力を求めよ。

[解] コイルの面積ベクトル $\boldsymbol{S}$ は yz 平面を回転するから，z 軸となす角は回転角となり ωt と表される。コイルを貫く磁束 Φ は

$$\Phi = \boldsymbol{B} \cdot \boldsymbol{S} = BS\cos\omega t$$

と変化するので，電磁誘導起電力 V_e は式 (11.1) を用いて

$$V_e = BS\omega\sin\omega t$$

となる。

図 11.3 動く導体による電磁誘導の例

図 11.3 のように，静止した一様な磁場 $\boldsymbol{B}$ の中に，これに垂直なコの字型導体枠 BCDA を置き，その上を長さ l の導体棒 AB が CD に対して平行に速度 $\boldsymbol{v}$ で y 軸の正方向に動いている。時間に依存するのは y 座標だけなので $\frac{dy}{dt} = v$ と書ける。ファラデーの電磁誘導則を使い，磁場中を動く導体の誘導起電力は，右ねじの関係から ABCD に沿う向きが正で面積は yl なので，

$$V_e = -\frac{d\Phi}{dt} = -\frac{d}{dt}(Byl) = -vBl \tag{11.2}$$

となる。図 11.4 のように，ローレンツ磁気力 $\boldsymbol{F}_L$ が導体棒 AB 内部の正電荷を B から A に移動させるときの仕事を単位電荷あたりに換算すると，起電力

$$|V_e| = \frac{F_L l}{q} = vBl \tag{11.3}$$

の大きさと等しくなる。この起電力による電場 V_e/l で電荷が移動し，A に正電荷 Q がたまり B に負電荷 $-Q$ がたまる。この電荷で AB 間に**ホール電場** E_x

$$E_x = \frac{V_e}{l} = vB \tag{11.4}$$

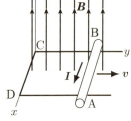

図 11.4 ホール効果

が生じて V_e を打ち消し，電流は流れなくなる。時刻 Δt までに AB は $\Delta y = v\Delta t$ だけ移動し，図 11.4 のように内部の正電荷も速度 $\boldsymbol{v}$ で移動することから，ローレンツ磁気力は

$$\boldsymbol{F}_L = q\boldsymbol{v} \times \boldsymbol{B} = q\frac{\Delta \boldsymbol{y}}{\Delta t} \times \boldsymbol{B} \tag{11.5}$$

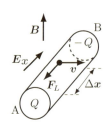

ベクトルの公式から

$(\Delta \boldsymbol{r} \times \boldsymbol{B}) \cdot \Delta \boldsymbol{x}$
$= -(\boldsymbol{B} \times \Delta \boldsymbol{r}) \cdot \Delta \boldsymbol{x}$
$= -\boldsymbol{B} \cdot (\Delta \boldsymbol{r} \times \Delta \boldsymbol{x})$
$= -\boldsymbol{B} \cdot \Delta \boldsymbol{S}$
$= -\Delta \Phi$

となり，これによって電荷が $\Delta \boldsymbol{x}$ だけ移動すると，単位電荷あたりの仕事は

$$\Delta V_e = \frac{\boldsymbol{F}_L \cdot \Delta \boldsymbol{x}}{q} = -\frac{\boldsymbol{B} \cdot \Delta \boldsymbol{y} \times \Delta \boldsymbol{x}}{\Delta t} = -\frac{\Delta \Phi}{\Delta t} \tag{11.6}$$

となって，ファラデーの電磁誘導の法則が導かれる。

例 11.1 図 11.3 の電磁誘導現象で，$B = 1.0$ T, $l = 20$ cm のとき 5.0 V の起電力を得る速度 v を求めると，$v = 25$ m/s となる。

[例題 11.2]

図 11.5 のように半径 a の回転している導体円板を磁束密度 B が垂直上向きに貫いている。円板内の電荷による起電力を求めよ。

[解] 円板が回転することで，導体内の電荷が回転する。角速度を ω とすると半径 r の位置での速度は ωr となる。円板上の電荷が半径方向外向きに受けるローレンツ磁気力の大きさは $F(r) = q\omega r B$ となる。半径に沿った Δr の長さの両端の誘導電場 E_x を用いると

$$E_x \Delta r = \frac{F(r)}{q} \Delta r$$

となる。誘導起電力 V_e は，これを積分して

$$V_e = \int_0^a \frac{F(r)}{q} dr = \int_0^a \frac{qB\omega r}{q} dr = B\omega \frac{a^2}{2}$$

となる。

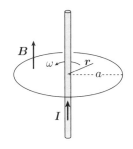

図 11.5 回転円板の電磁誘導

11.2 電磁誘導電場

図 11.6 のように一辺の長さ a の導体コイル ABCD が静止して，xy 平面を上向きに貫く磁束密度 $\boldsymbol{B}(0,0,B)$ の磁束線が，速度 $\boldsymbol{v}_B(0,v,0)$ でコイルの中から外へ出て行く。時間 Δt あたりの磁束の減少分は，B から A まで位置ベクトルを $\boldsymbol{x}_a(a,0,0)$ として

$$\Delta \Phi = -\boldsymbol{B} \cdot \Delta \boldsymbol{S} = -\boldsymbol{B} \cdot \boldsymbol{x}_a \times \boldsymbol{v}_B \Delta t = -Bav\Delta t$$

となる。ファラデーの法則から起電力の向きを考えて

$$V_e = -\frac{d\Phi}{dt} = Bav$$

と求まる。誘導電場は

$$\boldsymbol{E}^{(i)} = -\operatorname{grad} V_e = -\boldsymbol{v}_B \times \boldsymbol{B} \tag{11.7}$$

とベクトルで表される。これを**電磁誘導電場**という。コイルの一辺 AB 内の静止している電荷にはたらくのはローレンツ磁気力ではなく，$\boldsymbol{E}^{(i)}$ による力である。電荷 q が AB 間を Δx 移動する間に $\boldsymbol{E}^{(i)}$ からなされる仕事は

$$q\boldsymbol{E}^{(i)} \cdot \Delta \boldsymbol{x} = -q(\boldsymbol{v}_B \times \boldsymbol{B}) \cdot \Delta \boldsymbol{x} = -q\left(\frac{\Delta \boldsymbol{r}}{\Delta t} \times \boldsymbol{B}\right) \cdot \Delta \boldsymbol{x} \tag{11.8}$$

となり，$\Delta \boldsymbol{r} \times \Delta \boldsymbol{x} = \Delta \boldsymbol{S}$ という面積ベクトルを用いると

$$\boldsymbol{E}^{(i)} \cdot \Delta \boldsymbol{x} = -\frac{\Delta \boldsymbol{S}}{\Delta t} \cdot \boldsymbol{B}$$

となる。ΔS のまわりの経路 C で電場を積分すると電位となるので，上式を積分すると誘導起電力は，

$$V_e = \oint_C \boldsymbol{E}^{(i)} \cdot d\boldsymbol{x} = -\frac{d}{dt}\int \boldsymbol{B} \cdot d\boldsymbol{S} = -\frac{d\Phi}{dt} \tag{11.9}$$

となってファラデーの電磁誘導の法則に一致する。

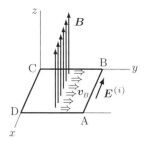

図 11.6 動く導体による電磁誘導の例

磁束線は $\boldsymbol{v}_B$ 方向へ移動する。磁束が減少するので負号がつく。フレミングの左手の法則，または，右ねじの関係より，$-\boldsymbol{v}_B \times \boldsymbol{B}$

磁束はスカラー量

誘導電場の大きさは $E^{(i)} = \frac{V_e}{a} = v_B B$

式 (11.7) にしたがう誘導電場は，コイルの場所に限らず磁束線が運動している空間の領域にわたってつくられる。コイルがあるから電磁誘導が起きるのではない。

[例題 11.3]

z 方向を向いた磁気モーメント m の粒子が速度 v で z 方向に運動している。これによる誘導電場を求めよ。

[解] 簡単のため，$z=0$ の原点を通る瞬間を考える。m の磁束密度は，9 章の式 (9.12) を参照して，

$$B(r) = \frac{1}{4\pi}\left\{\frac{3(m\cdot r)r}{r^5} - \frac{m}{r^3}\right\}$$

となる。各物理量は，$m=(0,0,m)$, $v=(0,0,v)$, $r=(x,y,z)$ となるので磁束密度 $B(r)$ を式 (11.7) に代入すると誘導電場 $E^{(i)}(r)$ は

$$E^{(i)}(r) = -v\times B = \frac{-1}{4\pi}\left\{\frac{3(m\cdot r)(v\times r)}{r^5} - \frac{v\times m}{r^3}\right\}$$

$$= \frac{3mzv}{4\pi r^5}(y,-x,0)$$

各ベクトル計算の結果
$m\cdot r = mz$
$v\times r = (vy,-vx,0)$
$v\times m = (0,0,0)$

となり，z 軸のまわりで半径 a の同心円状となる。$a=\sqrt{y^2+(-x)^2}$, $r=\sqrt{a^2+z^2}$ と置き換えると

$$|E^{(i)}(r)| = \frac{3mzv}{4\pi r^5}(\sqrt{y^2+(-x)^2+0^2}) = \frac{3mzva}{4\pi(z^2+a^2)^{\frac{5}{2}}}$$

となり，$E^{(i)}(r)$ による起電力は，半径 a の円周の 1 周積分をして

$$V_e = \int_0^{2\pi a} |E^{(i)}|\,ds = \frac{3mzva^2}{2(z^2+a^2)^{\frac{5}{2}}}$$

と求められる。

磁気モーメント m が $z<0$ の領域から xy 平面に近づくとき，z 軸に垂直に平面導体 ABCD を置くと，図 11.7 のように誘導電場 $E^{(i)}$ を生じ，**渦電流**が流れる。m の磁気力が渦電流による磁場にはたらいて，平面導体を z 軸正方向に押しやろうとする。この反作用を受けて m にブレーキがかかる。m を一定の速度で運動させようとすれば外力が必要になる。渦電流には実在の電荷 q が流れているので，誘導電場ではなくクーロン力を媒介するクーロン電場 $E^{(q)}$ となっている。2 つの電場に対して任意の閉曲面でガウスの法則が

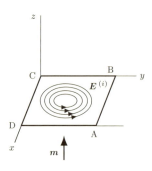

図 11.7 動く導体による電磁誘導の例

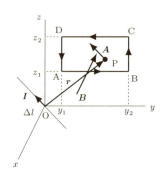

図 11.8 ベクトルポテンシャル

$$\varepsilon_0 \int_{\text{閉曲面}} \left(\boldsymbol{E}^{(q)} + \boldsymbol{E}^{(i)} \right) d\boldsymbol{S} = q \tag{11.10}$$

と成り立つ．これは時間的に変動する誘導電場に拡張された一般的なガウスの法則となる．時間的に変動する磁束を扱う誘導法則は，式 (11.9) を用いて

$$\oint_C \left(\boldsymbol{E}^{(q)} + \boldsymbol{E}^{(i)} \right) d\boldsymbol{s} = -\frac{d\Phi}{dt} = -\frac{d}{dt} \int \boldsymbol{B}(\boldsymbol{r}) \cdot d\boldsymbol{S} \tag{11.11}$$

となる．式 (11.10)，(11.11) は電磁誘導電場を含めた電場について成り立つ基本式である．

図 11.8 のように，原点 O を通り yz 平面を流れる電流 $\boldsymbol{I}$ の素片 Δl がある．yz 平面上の面 ABCD を通る磁束は磁束密度 $\boldsymbol{B}$ の積分となる．10 章の式 (10.37) より，

$$\int_{\text{面 ABCD}} \Delta \boldsymbol{B} \cdot d\boldsymbol{S} = \int_{\text{面 ABCD}} \frac{\mu_0 \Delta l}{4\pi} \frac{\boldsymbol{I} \times \boldsymbol{r}}{r^3} \cdot d\boldsymbol{S} \tag{11.12}$$

となり，$\boldsymbol{B}$ は x 方向に誘起される．ところで

$$\frac{y}{r^3} = -\left(-\frac{1}{2}\right) \frac{2y}{(x^2+y^2+z^2)^{\frac{3}{2}}} = -\frac{\partial}{\partial y}\left(\frac{1}{\sqrt{x^2+y^2+z^2}}\right) = -\frac{\partial}{\partial y}\left(\frac{1}{r}\right)$$

であることを利用して，式 (11.12) の閉曲線 ABCD を貫く磁束密度は x 成分だけなので，面積ベクトルの x 成分 $dS_x = dydz$ を利用すると

$$\int_{y_1}^{y_2} \int_{z_1}^{z_2} \Delta B_x \, dzdy = \int_{y_1}^{y_2} \int_{z_1}^{z_2} \frac{\mu_0 \Delta l}{4\pi} \left(I_y \frac{z}{r^3} - I_z \frac{y}{r^3} \right) dzdy$$

$$= \frac{\mu_0 \Delta l}{4\pi} \left[\int_{z_1}^{z_2} \int_{y_1}^{y_2} \left(-I_y \frac{\partial}{\partial z} \frac{1}{r} + I_z \frac{\partial}{\partial y} \frac{1}{r} \right) dzdy \right]$$

$$= \frac{\mu_0 \Delta l}{4\pi} \left\{ \left[\int_0^0 \frac{I_x}{r} dx \right] + \left[\int_{y_1}^{y_2} \left(\frac{I_y}{r} \right)_{z=z_2} - \left(\frac{I_y}{r} \right)_{z=z_1} \right] dy \right.$$

$$\left. + \left[\int_{z_1}^{z_2} \left(\frac{I_z}{r} \right)_{y=y_2} - \left(\frac{I_z}{r} \right)_{y=y_1} \right] dz \right\}$$

$$= \oint_{\text{ABCD}} \frac{\mu_0 \Delta l}{4\pi} \left(\frac{I_x}{r}, \frac{I_y}{r}, \frac{I_z}{r} \right) \cdot d\boldsymbol{s} \tag{11.13}$$

と変形できる．上式の第 3 行の 2 番目の項は，$z = z_1$ での y の積分 (A → B) と $z = z_2$ での y の積分 (C → D) との和である．3 番目の項も z に関する同様の積分である．x の積分は 0 であるから dx に関する項を加えても結果は変わらない．$d\boldsymbol{s} = dxdydz$ と置き換えると，最後の式となって，磁束密度が貫く面積分はその取り方ではなく経路 s の取り方に依存することがわかる．

電流のつくる磁力線は閉曲線で湧き出し点がなく，誘導磁場の一周積分は 0 にならないので磁位を用いて表すことができない．したがって，経路に沿って積分して求まるようなベクトルポテンシャル $\boldsymbol{A}$ を考えると

$$\int \boldsymbol{B}(\boldsymbol{r}) \cdot d\boldsymbol{S} = \oint_{\mathrm{ABCD}} \boldsymbol{A}(\boldsymbol{r}) \cdot d\boldsymbol{s} \tag{11.14}$$

となる。式 (11.13) からベクトルポテンシャルは,

$$\boldsymbol{\Delta A} = \frac{\mu_0 \Delta l}{4\pi} \left(\frac{I_x}{r}, \frac{I_y}{r}, \frac{I_z}{r} \right) = \frac{\mu_0 \Delta l}{4\pi r} \boldsymbol{I} \tag{11.15}$$

となる。電流密度 $\boldsymbol{i}(\boldsymbol{r}')$ で電流が空間に連続的に分布しているとき，体積積分を行うと

$$\boldsymbol{A}(\boldsymbol{r}) = \frac{\mu_0}{4\pi} \int \frac{\boldsymbol{i}(\boldsymbol{r}')}{|\boldsymbol{r} - \boldsymbol{r}'|} dV' \tag{11.16}$$

となる。式 (11.13) の第 2 行の偏微分の表式に式 (11.15) の定義を代入して比べると, x, y, z 成分それぞれについて,

$$B_x = \frac{\partial A_z}{\partial y} - \frac{\partial A_y}{\partial z}, \quad B_y = \frac{\partial A_x}{\partial z} - \frac{\partial A_z}{\partial x}, \quad B_z = \frac{\partial A_y}{\partial x} - \frac{\partial A_x}{\partial y} \tag{11.17}$$

となるので，これらをまとめて磁場はベクトルポテンシャルで

$$\boldsymbol{B} = \mathrm{rot}\, \boldsymbol{A} \tag{11.18}$$

と表される。

式 (11.11) に (11.14) を組み合わせれば,

$$\oint_C \boldsymbol{E} \cdot d\boldsymbol{s} = -\frac{d}{dt} \int \boldsymbol{B} \cdot d\boldsymbol{S} = -\oint_C \frac{\partial \boldsymbol{A}}{\partial t} \cdot d\boldsymbol{s}$$

となる。これが，任意の閉曲線について成り立つから,

$$\boldsymbol{E}(\boldsymbol{r},t) = -\frac{\partial \boldsymbol{A}(\boldsymbol{r},t)}{\partial t} \tag{11.19}$$

と電場はベクトルポテンシャルの時間に関する偏微分で表される。スカラーポテンシャル V を考慮して,

$$\boldsymbol{E}(\boldsymbol{r},t) = -\mathrm{grad}\, V(\boldsymbol{r},t) - \frac{\partial \boldsymbol{A}(\boldsymbol{r},t)}{\partial t} \tag{11.20}$$

と表される。任意の電場と磁場は $(\boldsymbol{A}, V)$ という 4 成分の場によって表される。これを**電磁ポテンシャル**という。

例 11.2 磁気モーメント $\boldsymbol{m}$ の粒子が z 軸上を正の方向に運動している。原点を通過中に任意の点につくるベクトルポテンシャルは

$$\boldsymbol{A}(\boldsymbol{r}) = \frac{\boldsymbol{m} \times \boldsymbol{r}}{4\pi r^3} = \left(\frac{-m_z y}{4\pi r^3}, \frac{m_z x}{4\pi r^3}, 0 \right)$$

となるので,

$$\boldsymbol{B} = \left(\frac{3 m_z x z}{4\pi r^5}, \frac{3 m_z y z}{4\pi r^5}, \frac{m_z}{4\pi r^3} - \frac{3 m_z x^2}{4\pi r^5} + \frac{m_z}{4\pi r^3} - \frac{3 m_z y^2}{4\pi r^5} \right)$$

となり，任意の点は $\boldsymbol{m}$ から $(x^2 + y^2 + (z - vt)^2)^{1/2}$ の距離にあるので，誘導電場は式 (11.19) を参考にして

$$E(r) = -\frac{m \times r}{4\pi}\frac{\partial}{\partial t}\left(\frac{1}{r^3}\right) = -\frac{3zv}{4\pi r^5}m \times r = -\frac{3vmv}{4\pi r^5}(y, -x, 0)$$

と与えられる。

[例題 11.4]

z 軸上を A から B へ流れる電流 I による点 $P(x_1, y_1, z_1)$ のベクトルポテンシャルを求める。

[解] 電流は z 方向を向いているので $\rho_1 = (x_1^2 + y_1^2)^{\frac{1}{2}}$ とするとベクトルポテンシャルの z 成分を積分公式 $\int \frac{dx}{\sqrt{x^2 + \rho_1^2}} = \ln\left|x + \sqrt{x^2 + \rho_1^2}\right|$ を利用して解く。

$$A_z = \frac{\mu_0 I}{4\pi}\int_{z_A}^{z_B}\frac{dz}{(\rho_1^2 + (z - z_1)^2)^{\frac{1}{2}}}$$

$$= \frac{\mu_0 I}{4\pi}\ln\frac{|z_B - z_1|\left(1 + \sqrt{\frac{\rho_1^2}{(z_B - z_1)^2} + 1}\right)}{|z_A - z_1|\left(-1 + \sqrt{\frac{\rho_1^2}{(z_1 - z_A)^2} + 1}\right)}$$

$|z_B - z_1|, |z_A - z_1| \gg |\rho_1|$ として平方根をテーラー展開して計算すると

$$A_z \approx \frac{\mu_0 I}{4\pi}\ln\frac{4(z_B - z_1)(z_1 - z_A)}{\rho_1^2}$$

$$= \frac{\mu_0 I}{4\pi}\{\ln 4(z_B - z_1)(z_1 - z_A) - \ln \rho_1^2\}$$

となる。電流が無限直線を流れるとすれば，$z_A = -\infty, z_B = \infty$ となるから，発散する第1項を無視して

$$A_z \approx \frac{\mu_0 I}{2\pi}\ln \rho_1$$

となる。磁束密度は

$$B = \mathrm{rot}\,A = \frac{\mu_0 I}{2\pi \rho_1^2}(-y_1, x_1, 0)$$

となる。

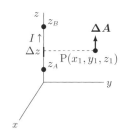

図 11.9 電流線分によるベクトルポテンシャル

11.3 相互誘導と自己誘導

電磁誘導によって，コイル C_1 とコイル C_2 を固定し，C_1 に電流 I_1 を流すと磁束 Φ_1 が発生し，この一部が C_2 を貫く磁束 Φ_2 になる。ゆえに Φ_2 は I_1 に比例するから

$$\Phi_2 = L_{21}I_1 \tag{11.21}$$

と表される。比例定数 L_{21} を**相互インダクタンス**という。I_1 の時間変化が C_2 を貫く磁束の変化になり，起電力 V_{e2} を発生させる。

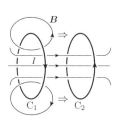

図 11.10 電流のまわりの磁束線

$$\frac{d\Phi_2}{dt} = -V_{e2} = L_{21}\frac{dI_1}{dt} \tag{11.22}$$

となる。C_1 の電流が C_2 に起電力を発生させることから**相互誘導**といい，V_{e2} を**相互誘導起電力**という。また，Φ_1 が C_1 自身も貫いて起電力が発生させることから**自己誘導**という。**自己インダクタンス** L_{11} を比例定数とすると

インダクタンスの単位 [H (ヘンリー)]

$$\Phi_1 = L_{11}I_1 \tag{11.23}$$

と表わされ，**自己誘導起電力**は

$$V_{e1} = -\frac{d\Phi_1}{dt} = -L_{11}\frac{dI_1}{dt} \tag{11.24}$$

と表される。C_1 に I_1，C_2 に I_2 の電流が流れる場合，Φ_1 に電流 I_1 と I_2 が影響する。

$$\Phi_1 = L_{11}I_1 + L_{12}I_2$$
$$\Phi_2 = L_{21}I_1 + L_{22}I_2 \tag{11.25}$$

C_2 を通る磁束の最大値は C_1 で発生する磁束となるので，インダクタンスの間には以下のような関係がある。

$$L_{12} = L_{21} \tag{11.26}$$

$$L_{11}L_{22} \geq L_{12}^2 \tag{11.27}$$

自己インダクタンスをもったコイルの自己誘導起電力は過渡電流に影響を与える。図 11.11 のように電気抵抗 R，自己インダクタンス L のコイルとスイッチ S を配置した回路に起電力 V_e で電流 I を流す。$t = 0$ のとき S を A に入れると，逆向きの誘導起電力のためすぐに定常電流とならず I が 0 から徐々に増える。キルヒホッフの第 2 法則を用いて

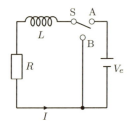

図 11.11 LR 回路

$$V_e - L\frac{dI}{dt} = RI \tag{11.28}$$

$$\frac{-RdI}{V_e - RI} = \frac{-R}{L}dt$$

となる。$t = 0$ のとき $I = 0$ なので

$$[\ln(V_e - RI)]_0^I = \left[\frac{-R}{L}t\right]_0^t \tag{11.29}$$

となり，式を変形すると

$$I(t) = \frac{V_e}{R}\left(1 - \exp\left(-\frac{t}{L/R}\right)\right) \tag{11.30}$$

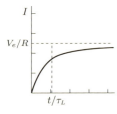

図 11.12 LR 回路の電流

となって，自己誘導起電力を考慮に入れたオームの法則が成り立つ。式 (11.30) は電流が 0 から V_e/R へ移り変わる様子を示し，図 11.12 のように電流は時間をかけて一定になる。これを**過渡現象**という。このとき，

$$\tau_L = \frac{L}{R} \tag{11.31}$$

とおいて電流の時間変化に関する定数 (**誘導時定数**) とする。$t \ll \tau_L$ の短い時間では，式 (11.30) の指数関数をテーラー展開して

$$I(t) \sim \frac{V_e}{R}\left[1 - \left(1 - \frac{t}{\tau_L}\right)\right] = \frac{V_e}{R}\frac{t}{\tau_L} = \frac{V_e}{L}t$$

となる。電源がする仕事率は $V_e I$ となり，仕事は式 (11.28) を利用して積分し

$$\int_0^t V_e I\, dt = \int_0^t RI^2\, dt + \int_0^t LI\frac{dI}{dt}\, dt$$

となる。右辺第1項は発生するジュール熱を表し，第2項はコイルに蓄えられる電流エネルギー U_I

$$U_I = \frac{1}{2}LI^2(t) \tag{11.32}$$

を表す。コイルのエネルギーは電流が流れていないときよりも，流れている方が U_I 分だけ高い。

コイルのエネルギーは電流が担うとも，それによって起こった周囲の磁場が担うとも考えて良い

11.4 交流回路

図 11.13 のように周期的に大きさの変化する電流を交流という。角振動数 ω で振幅 V_0 の起電力 V_e と振幅 I_0 の電流 I は

$$V_e = V_0 \cos\omega t$$
$$I = I_0 \cos(\omega t - \theta) \tag{11.33}$$

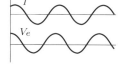

図 **11.13** 交流回路の起電力と電流

と表される。θ は V_e と I の位相差である。I_0 は V_e に比例し比例定数を Z で

$$I_0 = \frac{V_0}{Z} \tag{11.34}$$

と表すとオームの法則の形になるので，Z は直流回路の抵抗に対応し**インピーダンス**とよばれる。

図 11.14 の抵抗回路に交流を流すとき，電力 (仕事率) は電流と電圧の積になるので

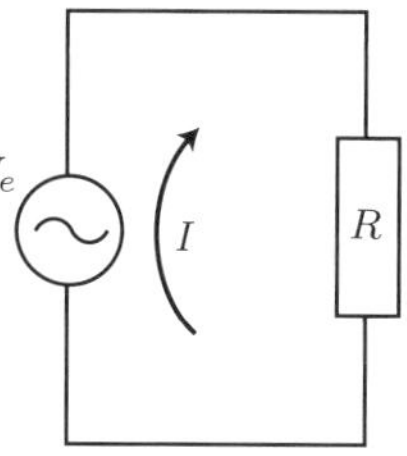

$$IV_e = I_0 V_0 \cos\omega t \cos(\omega t - \theta)$$
$$= \frac{1}{2}I_0 V_0 \cos\theta + \frac{1}{2}I_0 V_0 \cos(\omega t - \theta) \tag{11.35}$$

となり，この時間平均をとると

$$\langle IV_e \rangle = \frac{1}{2}I_0 V_0 \cos\theta \tag{11.36}$$

図 **11.14** 交流回路

となる。それぞれ電流と電圧に分けたもの

$$I = \frac{1}{\sqrt{2}}I_0, \qquad V = \frac{1}{\sqrt{2}}V_0 \tag{11.37}$$

を実効値といい，$\cos\theta$ を力率という。

図 11.15 のような回路において，コイルの起電力 $-L\frac{dI}{dt}$，抵抗の電圧降下 RI，キャパシターの極板間の電位差 $\frac{Q}{C}$，および，電源電圧 V_e をキルヒホッフの第2法則に当てはめると

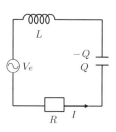

図 **11.15** LRC 回路

$$-L\frac{dI}{dt} - RI - \frac{Q}{C} + V_e = 0$$

となる。上式を t で微分して電荷の保存則の式 $\frac{dQ}{dt} = I$ を代入すると

$$L\frac{d^2I}{dt^2} + R\frac{dI}{dt} + \frac{1}{C}I = \frac{dV_e}{dt} \tag{11.38}$$

となる。交流回路には複素数を利用すると都合が良いので

$$\hat{V}_e = V_e + \mathrm{i}\, V_e' \tag{11.39}$$

$$\hat{I} = I + \mathrm{i}\, I' \tag{11.40}$$

とする。複素数部を $\hat{V}_e, \hat{I}$, 現実の系となる実数部を V_e, I, 虚構の系である虚数部を V_e', I' で表す。i は虚数単位を表す。虚数部の振幅はどんな値でも現実の V_e, I に影響しないので実数の振幅 V_0, I_0 を利用して、複素起電力を

$$\hat{V}_e = V_0\, \mathrm{e}^{\mathrm{i}\omega t} = V_0 \cos\omega t + \mathrm{i}V_0 \sin\omega t \tag{11.41}$$

オイラーの公式
$\mathrm{e}^{\mathrm{i}\theta} = \cos\theta + \mathrm{i}\sin\theta$

とする。複素電流 $\hat{I}$ でも同じようになるから、式 (11.38) を

$$L\frac{d^2\hat{I}}{dt^2} + R\frac{d\hat{I}}{dt} + \frac{1}{C}\hat{I} = \frac{d\hat{V}_e}{dt} \tag{11.42}$$

と変形できる。微分しても関数の形が変わらない電源電圧と電流の式

$$\hat{V} = V_0\, \mathrm{e}^{\mathrm{i}\omega t}, \qquad \hat{I} = I_0\, \mathrm{e}^{\mathrm{i}\omega t} \tag{11.43}$$

を式 (11.42) に代入すると

$$L(\mathrm{i}\omega)^2 I_0 \mathrm{e}^{\mathrm{i}\omega t} + \mathrm{i}\omega R I_0 \mathrm{e}^{\mathrm{i}\omega t} + \frac{1}{C} I_0 \mathrm{e}^{\mathrm{i}\omega t} = \mathrm{i}\omega V_0 \mathrm{e}^{\mathrm{i}\omega t} \tag{11.44}$$

となる。振幅のみを取り出すと

$$\left(R + \mathrm{i}\left(\omega L - \frac{1}{\omega C}\right)\right) I_0 = V_0 \tag{11.45}$$

となる。虚数部を $X = \omega L - \frac{1}{\omega C}$ とおいて複素数の偏角を θ を用いると

$$\hat{Z} = R + \mathrm{i}\, X = Z^{\mathrm{i}\theta t} \tag{11.46}$$

となる。$\hat{Z}$ を複素インピーダンスといい、振動数に依存する。この実数部 R は抵抗、虚数部 X はリアクタンスという。オームの法則から

$$\hat{I} = \frac{\hat{V}_0}{\hat{Z}} = \frac{V_0 e^{\mathrm{i}\omega t}}{Z e^{\mathrm{i}\theta}} = \frac{V_0}{Z}\left(\cos(\omega t - \theta) + \mathrm{i}\sin(\omega t - \theta)\right) \tag{11.47}$$

となるが、実数部のみが実際の電流となる。インピーダンス Z は複素インピーダンス $\hat{Z}$ の絶対値なので

$$Z(\omega) = |\hat{Z}| = \sqrt{R^2 + X^2} = \sqrt{R^2 + \left(\omega L - \frac{1}{\omega C}\right)^2} \tag{11.48}$$

となる。位相差は tan をとれば良いから

$$\tan\theta = \frac{X}{R} = \frac{1}{R}\left(\omega L - \frac{1}{\omega C}\right) \quad -\frac{\pi}{2} \leq \theta \leq \frac{\pi}{2} \tag{11.49}$$

となる。角振動数 ω_0 が

$$\omega_0 = \frac{1}{\sqrt{LC}} \tag{11.50}$$

のとき Z が極小になるので，I_0 が極大となる。Z を変化させることによって周波数の異なる信号の同調などを行う。インピーダンスを合成するときには，直流と同じように

$$\text{直列合成}: \hat{Z} = \hat{Z}_1 + \hat{Z}_2 \tag{11.51}$$

$$\text{並列合成}: \hat{Z}^{-1} = \hat{Z}_1^{\ -1} + \hat{Z}_2^{\ -1} \tag{11.52}$$

となる。

[**例題 11.5**]

LCR 回路において，インピーダンスが最小になるとき電流と起電力の位相差を求めよ。

[**解**] 式 (11.49) のリアクタンスが 0 になるから

$$\tan\theta = \frac{0}{R}$$

となって，位相差は 0 rad になる。

交流回路の電源の仕事率は

$$W_e = V_e I = V_0 I_0 \cos\omega t \cos(\omega t - \theta) = \frac{1}{2} V_0 I_0 \left[\cos\theta + \cos(2\omega t - \theta)\right] \tag{11.53}$$

と表される。これを 1 周期で平均すると

$$\langle W_e \rangle = \frac{\int_0^{\frac{2\pi}{\omega}} \frac{1}{2} V_0 I_0 \left[\cos\theta + \cos(2\omega t - \theta)\right] dt}{\frac{2\pi}{\omega}}$$

$$= \frac{1}{2} V_0 I_0 \cos\theta \tag{11.54}$$

となって，電圧と電流の位相差が小さいほど力率が大きく，仕事率が大きいことがわかる。

章末問題 11

11.1 図 11.16 に示す半径 $R = 1.0$ cm のコイルに磁石を近づけると誘導電流が流れた。以下の問いに答えよ。

(a) 誘導電流の向きは，図の中で上か下か。
(b) 磁石を近づける速度をゆっくりにすると誘導起電力の大きさはどのようになるか説明せよ。
(c) コイルを貫く磁束が，ある瞬間に 1 秒後あたり 1.5×10^{-5} Wb だけ増加した。この間の誘導起電力を計算せよ。

11.2 図 11.17 のように ABCD を通るようにコの字型の導線が配置され，長方形 ABCD を $B = 3$ T の磁束密度が垂直に貫いている。ここで，長さ $l = 50$ cm の導線 AB が速度 $v = 50$ cm/s で運動すると AB 間に電流 I が流れる。時刻 0 で AB が CD から離れた。以下の問いに答えよ。

(a) 導線 AB の中に存在する電子にはたらくローレンツ力を求めよ。
(b) 2 秒後に ABCD を貫く磁束を求めよ。
(c) 導線 AB における起電力を求めよ。
(d) 十分時間が経ったときに点 A と点 B にたまった電荷による，誘導電場を求めよ。

11.3 電流 I が半径 a のコイルを流れるとき中心の磁場の大きさを求めよ。

11.4 直径 2 cm，長さ 6 cm の中空円柱に直径 1 mm の銅の導線を 60 回巻いたソレノイドコイルがある。自己インダクタンスを求めよ。

11.5 変圧器の 1 次コイル側に 100 V の電圧をかけて，2 次コイル側に 15 V の回路電源を取り出す。

(a) 1 次コイルの巻き数と 2 次コイルの巻き数が同じ場合，1 次コイル側で発生する磁束をどの程度の割合で 2 次コイルの側に入れれば良いか答えよ。
(b) 鉄心を用いて 1 次コイルに発生した磁束がすべて 2 次コイルに入るようにした場合，2 次コイルの巻き数を 1 次コイルの巻き数の何倍にすればよいか答えよ。

11.6 図 11.18 のようなコイルと 2 つの抵抗，および，直流電源からなる回路がある。以下の問いに答えよ。

(a) キルヒホッフの法則を使って，回路上の起電力と電圧降下の関係を求めよ。
(b) 電圧がスイッチを入れてから十分時間が経ったときの 90% になる時間を求めよ。
(c) $L = 2.8$ H，$R = 100$ Ω のとき，(b) の時間を計算せよ。

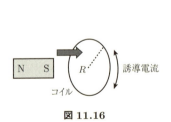

図 11.16

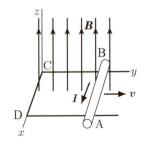

図 11.17

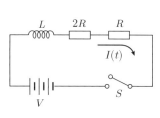
図 11.18

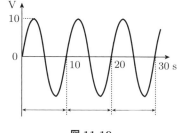
図 11.19

11.7 図 11.18 の回路の直流電源を交流電源 (100 V, 60 Hz) に取り換える。以下の問いに答えよ。

(a) インピーダンスと力率を求めよ。
(b) インピーダンスが低くなるようにするには角周波数をどのようにすればよいか。

11.8 電源の無い LC 回路は以下の式のように表される。以下の問いに答えよ。
$$L\frac{d^2I}{dt^2} + \frac{1}{C}I = 0$$

(a) 振動する電流を求めよ。
(b) 電圧振動の振動数を求めよ。

11.9 図 11.19 のように変化する交流電圧がある。以下の問いに答えよ。

(a) 図から振幅と周期を求めよ。
(b) 電圧を式で表せ。

12
電磁場と電磁波

アンペールの法則を非定常電流に対しても適用し，空間に電束の時間変動が伝わることを理解する。さらに，マクスウェルの法則から電磁波の性質を知る。

12.1 アンペール–マクスウェルの法則

アンペールの法則は，導線に沿った磁場の一周積分がその積分経路を縁とする面を貫く電流に等しいことを示す。定常電流の回路は閉じているのでどの位置でも電流値は等しいから，アンペールの法則が成り立つ。しかし，非定常電流の場合には回路が閉じているとは限らない。例えば，図 12.1 のように LRC 回路のキャパシタの電極間では導線は途切れているのでアンペールの法則の適用ができない。導線の途切れた部分に電流は流れないが，電極間の電場の影響で反対側の電極に電流が流れる。導線の電流素片 $I\Delta l$ が原点にあると仮定すると，ビオ–サバールの法則より位置 r の誘導磁場 H は，

$$H = \frac{I\Delta l \times r}{4\pi r^3} = \frac{qv \times r}{4\pi r^3} \tag{12.1}$$

となる。$I\Delta l$ の中を速度 v で移動する q は電束密度

$$D = \frac{qr}{4\pi r^3} \tag{12.2}$$

を伴って運動するので，電荷の運動を電束密度の運動とみなすと，その速度は $v_D = v$ となる。式 (12.1) と式 (12.2) を比較して

$$H = v_D \times D \tag{12.3}$$

となるから閉曲線 C に沿って一周積分すると

$$\oint_C H \cdot ds = \oint_C (v_D \times D) \cdot ds = \oint_C \frac{dr_D \times D}{dt} \cdot ds \tag{12.4}$$

となる。$dr_D \times ds = dS$ は面積ベクトルに対応するので，

$$\oint_C H \cdot ds = \frac{d}{dt}\int_{C\text{面}} D \cdot dS = \frac{d\Psi}{dt} \tag{12.5}$$

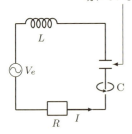

図 12.1 LRC 回路

ローレンツ力からアンペールの法則を思い出してみる。

$$q_m H = F = qv \times B$$
$$= \Delta l I \times B$$
$$= \frac{q_m}{4\pi r^3}\Delta l I \times r$$

電束線が縁面に垂直のとき

となってCを縁とする面を貫く電束Ψの時間変化が求められ，時間変化を含んだアンペールの法則として書ける。

電荷qがあるとき，そのまわりの電束はガウスの法則により$\Psi = q$となる。図12.2のようにqがz軸の負から正の方向に運動している。電束がxy平面上のCを縁とする面を通過する直前に上方向に貫き，通過後には下向きに貫いて，通過前後のわずかな時間Δtに貫く電束の向きが変化するので，$\dfrac{+q}{2}$から$\dfrac{-q}{2}$となる。その変化量は，

$$\frac{\Delta \Psi}{\Delta t} = \frac{\frac{-q}{2} - \frac{q}{2}}{\Delta t} = -\frac{q}{\Delta t} \quad (12.6)$$

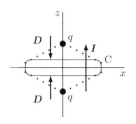

図12.2 電束の変化

となる。電荷量の時間微分は電流であることから，この電荷の運動は電流となる。これを式(12.5)に代入して電荷qの流れである電流Iを加えると

$$\oint_C \boldsymbol{H} \cdot d\boldsymbol{s} = \frac{d\Psi}{dt} + I \quad (12.7)$$

となる。定常電流では電荷量が変化しないので$\dfrac{d\Psi}{dt}$は0である。導線の中を電流密度$\boldsymbol{i}$で流れるなら断面Sで積分して

$$\oint_C \boldsymbol{H} \cdot d\boldsymbol{s} = \frac{d}{dt}\int_S \boldsymbol{D} \cdot d\boldsymbol{S} + \int_S \boldsymbol{i} \cdot d\boldsymbol{S} \quad (12.8)$$

となって電束密度の時間変化$\dfrac{d\boldsymbol{D}}{dt}$は電流と同じ役割をしているので，**変位電流**と名づけられている。この式は**アンペール–マクスウェルの法則**といわれる。

[例題 12.1]

図12.3のように交流電流$I(t)$の流れる回路にある半径aの2つの円板からなるキャパシタの極板の間の磁場を求める。

[解] 円板は中心軸に回転対称だから，磁力線は同心円となる。極板に蓄えられた電荷$\pm Q$とすると電束密度は$D = Q/\pi a^2$となる。極板間は円板の直径に比べて小さいとすると，電束線は一様で極板に垂直に出入りするから，半径rの円を貫く電束は

$$\Psi = \begin{cases} D\pi r^2 = \dfrac{Qr^2}{a^2} & (r < a) \\ D\pi a^2 = Q & (r > a) \end{cases}$$

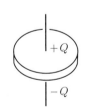

図12.3 キャパシタ間の磁場

となる。式(12.7)の積分経路を円板の縁として、極板間を電流は流れないが電束Ψの時間変化が変位電流として伝わるので磁場は

$$H = \begin{cases} \dfrac{1}{2\pi r}\dfrac{d\Psi}{dt} = \dfrac{Ir}{2\pi a^2} & (r < a) \\ \dfrac{1}{2\pi r}\dfrac{d\Psi}{dt} = \dfrac{I}{2\pi r} & (r > a) \end{cases}$$

となる。

12.2　マクスウェルの方程式

電磁気学の重要な法則を表す以下の式 (12.9)〜(12.12) の 4 つの方程式を**マクスウェルの方程式**とよぶ。まず，電束密度のガウスの法則は

$$\int_{閉曲面} \boldsymbol{D}(\boldsymbol{r},t) \cdot d\boldsymbol{S} = \int_{閉曲面内} \rho_e(\boldsymbol{r},t)\, dV \tag{12.9}$$

となる。磁束密度のガウスの法則は，右辺で単独磁荷がないことを考慮して，

$$\int_{閉曲面} \boldsymbol{B}(\boldsymbol{r},t) \cdot d\boldsymbol{S} = 0 \tag{12.10}$$

となる。ファラデーの電磁誘導の法則は曲面を貫く磁束の時間変化が起電力となるので，

$$\oint_{閉曲線} \boldsymbol{E}(\boldsymbol{r},t) \cdot d\boldsymbol{s} = -\int_{曲面} \frac{\partial \boldsymbol{B}(\boldsymbol{r},t)}{\partial t} \cdot d\boldsymbol{S} \tag{12.11}$$

と表される。最後に，前節のアンペール–マクスウェルの法則より

$$\oint_{閉曲線} \boldsymbol{H}(\boldsymbol{r},t) \cdot d\boldsymbol{s} = \int_{曲面} \left(\frac{\partial \boldsymbol{D}(\boldsymbol{r},t)}{\partial t} + \boldsymbol{i}(\boldsymbol{r},t) \right) \cdot d\boldsymbol{S} \tag{12.12}$$

となる。さらに，物質の誘電的性質を示す式は

$$\boldsymbol{D}(\boldsymbol{r},t) = \varepsilon_0 \boldsymbol{E}(\boldsymbol{r},t) + \boldsymbol{P}(\boldsymbol{r},t) \tag{12.13}$$

となり，物質の磁性を表す式は

$$\boldsymbol{B}(\boldsymbol{r},t) = \mu_0 \left(\boldsymbol{H}(\boldsymbol{r},t) + \boldsymbol{M}(\boldsymbol{r},t) \right) \tag{12.14}$$

となる。電荷の保存則は

$$\int_{閉曲面内} \rho_e(\boldsymbol{r},t)\, dV + \int_{閉曲面} \boldsymbol{i}(\boldsymbol{r},t) \cdot d\boldsymbol{S} = 0 \tag{12.15}$$

という関係になる。$\boldsymbol{E}(\boldsymbol{r},t)$ と $\boldsymbol{i}$ に対するオームの法則は，

$$\boldsymbol{i}(\boldsymbol{r},t) = \sigma \boldsymbol{E}(\boldsymbol{r},t) \tag{12.16}$$

と比例定数は**電気伝導率** σ を用いて表される。さらにローレンツ力 $\boldsymbol{F}_L$ に

$$\boldsymbol{F}_L(\boldsymbol{r},t) = q\boldsymbol{E}(\boldsymbol{r},t) + q\boldsymbol{v} \times \boldsymbol{B}(\boldsymbol{r},t) \tag{12.17}$$

と支配される。電場や磁場はベクトルポテンシャル $\boldsymbol{A}$ と 4 次元ポテンシャルを用いて

$$\boldsymbol{E}(\boldsymbol{r},t) = -\operatorname{grad} \phi(\boldsymbol{r},t) - \frac{\partial \boldsymbol{A}(\boldsymbol{r},t)}{\partial t} \tag{12.18}$$

$$\boldsymbol{B}(\boldsymbol{r},t) = \operatorname{rot} \boldsymbol{A}(\boldsymbol{r},t) \tag{12.19}$$

と表せる。以上の諸式によって，素粒子，原子核などの極小世界，電気器具などの日常の世界，太陽放射や宇宙の電波などの超巨大な世界に起こる多彩多様な電気現象を説明できる。

電束密度のガウスの法則を微小な体積の閉曲面に適用して，単位体積あたりに換算すると

$$\frac{\partial D_x}{\partial x} + \frac{\partial D_y}{\partial y} + \frac{\partial D_z}{\partial z} = \rho_e \tag{12.20}$$

となる。これを微分演算子の ∇ を用いて表すと

$$\nabla \cdot \boldsymbol{D} = \rho_e \text{ または，} \operatorname{div} \boldsymbol{D} = \rho_e \tag{12.21}$$

同様に磁束密度のガウスの法則について

$$\nabla \cdot \boldsymbol{B} = 0 \text{ または，} \operatorname{div} \boldsymbol{B} = 0 \tag{12.22}$$

とできる。

図 12.4 のように，微小面 dS を貫く磁束の時間変化が微小面の縁に沿った電場をつくる。$dS = dxdy$ なので，式 (12.10) を

$$\int E_x \, dx + \int E_y \, dy = -\frac{\partial \int B \, dS}{\partial t} = -\frac{\partial \int B_z \, dxdy}{\partial t} \tag{12.23}$$

と変形する。電磁誘導の法則が微小領域にも有効なので x，y で偏微分すると

$$\frac{\partial E_y}{\partial x} - \frac{\partial E_x}{\partial y} = -\frac{\partial B_z}{\partial t} \tag{12.24}$$

と渦電流に寄与する。他の成分についても

$$\frac{\partial E_z}{\partial y} - \frac{\partial E_y}{\partial z} = -\frac{\partial B_x}{\partial t}$$
$$\frac{\partial E_x}{\partial z} - \frac{\partial E_z}{\partial x} = -\frac{\partial B_y}{\partial t} \tag{12.24}$$

となる。これらをまとめて

$$\operatorname{rot} \boldsymbol{E} = -\frac{\partial \boldsymbol{B}}{\partial t} \tag{12.25}$$

となる。

アンペールの法則も微小領域に有効なので，電磁誘導と同様に，

$$\frac{\partial H_z}{\partial y} - \frac{\partial H_y}{\partial z} = i_x + \frac{\partial D_x}{\partial t}$$

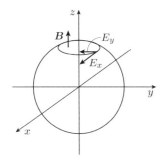

図 12.4 電気力線と磁力線の同時運動

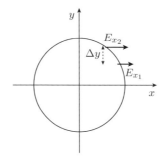

図 12.5 電気力線と磁力線の同時運動

$$\frac{\partial H_x}{\partial z} - \frac{\partial H_z}{\partial x} = i_y + \frac{\partial D_y}{\partial t} \qquad (12.26)$$

$$\frac{\partial H_y}{\partial x} - \frac{\partial H_x}{\partial y} = i_z + \frac{\partial D_z}{\partial t}$$

となる．これらをまとめて

$$\mathrm{rot}\boldsymbol{H} = \boldsymbol{i} + \frac{\partial \boldsymbol{D}}{\partial t} \qquad (12.27)$$

となって，微小面を貫く電流と変位電流が微小面に渦状の磁束をつくる．これらの方程式 (12.21), (12.22), (12.25), (12.27) を**マクスウェルの方程式の微分形**という．マクスウェルの方程式は，電荷や電流が存在しないときでも，電場と磁場がお互いをつくりだすような電磁場の自己運動が可能なことを示している．

12.3 電磁場と電磁波

磁束密度の時間変動が電場を誘導し，このときの電束密度の時間変動が磁場を誘導する．真空中で電磁波のもつ電束線と磁束線が共に速度 v で運動している．電磁波の磁束線 $\boldsymbol{B}$ の運動による誘導電場は，式 (11.7) より，

$$\boldsymbol{E} = -\boldsymbol{v} \times \boldsymbol{B} = -\boldsymbol{v} \times \mu_0 \boldsymbol{H}$$

$$(E_x, E_y, E_z) = -\mu_0(v_y H_z - v_z H_y, v_z H_x - v_x H_z, v_x H_y - v_y H_x) \qquad (12.28)$$

と磁力線の垂直方向に生じる．この電場は，電束の運動として，式 (12.3) より

$$\boldsymbol{H} = \boldsymbol{v} \times \boldsymbol{D} = \boldsymbol{v} \times \varepsilon_0 \boldsymbol{E}$$

$$(H_x, H_y, H_z) = \varepsilon_0(v_y E_z - v_z E_y, v_z E_x - v_x E_z, v_x E_y - v_y E_x) \qquad (12.29)$$

と磁場を誘起する．

図 12.6 のように x 軸方向に速度 v_x で運動する電磁波を考えるとき，電場，磁場は進行方向に垂直だから電場を y 軸方向にとると磁場は z 軸方向を向く．

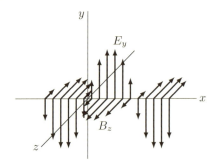

図 12.6 電気力線と磁力線の同時運動

まず，z 軸方向に向いた磁場が $+x$ 方向へ運動する．次に，誘導電場が垂直である y 軸方向を向き，$+x$ 方向へ運動する．

それぞれは y 軸方向，z 軸方向の成分のみだから

$$E_y = \mu_0 v_x H_z, \qquad H_z = \varepsilon_0 v_x E_y \tag{12.30}$$

となり，この 2 つの式が同時に成り立つために第 2 式を第 1 式に代入すると

$$v_x = \frac{1}{\sqrt{\varepsilon_0 \mu_0}} = c_0 = 3.0 \times 10^8 \text{ m/s} \tag{12.31}$$

となって運動速度が求まる。これは電磁波の速度 c_0 となる。前節の電磁誘導の法則の微分形と電磁誘導の法則の微分形から

$$\frac{\partial E_y}{\partial x} = -\mu_0 \frac{\partial H_z}{\partial t}, \qquad -\frac{\partial H_z}{\partial x} = \varepsilon_0 \frac{\partial E_y}{\partial t} \tag{12.32}$$

となるので，それぞれを x，または，t で微分して互いに代入すれば

$$\frac{\partial^2 E_y}{\partial t^2} = \frac{1}{\mu_0 \varepsilon_0} \frac{\partial^2 E_y}{\partial x^2}, \qquad \frac{\partial^2 H_z}{\partial t^2} = \frac{1}{\mu_0 \varepsilon_0} \frac{\partial^2 H_z}{\partial x^2} \tag{12.33}$$

となり，解は三角関数の形になる。波数を k，振動数を ω で表すと

$$E_y(x,t) = E_0 \sin(kx - \omega t), \qquad H_z(x,t) = H_0 \sin(kx - \omega t) \tag{12.34}$$

と電磁波の成分が求まる。

外部電荷や電流がない場合，電磁波がマクスウェルの方程式に適合しているか式 (12.34) を用いて調べる。電磁波が $-x$ の方向から進行するとき，E_y は図 12.7 の任意の閉曲面である立方体の上面と下面から出入りし，面積ベクトル $d\boldsymbol{S}$ は立方体の外側を向いているので，

$$\int_{\text{表面}} \boldsymbol{D}(\boldsymbol{r},t) \cdot d\boldsymbol{S} = \int_{\text{上面}} \varepsilon_0 E_y \, dxdz - \int_{\text{下面}} \varepsilon_0 E_y \, dxdz = 0 \tag{12.35}$$

と 0 となり，ガウスの法則を満たしている。

電場と同様に考えると，H_z は図 12.7 の立方体の 2 つの xy 面から出入りするので，

$$\int_{\text{表面}} \boldsymbol{B}(\boldsymbol{r},t) \cdot d\boldsymbol{S} = \int_{\text{側面}} \varepsilon_0 H_z \, dxdz - \int_{\text{側面}} \varepsilon_0 H_z \, dxdz = 0 \tag{12.36}$$

と 0 となり，磁束密度のガウスの法則を満たしている。

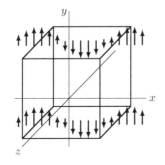

図 12.7 電磁波を考えるための閉曲面

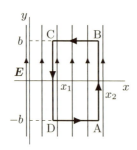

図 12.8 電磁波を考えるための積分経路 ABCD
長方形 ABCD の面ベクトルは z 方向を向き，磁場のベクトルと同じ方向である。

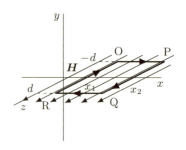

図 12.9 電磁波を考えるための積分経路 OPQR
長方形 OPQR の面ベクトルは $-y$ 方向を向き，電場のベクトルと逆の方向である。

図 12.8 のように xy 平面内の長方形 ABCD を任意の閉曲線として，電磁誘導の法則を考える。電磁誘導の式 (12.11) の左辺と右辺を別々に計算すると

$$\oint_{\text{ABCD}} \boldsymbol{E}(\boldsymbol{r},t) \cdot d\boldsymbol{s} = \int_{-b}^{b} E_y \, dx_{(x=x_2)} + \int_{b}^{-b} E_y \, dx_{(x=x_1)}$$
$$= 2bE_0[\sin(kx_2 - \omega t) - \sin(kx_1 - \omega t)] \tag{12.37}$$

$$-\int_{\text{ABCD}} \frac{\partial \boldsymbol{B}}{\partial t} \cdot d\boldsymbol{S} = -\int_{\text{ABCD}} \mu_0 \frac{\partial H_z}{\partial t} \, dxdy$$
$$= 2b\mu_0 \omega H_0 \int_{x_1}^{x_2} \cos(kx - \omega t) \, dx$$
$$= 2b\mu_0 \frac{\omega}{k} H_0[\sin(kx_2 - \omega t) - \sin(kx_1 - \omega t)] \tag{12.38}$$

となる。上2式の三角関数の部分は共通なので

$$E_0 = \frac{\mu_0 \omega}{k} H_0 \tag{12.39}$$

とすると，電磁誘導の法則を満たすことになる。

図 12.9 のように zx 平面内の長方形 OPQR を任意の閉曲線としてアンペール-マクスウェルの法則を考える。式 (12.12) より，

$$\oint_{\text{OPQR}} \boldsymbol{H}(\boldsymbol{r},t) \cdot d\boldsymbol{s} = \int_{-d}^{d} H_z \, dx_{(x=x_2)} + \int_{d}^{-d} H_z \, dx_{(x=x_1)}$$
$$= 2dH_0[\sin(kx_2 - \omega t) - \sin(kx_1 - \omega t)]$$

$$\int_{\text{OPQR}} \frac{\partial \boldsymbol{D}}{\partial t} \cdot d\boldsymbol{S} = \int_{\text{OPQR}} \varepsilon_0 \frac{\partial E_y}{\partial t} \, dxdy \tag{12.40}$$
$$= 2d\varepsilon_0 \omega E_0 \int_{x_1}^{x_2} \cos(kx - \omega t) \, dx$$
$$= 2d\varepsilon_0 \frac{\omega}{k} E_0[\sin(kx_2 - \omega t) - \sin(kx_1 - \omega t)] \tag{12.41}$$

となる。上記の2式の結果の比較により，

$$H_0 = \frac{\varepsilon_0 \omega}{k} E_0 \tag{12.42}$$

となれば，式を満たすことになる。式 (12.31)，式 (12.39)，式 (12.42) から

$$\omega^2 = \frac{kE_0}{\mu_0 H_0}\frac{kH_0}{\varepsilon_0 E_0} = \frac{k^2}{\mu_0\varepsilon_0} = \frac{k^2}{c_0^2} \tag{12.43}$$

となる。$\omega = 2\pi\nu$，$k = 2\pi/\lambda$ から，光速は

$$c_0 = \pm\frac{\omega}{k} = \pm\lambda\nu \tag{12.44}$$

となる。電磁波の伝搬によって時刻 0 における位置 x_0 での位相が t 秒後に x の位相と等しくなると

$$k(x_0 - c_0 0) = k(x - c_0 t)$$

とおける。$c_0 > 0$，$t > 0$ なので $x = x_0 + c_0 t > 0$ となって等位相面が x の正方向に c_0 の速度で伝わることがわかる。c_0 を**位相速度**という。磁場もまた平面波となり，式 (12.42)，式 (12.44)，式 (12.31) より，磁場の振幅は

$$H_0 = \frac{\varepsilon_0 \omega}{k}E_0 = \varepsilon_0(\pm c_0)E_0 = \pm\sqrt{\frac{\varepsilon_0}{\mu_0}}E_0 \tag{12.45}$$

となるので，式 (12.34) の電場に対応する磁場は

$$H_z(x,t) = H_0 \sin[k(x - c_0 t)] = \sqrt{\frac{\varepsilon_0}{\mu_0}}E_0 \sin[k(x - c_0 t)] \tag{12.46}$$

となる。式 (12.44) の負の関係式 $\omega = -c_0 k$ を位相に用いると

$$E_y(x,t) = E_0 \sin[k(x + c_0 t)]$$
$$H_z(x,t) = -\sqrt{\frac{\varepsilon_0}{\mu_0}}E_0 \sin[k(x + c_0 t)] \tag{12.47}$$

と $-x$ 方向に進む波が得られ，電場が y 方向のとき磁場が $-z$ 方向を向いている。電場から磁場へと右ねじを回して進む向きに電磁波は進むことが解る。さらに，左ねじを回す方向に回転しながら x 方向に進む電磁波も存在し，

$$\left.\begin{array}{l} E_z(x,t) = E_0 \sin[k(x - c_0 t)] \\ H_y(x,t) = -\sqrt{\frac{\varepsilon_0}{\mu_0}}E_0 \sin[k(x - c_0 t)] \end{array}\right\} \tag{12.48}$$

と表現される。x 方向に進む 2 組の平面波は (E_y, H_z) と $(E_z, -H_y)$ から適当な位相で組み合わせてさまざまな偏光が表せる。

平面電磁波は一般的に，直交座標 $\bm{r} = (x, y, z)$ を用いて

$$\bm{E} = \bm{E}_0 \sin(\bm{k}\cdot\bm{r} - \omega t) \tag{12.49}$$
$$\bm{H} = \bm{H}_0 \sin(\bm{k}\cdot\bm{r} - \omega t) \tag{12.50}$$

と表される。一点から周囲に広がる球面電磁波は球面座標 $\bm{r} = (r, \theta, \varphi)$ で

$$E(\bm{r}, t) = \frac{E_0}{r}\sin(kr - \omega t) = \frac{E_0}{r}\sin[k(x - c_0 t)] \tag{12.51}$$

と表される。

12.4 ポインティングベクトル

電磁波は電磁場のもつエネルギーを運んでいる。一様な常誘電性 (ε),常磁性 (μ) 物質中の電磁場のエネルギー密度は,波の振幅から

$$u_{EM} = \frac{\varepsilon}{2}\boldsymbol{E}^2 + \frac{\mu}{2}\boldsymbol{H}^2 = \frac{\varepsilon}{2}|E|^2 + \frac{\mu}{2}|H|^2$$

と表される。x 方向に進む平面電磁波 (E_y, H_z) の場合のエネルギー密度は

$$\begin{aligned}u_{EM} &= \frac{\varepsilon}{2}E_0^2\sin^2(kx-\omega t) + \frac{\mu}{2}\left(\sqrt{\frac{\varepsilon}{\mu}}\right)^2 E_0^2 \sin^2(kx-\omega t) \\ &= \varepsilon E_0^2 \sin^2(kx-\omega t)\end{aligned} \tag{12.52}$$

となる。これが速度 c で伝わるときの流れ S は

$$\begin{aligned}S(x,t) = cu_{EM} &= E_0\sin(kx-\omega t)\varepsilon\frac{\omega}{k}E_0\sin(kx-\omega t) \\ &= E_y(x,t)H_z(x,t)\end{aligned} \tag{12.53}$$

ポインティングベクトルの単位 [W/m^2]

となる。上式を参考に 3 次元で表すと,

$$\begin{aligned}\boldsymbol{S}(\boldsymbol{r},t) &= \boldsymbol{E}(\boldsymbol{r},t) \times \boldsymbol{H}(\boldsymbol{r},t) \\ &= (E_yH_z - E_zH_y,\ E_zH_x - E_xH_z,\ E_xH_y - E_yH_z)\end{aligned} \tag{12.54}$$

とベクトルになり,$\boldsymbol{S}$ を**ポインティングベクトル**という。

[例題 12.2]

空間的時間的に変動しているエネルギー密度の平均値を求めよ。

[解] 式 (12.52) の積分範囲を 1 周期 $2\pi/\omega$,1 波長 $2\pi/k$ として,

$$\langle u_{EM}\rangle = \frac{\varepsilon E_0^2 \int_0^{2\pi/\omega}\int_0^{2\pi/k}\frac{1-\cos 2(kx-\omega t)}{2}dxdt}{(2\pi/k - 0)(2\pi/\omega - 0)} = \frac{\varepsilon}{2}E_0^2 \tag{12.55}$$

となる。

電磁波はエネルギーとともに運動量も運ぶ。x 軸に沿って進む電磁波が導体に入ると,y 方向の電場によって電流密度 i_y が誘起される。電流の振幅を電気伝導率 σ を使って表すと $i_y = \sigma E_y$,電場との位相のずれ $\theta = 0$ とおくと電流密度のオームの法則より,

$$i_y(x,t) = \sigma E_y = \sigma E_0 \sin(kx-\omega t) \tag{12.56}$$

となる。単位長さの導体に誘起された電流が単位時間に失うエネルギーは W_{EM} は入射面の単位面積あたり

$$\frac{d}{dt}W_{EM} = i_y(x,t)E_y(x,t) \tag{12.57}$$

となり,これが仕事率となる。$i_y = qv$ と電磁波の磁場 $B_z = \mu(H_0/E_0)E_y$ から起きる x 方向のローレンツ磁気力 $\boldsymbol{F}_{Lx}$ は,

$$F_{Lx} = i_y(x,t)\mu\frac{H_0}{E_0}E_y(x,t) = \frac{i_y(x,t)E_y(x,t)}{c} \tag{12.58}$$

となる。F_{Lx} は運動量 P_{Lx} を時間で微分したものだから

$$\frac{d}{dt}\frac{W_{EM}}{c} = F_{Lx} = \frac{d}{dt}P_{Lx}, \qquad \frac{W_{EM}}{c} = P_{Lx} \tag{12.59}$$

となる。この仕事によって与えられたエネルギーはジュール熱として消費される。

12.5 電磁波の放射

図 12.10 のように z 軸上に置いた導線に交流電流 $I(t) = I_0 \sin\omega t$ が流れている。導線上の電荷は

$$q(t) = \int I_0 \sin\omega t\, dt = \frac{I_0}{\omega}\cos\omega t$$

となる。この電流の時間変化が空間に電磁波として伝搬する。伝搬速度が c_0 と有限なため、導線から r 離れた任意の点で電磁波を観測する時刻 t' は

$$t' = t - \frac{r}{c_0} \tag{12.60}$$

と時刻 t に導線を発したものとなる。z 軸上の点 z_1 と z_2 の距離を l として、到達時刻を考慮したベクトルポテンシャルは、11 章の式 (11.15) から z 成分のみとなって

$$A_z(\boldsymbol{r},t) = \frac{\mu_0 l I(t')}{4\pi r} = \frac{\mu_0 l I_0 \sin\omega t'}{4\pi r} \tag{12.61}$$

と球面波となる。z_1 からの距離を r_1、z_2 からの距離を r_2 とおいて $r_2 - r_1 \ll r$ とすると、スカラーポテンシャルの静電場は 9 章の例題 9.4 から求められる。そして、ポテンシャルの伝達速度が有限であることを考慮すると、$(r \pm l)/c_0$ 程度の遅れが生じるので

$$V(\boldsymbol{r},t) = \frac{1}{4\pi\varepsilon_0}\left[\frac{q(t')}{r_1} - \frac{q(t')}{r_2}\right] \cong \frac{1}{4\pi\varepsilon_0}\left[\frac{q(t')l\cos\theta}{r^2} - \frac{I(t')l\cos\theta}{c_0 r}\right] \tag{12.62}$$

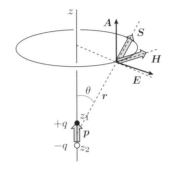

図 12.10 双極子放射

と**遅延ポテンシャル**が導かれる。導線を電気双極子 ($\boldsymbol{p} = q\boldsymbol{l}$) と考えるとポテンシャルは

$$A_z(\boldsymbol{r},t) = \frac{\mu_0 \dot{\boldsymbol{p}}(t)}{4\pi r}, \qquad V(\boldsymbol{r},t) = \frac{\boldsymbol{p}(t')\cdot\boldsymbol{r}}{4\pi\varepsilon_0 r^3} + \frac{\dot{\boldsymbol{p}}(t')\cdot\boldsymbol{r}}{4\pi\varepsilon_0 c_0 r^2} \qquad (12.63)$$

と表現できる。ポテンシャルの振幅が $1/r$ に比例するから，電磁波の球面波として放射される。式 (12.60) を考慮して，磁束密度と電場を 4 元ポテンシャルで表すと

$$\boldsymbol{B} = \mathrm{rot}\,\boldsymbol{A} \sim \frac{\mu_0}{4\pi} \frac{\ddot{\boldsymbol{p}}(t')\times\boldsymbol{r}}{c_0 r^2} \qquad (12.64)$$

$$\boldsymbol{E} = -\mathrm{grad}\,V - \frac{\partial \boldsymbol{A}}{\partial t} \sim -\frac{\mu_0}{4\pi}\frac{\ddot{\boldsymbol{p}}}{r} + \frac{1}{4\pi\varepsilon_0}\frac{(\ddot{\boldsymbol{p}}\cdot\boldsymbol{r})\boldsymbol{r}}{c_0^2 r^3} \qquad (12.65)$$

となる。r^{-2} 以下の項は小さいとすれば，放射される電磁波は r 方向に進行し，電場が θ 方向，磁場は ϕ 方向に向くので，

$$\left.\begin{aligned}B_\phi &= \frac{\mu_0 \ddot{p}\sin\theta}{4\pi c_0 r}\\E_\theta &= \frac{\mu_0 \ddot{p}\sin\theta}{4\pi r} = c_0 B_\phi = \sqrt{\frac{\mu_0}{\varepsilon_0}} H_\phi\end{aligned}\right\} \qquad (12.66)$$

となる。このエネルギーの流れとなるポインティングベクトルの大きさは

$$S_r = E_\theta H_\phi = \frac{\mu_0 \ddot{p}^2 \sin^2\theta}{(4\pi)^2 c_0 r^2} \qquad (12.67)$$

となり，電気双極子の向きと垂直になる面でもっとも強く電磁波が伝搬する。

章末問題 12

12.1 半径 10 cm の閉曲線を電子が光速の 95% で通り過ぎた。このときに閉曲線上にできる磁束密度と平曲面を通過する電束電流を求めよ。

12.2 次に述べるのは，各種法則を説明する文章と式である。該当する法則名とそれを表す式を書け。

(a) 電流のつくり出す磁束密度 $\boldsymbol{B}$ を任意の閉曲面の縁 C に沿って一周積分した値は C を貫く電流の総和 I に比例する。

(b) 電流の微小部分 $d\boldsymbol{s}$ は真空中に磁束密度 $d\boldsymbol{B}$ をつくる。磁束密度の方向は，電流の流れる方向に右ネジが進むように回す方向である。

(c) 電荷 Q を包む閉曲面 S を垂直に出ていく電束密度 $\boldsymbol{D}$ の大きさは電荷に比例する。

(d) 2 つの電荷 q_1, q_2 にはたらく電気力の大きさは電荷の積に比例し，距離 r の 2 乗に反比例する。

12.3 電場の振幅 1.5 μV/m，周波数 2.0×10^6 s^{-1} の電磁波が真空中を伝わる。以下の問いに答えよ。

(a) 角振動数を求めよ。
(b) 磁場の振幅を求めよ。

(c) この電磁波に伴う変位電流密度の最大値を求めよ。
12.4 緑色の光の波長は約 500 nm である。この光の周波数, 波数, 角振動数を求めよ。
12.5 x 方向に進む電場がある。以下のように 電場の y, z 成分をもつ。
$$E_y(x,t) = E_0 \cos(kx - \omega t), \qquad E_z(x,t) = -E_0 \sin(kx - \omega t)$$
このとき，ある点で観測した電場ベクトルの先端は円運動をすることを示せ。
12.6 半径 R の球の表面に電荷 Q が一様に分布している。この球が x 方向に一定の速さ v で運動している。以下の問いに答えよ。
   (a) この球に起因する電場のエネルギーを求めよ。
   (b) 球の電場よるポインティングベクトルを計算せよ。
   (c) エネルギーの流れを計算せよ。

13
物質中における電磁場

真空中と異なり，物質中を進行する電磁波は磁化電流や分極電荷の移動なども伴う。誘電率や透磁率の異なる2つの物質の境界では電場や磁場の不連続に起因する屈折などの現象が起きる。

13.1 物質中のマクスウェルの方程式

マクスウェルの方程式は物質中でも成立する。真空中と異なり，物質内を電流 i が流れることを考慮して，磁束密度 B，電束密度 D，電場 E，磁場 H の関係を表すマクスウェルの方程式は

$$\begin{aligned}
\operatorname{div} \boldsymbol{D}(\boldsymbol{r},t) &= \rho(\boldsymbol{r},t) \\
\operatorname{div} \boldsymbol{B}(\boldsymbol{r},t) &= 0 \\
\operatorname{rot} \boldsymbol{E}(\boldsymbol{r},t) &= -\frac{\partial}{\partial t}\boldsymbol{B}(\boldsymbol{r},t) \\
\operatorname{rot} \boldsymbol{H}(\boldsymbol{r},t) &= \frac{\partial}{\partial t}\boldsymbol{D}(\boldsymbol{r},t) + \boldsymbol{i}(\boldsymbol{r},t)
\end{aligned} \tag{13.1}$$

と表される。静電磁場の基本法則について考察した場合と同様に，D や B に物質に関する電気分極 P や磁化 M を取り入れ，誘電率 ε_0，透磁率 μ を用いて

$$\begin{aligned}
\boldsymbol{D}(\boldsymbol{r},t) &= \varepsilon_0 \boldsymbol{E}(\boldsymbol{r},t) + \boldsymbol{P}(\boldsymbol{r},t) \\
\boldsymbol{B}(\boldsymbol{r},t) &= \mu_0 \left(\boldsymbol{H}(\boldsymbol{r},t) + \boldsymbol{M}(\boldsymbol{r},t) \right)
\end{aligned} \tag{13.2}$$

と表す。電荷は自由電荷 q_F と分極電荷 $\operatorname{div} \boldsymbol{P}$ の和で，

$$q(\boldsymbol{r},t) = q_F(\boldsymbol{r},t) - \operatorname{div} \boldsymbol{P}(\boldsymbol{r},t) \tag{13.3}$$

となる。電流 i は，自由電荷による電流 i_F だけではなく，物質中の分極電荷の移動による電流や磁化電流を考慮して

$$\boldsymbol{i}(\boldsymbol{r},t) = \boldsymbol{i}_F(\boldsymbol{r},t) + \frac{\partial}{\partial t}\boldsymbol{P}(\boldsymbol{r},t) + \operatorname{rot} \boldsymbol{M}(\boldsymbol{r},t) \tag{13.4}$$

と表される。

13.2 物質中の電磁波

一般的な物質の中では電磁波の速度は真空中より遅くなる。物質の誘電率 ε，透磁率 μ は真空中よりも大きいので，12 章の式 (12.31) より，物質中の電磁波の速さは c は

$$c = \frac{1}{\sqrt{\varepsilon\mu}} = \sqrt{\frac{\varepsilon_0\mu_0}{\varepsilon\mu}}c_0 = \frac{c_0}{n} \tag{13.5}$$

と表される。光の速度の比を **絶対屈折率** n といい，

$$n = \frac{c_0}{c} = \sqrt{\frac{\varepsilon\mu}{\varepsilon_0\mu_0}} \tag{13.6}$$

と物質によって異なる。電磁波の周波数が小さく，物質内の電子の固有振動として吸収されない程度のとき正弦波で表現できる。電磁波の速度は，物質中の誘電率 ε や透磁率 μ の替わりに，角振動数 ω と波数 k を用いて

$$c = \sqrt{\frac{1}{\varepsilon\mu}} = \frac{\omega}{k} \tag{13.7}$$

となる。波長 λ との関係は

$$k = \frac{2\pi}{\lambda} = \frac{\omega}{c} = \frac{n\omega}{c_0} \tag{13.8}$$

となる。波動方程式

$$\omega^2 \left(\frac{\partial^2}{\partial x^2} + \frac{\partial^2}{\partial y^2} + \frac{\partial^2}{\partial z^2} \right) \boldsymbol{E}(\boldsymbol{r}, t) = k^2 \frac{\partial^2 \boldsymbol{E}(\boldsymbol{r}, t)}{\partial t^2} \tag{13.9}$$

を解いて，物質中を x 方向に進む電磁波の電場ベクトル $\boldsymbol{E}$ の大きさは

$$E = E_0 e^{-\mathrm{i}\omega t + \mathrm{i}kx} \tag{13.10}$$

と求められる。電磁波が伝搬中に物質によって吸収されることを考慮した複素屈折率 N

$$N = n + \mathrm{i}\kappa \tag{13.11}$$

を導入して，波数の式 (13.8) の右辺を置き換えると

$$k = \frac{N\omega}{c_0} \tag{13.12}$$

となる。この式を式 (13.10) に代入すると，

$$E = E_0 e^{-\mathrm{i}\omega t + \mathrm{i}N\omega x/c_0} = E_0 e^{-\kappa\omega x/c_0} e^{-\mathrm{i}\omega(t - nx/c_0)} \tag{13.13}$$

となって，右辺の 2 番目の因子は振幅が距離とともに減衰していく様子を表し，3 番目の因子は波の伝搬していく様子を表す。光の強度 I は電場の振幅の絶対値の 2 乗に比例する量だから，

$$I(x) \propto |E|^2 = E_0^2 e^{-2\omega\kappa x/c_0} \tag{13.14}$$

となって，光が物質中を進むときに吸収を受けて弱くなっていく様子が表される。入射前の強度 I_0 の電磁波が物質中を距離 x 進んだとき，強度は

$$I(x) = I_0 e^{-\alpha x} \tag{13.15}$$

となる。ここで，α は物質による光の吸収の強さを表す**吸収係数**で，強度が $1/e$ になるまでに光が進む距離の逆数である。吸収係数 α と式 (13.14) で示される消光係数 κ の関係が

$$\alpha = \frac{2\omega\kappa}{c_0} = \frac{4\pi\kappa}{\lambda} \tag{13.16}$$

と得られる。

[例題 13.1]

真空中を進行する波長 $\lambda = 500$ nm の電磁波が複素屈折率 $N = 2.5 + 0.5\mathrm{i}$，の物質に入射した。物質中での吸収係数と波長を求めよ。また，物質中を $1.0\ \mu\mathrm{m}$ 透過した後の強度を求めよ。

[解] 吸収係数 α と波長 $\lambda_{物質}$ は

$$\alpha = \frac{4\pi \cdot 0.5}{500 \times 10^{-9}} = 1.26 \times 10^5\ \mathrm{cm}^{-1}$$

$$\lambda_{物質} = \frac{2\pi c_0}{n\omega} = \frac{\lambda}{n} = 2.0 \times 10^{-7}\ \mathrm{m}$$

となり，物質を $1\ \mu\mathrm{m}$ 透過後には，元の強度の $e^{-12.6} = 3.4 \times 10^{-6}$ 倍になる。電場は $E(x,t) = E_0 e^{-6.28 \times 10^6 x} e^{-\mathrm{i}(3.8 \times 10^{15} t - 3.14 \times 10^7 x)}$ と表される。

13.3 導体中の電磁波

導体中の電磁波を考える場合には電流の効果も考慮しなければならない。誘電体中と異なって電流が流れるため，電磁波のエネルギーが自由電子に吸収されて振幅は急に減少する。電荷はないが，電流はある導体中を x 方向に伝わる平面波を考えると，すべての量が x と t だけの関数であるからマクスウェルの方程式において，y や z での微分は 0 になる。x 方向に進む波を考えているので，E_x は定数でなければならない。ここでは計算を簡単にするためにゼロとする。同様にして $H_x = 0$ が結論できる。これらから

$$\begin{aligned}
\operatorname{div} \boldsymbol{E} &= (0,0,0) \\
\operatorname{rot} \boldsymbol{E} &= \left(0, -\frac{\partial E_z}{\partial x}, 0\right) = \left(0, 0, -\mu\frac{\partial H_z}{\partial t}\right) \\
\operatorname{div} \boldsymbol{H} &= (0,0,0) \\
\operatorname{rot} \boldsymbol{H} &= \left(0, -\frac{\partial H_z}{\partial x}, 0\right) = \left(0, \varepsilon\frac{\partial E_y}{\partial t} + i_y, 0\right)
\end{aligned} \tag{13.17}$$

となる。ここで，$\boldsymbol{E}$ を y 方向にとると $E_z = 0$ となる。E_y によって導体を流れる電流は $i_y = \sigma E_y$ である。電場は y 方向にしか値を持たないので，$i_x = i_z = 0$ となる。ただし，電気伝導率 σ は周波数依存性がないとする。磁場は z 方向のみとなる。まとめると

$$\boldsymbol{E} = (0, E_y, 0)$$
$$\boldsymbol{H} = (0, 0, E_z)$$
$$\frac{\partial E_y}{\partial x} = -\mu \frac{\partial H_z}{\partial t}$$
$$-\frac{\partial H_z}{\partial x} = \varepsilon \frac{\partial E_y}{\partial t} + \sigma E_y$$

となる。最初の 2 式は電磁波が横波で電場と磁場が直交していることを表している。最後の 2 つの方程式より,

$$\frac{\partial^2 E_y}{\partial t^2} = -\frac{1}{\varepsilon}\frac{\partial}{\partial t}\frac{\partial H_z}{\partial x} - \frac{\sigma}{\varepsilon}\frac{\partial E_y}{\partial t} = \frac{1}{\varepsilon\mu}\frac{\partial^2 E_y}{\partial x^2} - \frac{\sigma}{\varepsilon}\frac{\partial E_y}{\partial t} \tag{13.18}$$

となる。電磁波の周期振動する電場を複素数で $E_y(x,t) = \widehat{E}(x)e^{\mathrm{i}\omega t}$ と表すと

$$\frac{\partial^2}{\partial x^2}\widehat{E}(x) + \left(\varepsilon\mu\omega^2 - \mathrm{i}\sigma\mu\omega\right)\widehat{E}(x) = 0 \tag{13.19}$$

となる。もしも誘電体のように $\sigma \simeq 0$ で ( ) 内の第 2 項が無視できるなら $\widehat{E}(x) = E_0 e^{\pm \mathrm{i}\sqrt{\varepsilon\mu}\omega x}$ が解になる。$\sqrt{\varepsilon\mu} = 1/c,\ \omega = ck$ とすれば,

$$E_y(x,t) = E_0 e^{\pm \mathrm{i}kx}e^{\mathrm{i}\omega t} = E_0 \cos k(\pm x - ct) \tag{13.20}$$

となって,時間的,空間的に変化する波を表す。導体には電流が流れるので $\sigma \neq 0$ となり,( ) 内が複素数となる。複素数の $\widehat{k}$ を用いて $\widehat{E}(x) = E_0 e^{-\mathrm{i}\widehat{k}x}$ とおき換えて式 (13.19) の解を求めると,

$$\left[-\widehat{k}^2 + \left(\varepsilon\mu\omega^2 - \mathrm{i}\sigma\mu\omega\right)\right]E_0 = 0 \tag{13.21}$$

となるが,$E_0 = 0$ では電場が存在しなくなるので解にならない。導体では $\sigma \sim 10^7$ S/m, $\varepsilon \sim 10^{-11}$ F/m なので,上式の ( ) 内の第 1 項は第 2 項と比較して無視できるから,

$$\widehat{k}^2 \approx -\mathrm{i}\sigma\mu\omega = \sigma\mu\omega e^{-\mathrm{i}\frac{\pi}{2}}$$
$$\widehat{k} = \pm\sqrt{\sigma\mu\omega}e^{-\mathrm{i}\frac{\pi}{4}} = \pm\left(\frac{\sqrt{\sigma\mu\omega}}{\sqrt{2}} - \mathrm{i}\frac{\sqrt{\sigma\mu\omega}}{\sqrt{2}}\right) \tag{13.22}$$

と求まる。$\widehat{k}$ には実数部もあるので,電場は

$$E_x(x,t) = E_0 \cos\left(\sqrt{\frac{\mu\sigma\omega}{2}}x - \omega t\right)e^{-\sqrt{\frac{\mu\sigma\omega}{2}}x} \tag{13.23}$$

となって伝搬する部分と減衰する部分で表される。この式の最後の因子は導体中での減衰に関与しているので

$$l = \sqrt{\frac{2}{\mu\sigma\omega}} \tag{13.24}$$

となる l を**減衰長**という。これは前節での吸収係数に対応する。

例 13.1 電磁波は導体 (透磁率 10^{-6} H/m,電気伝導率 10^7 S/m) の中で減衰する。マイクロ波 (10^{10} rad/s) では減衰長が $l = \sqrt{\frac{2}{10^{-6}\cdot 10^7 10^{10}}} \sim 4.5\times 10^{-6}$ m となり,波長 18.8 cm に比べると非常に短く,導体中に全く侵入できない。波長 500 nm の可視光 (3.76×10^{15} rad/s) においても $l = \sqrt{\frac{2}{10^{-6}\cdot 10^7\cdot 3.8\times 10^{15}}} \sim 1.83\times 10^{-8}$ m となって導体に侵入できないので,導体の中は電場が非常に小さく電位が一定になる。

13.4 電磁波の屈折

電磁波が誘電率の小さい物質 1 から大きい物質 2 に入射する。電磁波の進行方向に垂直に電場と磁場が形成されている。直線偏光している電磁波に対して,図 13.1 のように電場を紙面に平行な入射面にとると,磁場は紙面に垂直な境界面にある。この電場を境界面に平行な成分 $E_{1\parallel}$ と垂直な成分 $E_{1\perp}$ に分けて考える。物質 1 と 2 の境界を挟む非常に低い高さの円柱に電磁波が入射すると考えると,電束密度のガウスの法則より,

$$\int D_{1\perp}\,dS_1 - \int D_{2\perp}\,dS_2 = 0 \tag{13.25}$$

となって,境界を含む低い円柱領域の上下面 S_1, S_2 で,電束密度の法線成分は

$$D_{2\perp} = D_{1\perp} \tag{13.26}$$

と変わらない。しかし,誘電率が異なるので電場は,

$$E_{2\perp} = \frac{\varepsilon_1}{\varepsilon_2} E_{1\perp} \tag{13.27}$$

となる。つぎに,電磁誘導の法則を使って境界面に平行な電場を考えて物質 1

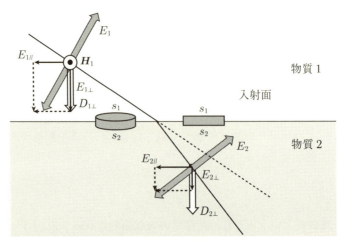

図 13.1 電場が入射面に平行になる光の屈折

と 2 の間の距離を小さくするとほぼ経路 s_1 と s_2 の積分となり，経路内部を通る磁束は 0 になるので

$$\int E_{1\|} ds_1 - \int E_{2\|} ds_2 = 0 \tag{13.28}$$

となって，$E_{2\|} = E_{1\|}$ になる．物質 2 の電場と電束密度の平行と垂直の成分は

$$\boldsymbol{E}_2(E_{1\|}, \frac{\varepsilon_1}{\varepsilon_2} E_{1\perp}), \qquad \boldsymbol{D}_2(\varepsilon_2 E_{1\|}, \varepsilon_1 E_{1\perp}) \tag{13.29}$$

となる．また，磁場は境界面に平行な成分のみなので物質間の経路を非常に短くしてアンペールの法則を適用すると

$$\int H_{1\|} ds_1 - \int H_{2\|} ds_2 = 0 \tag{13.30}$$

と $H_{2\|} = H_{1\|}$ になるので，

$$\boldsymbol{H}_2(H_{1\|}, 0), \qquad \boldsymbol{B}_2(\mu_2 H_{1\|}, 0) \tag{13.31}$$

となる．境界面の法線に対する角度である入射角 θ_1 に対して屈折角 θ_2 は

$$\sin\theta_1 = \frac{E_{1\|}}{E_{1\perp}} = \frac{\frac{\varepsilon_1}{\varepsilon_2} E_{1\|}}{\frac{\varepsilon_1}{\varepsilon_2} E_{1\perp}} = \frac{\varepsilon_1}{\varepsilon_2} \frac{E_{2\|}}{E_{2\perp}} = \frac{\varepsilon_1}{\varepsilon_2} \sin\theta_2 \tag{13.32}$$

となる．

直線偏光している電磁波の磁場が入射面に平行になるとき，図 13.2 のように電場は境界面に平行方向になる．この磁束密度を境界面に平行な成分 $B_{1\|}$ と垂直な成分 $B_{1\perp}$ に分けて考える．物質 1 と 2 の境界を同じ面積の平面 S_1，S_2 で挟むような非常に低い高さの円柱を考え，ここに電磁波が入るとき電束密度のガウスの法則より

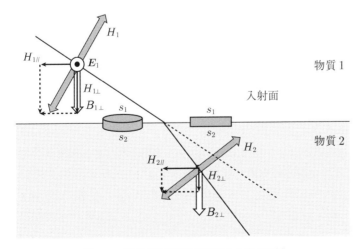

図 13.2 磁場が入射面に平行になる光の屈折

$$\int B_{1\perp}\, dS_1 - \int B_{2\perp}\, dS_2 = 0 \tag{13.33}$$

となって，境界を挟んだ低い高さの円筒形の上下の面から出る磁束密度の垂直成分は変わらずに連続となる。

$$B_{2\perp} = B_{1\perp} \tag{13.34}$$

これから

$$H_{2\perp} = \frac{\mu_1}{\mu_2} H_{1\perp} \tag{13.35}$$

となる。

つぎに，アンペールの法則を使い，物質 1 と 2 の間の積分経路を小さくすると境界面に平行な磁場は

$$\int H_{1\|}\, ds_1 - \int H_{2\|}\, ds_2 = 0 \tag{13.36}$$

となって，物質 1 と 2 の磁場の平行成分は等しくなるので

$$\boldsymbol{H}_2\left(H_{1\|}, \frac{\mu_1}{\mu_2} H_{1\perp}\right), \qquad \boldsymbol{B}_2(\mu_1 H_{1\|}, \mu_1 H_{1\perp}) \tag{13.37}$$

となる。また，電場は平行成分のみなので

$$\int E_{1\|}\, ds_1 - \int E_{2\|}\, ds_2 = 0 \tag{13.38}$$

となって，物質 2 では

$$\boldsymbol{E}_2(E_{1\|}, 0), \qquad \boldsymbol{D}_2(\varepsilon_2 E_{1\|}, 0) \tag{13.39}$$

となる。

垂直に入射した場合には，電場も磁場も境界に平行成分のみとなるので，

$$\int E_{1\|}\, ds_1 - \int E_{2\|}\, ds_2 = 0, \qquad \int H_{1\|}\, ds_1 - \int H_{2\|}\, ds_2 = 0 \tag{13.40}$$

となり，電束密度と磁束密度は

$$\boldsymbol{D}_2(\varepsilon_2 E_{1\|}, 0), \qquad \boldsymbol{B}_2(\mu_2 H_{1\|}, 0) \tag{13.41}$$

となる。

真空中ではすべての波長の電磁波の速度は c_0 で一定である。したがって，異なった波長の波の重ねあわせで表される任意の波形の電磁波が真空中を伝搬するとき，その波形は変化しない。ところが，物質中では波長に応じてその電磁波の速度は異なる。図 13.3 において，電磁波の速さを物質 1 で v_1，物質 2 で v_2 とし，入射波の波面 AB が t 秒間に A から A′ に，B から B′ に進むとすると，AA′ の距離は $v_2 t$ であり BB′ の距離は $v_1 t$ になる。この距離の差から境界面に入射したのち屈折が起こる。屈折角 θ_o と入射角 θ_i の関係は

$$\frac{\sin \theta_\mathrm{i}}{\sin \theta_\mathrm{o}} = \frac{\mathrm{B'B}}{\mathrm{B'A}} \frac{\mathrm{AB'}}{\mathrm{AA'}} = \frac{v_1 t}{v_2 t} \tag{13.42}$$

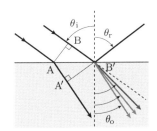

図 13.3 波長依存の屈折率

となる。どちらの物質でも振動数 ν は等しいから，波長と屈折率を物質 1 でそれぞれ λ_1, n_1, 物質 2 で λ_2, n_2 として，v_1, v_2 は，式 (13.6) を用いて

$$v_1 = \lambda_1 \nu = \frac{c_0}{n_1}, \qquad v_2 = \lambda_2 \nu = \frac{c_0}{n_2} \tag{13.43}$$

となる。物質 1 から物質 2 へ進むときの相対屈折率 n_{12} は，

$$n_{12} = \frac{n_2}{n_1} = \frac{\lambda_1}{\lambda_2} \tag{13.44}$$

となって波長に依存する。さらに，

$$n_1 \sin\theta_{\rm i} = n_2 \sin\theta_{\rm o} \tag{13.45}$$

とスネルの法則が導かれる。上式は式 (13.32) と同じことを示している。屈折率が小さな物質から大きな物質に電磁波が入射する場合には，$\theta_{\rm i} > \theta_{\rm o}$ となるが，逆の場合には $\theta_{\rm i} < \theta_{\rm o}$ となる。図 13.4 のように $\theta_{\rm i}$ を徐々に大きくしていくと，$\theta_{\rm o}$ が先に大きくなって 90 度になり，物質間の境界面に平行に反射される。このときの $\theta_{\rm i}$ を**臨界角**という。さらに入射角が大きくなると入射する電磁波が全部反射され，屈折率の小さな物質に侵入しなくなる。これを**全反射**という。

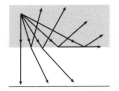

図 13.4 全反射

13.5 電磁波の反射

図 13.5 のように電磁波が物質 1 から物質 2 に入射するとき，入射角を $\theta_{\rm i}$，屈折角を $\theta_{\rm o}$，反射角を $\theta_{\rm r}$ とする。簡単のために直線偏光した電磁波が境界面である yz 平面に垂直に入射することを考える。$\theta_{\rm i} = 0$ のとき，入射波の電場の方向を y 方向とすると磁場の方向は z 方向になる。電磁波の成分は，

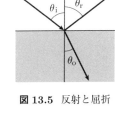

図 13.5 反射と屈折

$$E_{1y} = E_{10} \sin\omega\left(t - \frac{x}{c_1}\right)$$

$$H_{1z} = \sqrt{\frac{\varepsilon_1}{\mu_1}} E_{10} \sin\omega\left(t - \frac{x}{c_1}\right) \tag{13.46}$$

と表される。反射波は ′ (プライム記号) をつけて表すと

$$E'_{1y} = E'_{10} \sin\omega\left(t + \frac{x}{c_1}\right)$$

$$H'_{1z} = -\sqrt{\frac{\varepsilon_1}{\mu_1}} E'_{10} \sin\omega\left(t + \frac{x}{c_1}\right) \tag{13.47}$$

と磁場の位相が逆になる。透過波は物質2で光速が変わるので

$$E_{2y} = E_{20} \sin\omega\left(t - \frac{x}{c_2}\right)$$

$$H_{2z} = \sqrt{\frac{\varepsilon_2}{\mu_2}} E_0 \sin\omega\left(t - \frac{x}{c_2}\right) \tag{13.48}$$

となる。振幅の境界条件は

$$E_{10} + E'_{10} = E_{20}$$

$$\sqrt{\frac{\varepsilon_1}{\mu_1}} E_{10} - \sqrt{\frac{\varepsilon_1}{\mu_1}} E'_{10} = \sqrt{\frac{\varepsilon_2}{\mu_2}} E_{20} \tag{13.49}$$

となるので，反射係数は，振幅の比となるので

$$\frac{E'_{10}}{E_{10}} = \frac{\sqrt{\frac{\varepsilon_1}{\mu_1}} - \sqrt{\frac{\varepsilon_2}{\mu_2}}}{\sqrt{\frac{\varepsilon_1}{\mu_1}} + \sqrt{\frac{\varepsilon_2}{\mu_2}}} \tag{13.50}$$

となり，透過係数は

$$\frac{E_{20}}{E_{10}} = \frac{\sqrt{\frac{\varepsilon_1}{\mu_1}} + \sqrt{\frac{\varepsilon_2}{\mu_2}}}{2\sqrt{\frac{\varepsilon_1}{\mu_1}}} \tag{13.51}$$

となる。反射率 R，透過率 I は，式 (13.50)，式 (13.51) をそれぞれ2乗して

$$R = \left(\frac{E'_{10}}{E_{10}}\right)^2 = \left(\frac{\sqrt{\frac{\varepsilon_1}{\mu_1}} - \sqrt{\frac{\varepsilon_2}{\mu_2}}}{\sqrt{\frac{\varepsilon_1}{\mu_1}} + \sqrt{\frac{\varepsilon_2}{\mu_2}}}\right)^2 \tag{13.52}$$

$$I = \left(\frac{E_{20}}{E_{10}}\right)^2 = \left(\frac{\sqrt{\frac{\varepsilon_1}{\mu_1}} + \sqrt{\frac{\varepsilon_2}{\mu_2}}}{2\sqrt{\frac{\varepsilon_1}{\mu_1}}}\right)^2 \tag{13.53}$$

となる。

[例題 13.2]

光ファイバーは，屈折率の大きなコア層が屈折率の小さなクラッド層で覆われた構造で，光がコア層から出ないよう工夫されている。コア層の屈折率が 1.46，クラッド層の屈折率が 1.45 のとき全反射が起こる入射の角度を求めよ。

[解] 式 (13.45) を利用して，全反射になる入射角は

$$\theta_i = \arcsin\frac{1.45}{1.46} = 87.9°$$

と求まる。

章末問題 13

13.1 空気中の屈折率は 1.000292 (0 ℃, 1 気圧), および水中の屈折率は 1.3334 (20 ℃) である. 空気中から入射角 45° で水に光が入射するとき, 以下の問いに答えよ. ただし, 温度は考慮しなくてよい.

(a) 空気中, および水中の光の速度を求めよ.
(b) 屈折角と反射角を求めよ.
(c) 水面下 10 cm にある物体の水面上から見た見かけの深さを求めよ.

13.2 電気伝導率 σ, 誘電率 ε の物質に電磁波による電場 $E_0 \sin \omega t$ がかかっている. 以下の問いに答えよ.

(a) 電磁波による伝導電流密度を求めよ.
(b) $E_0 = 1.0\ \mu$V/m で $\sigma = 5.8 \times 10^7$ S/m の銅内の伝導電流密度の振幅を求めよ.
(c) 伝導電流に対する変位電流の振幅の比を求めよ.
(d) 100 MHz の電磁波が銅 ($\varepsilon = 10^{-11}$ F/m) に入射したとき, 伝導電流に対する変位電流の振幅の比を求めよ.

13.3 平行平板キャパシタの電気容量を大きくするため, 比誘電率 3.0 で抵抗率 10^{16} Ωcm の物質が電極間に挿入されている. この電極に, 交流電圧 $1.0 \cos(2000\pi t)$ V がかかり電流が流れ込んでいる. 電極の面積は 1.0 cm^2 間隔は 1.0 mm とする. 以下の問いに答えよ.

(a) キャパシタの電極間に流れる変位電流を求めよ.
(b) 電極間に流れる自由電流を求めよ.
(c) 変位電流に対する自由電流の比を求めよ.
(d) キャパシタの電極間には角周波数が遅くなると変位電流が流れにくくなる. 変位電流が自由電流を下回る角周波数を求めよ.

13.4 導体に周波数 1.0×10 Hz の電磁波が入射するとき, 短距離で減衰する. 金 (抵抗率が 2.21×10^{-8} Ωm, 透磁率 1.0) とある種のガラス (抵抗率 10^{10} Ω m, 比誘電率 6, 比透磁率 4) について以下の問いに答えよ.

(a) 金とガラスの電気伝導率を求めよ.
(b) このガラスの内部を伝わる電磁波の速度を求めよ.
(c) 電磁波が入射して e^{-1} になる距離を求めよ.

13.5 ダイヤモンド, ガラス, 空気の絶対屈折率をそれぞれ 2.4, 1.5, 1.0 として以下の問いに答えよ.

(a) 問題の物質の透磁率が等しいとして, 物質 1 から物質 2 へ入射するときの反射率と透過率を求めよ.
(b) 問い (a) を利用して, ダイヤモンドとガラスの反射率を比較せよ.

14 現代物理学

20世紀初頭，これまでの物理学では説明できない現象に対して解決のための様々なアイデアが出された。この結果，生まれた新しい物理学を現代物理学という。

14.1 ローレンツ変換

運動方程式は任意の慣性系で成り立つ。しかし，全ての慣性系の基準となるような絶対静止系となる慣性系を決定することは困難であることから，アインシュタインによって

(1) 全ての慣性系は互いに全く同格である
(2) どの慣性系においても光の速さは一定である (**光速不変の原理**)

と基本原理が考えられた。ある慣性座標系 S に対し x 軸正方向に速度 v で動いている別の慣性座標系を S′ とする。x 軸上の点 P において時刻 t で観測する事象は，x' 軸上で点 P′ の時刻 t' で観測する事象となる。有限速度の光を使って観測するので同一の事象でも時刻が異なる。互いの座標の相関関係を比例定数 γ を用いて

$$x' = \gamma(x - vt) \tag{14.1}$$

と表す。基本原理 1 から座標はお互いに対等な関係なので，

$$x = \gamma(x' + vt') \tag{14.2}$$

と逆の相関でも表せる。基本原理 2 から，光の到達距離と時刻の関係は座標系が異なっていても光速 c は変わらないから

$$c = \frac{x}{t} = \frac{x'}{t'} \tag{14.3}$$

なる。これを式 (14.1) と式 (14.2) に代入して座標の関係を求めると

$$x' = \gamma x \left(1 - \frac{v}{c}\right), \quad x = \gamma x' \left(1 + \frac{v}{c}\right) \tag{14.4}$$

となる。この 2 式から

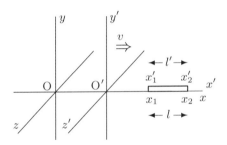

図 14.1 異なる座標系での棒の運動

$$\gamma^2 = \frac{1}{\left(1 - \frac{v^2}{c^2}\right)} \tag{14.5}$$

γ が導かれる。γ は $v < c$ なので 1 より大きい。同様に時刻も

$$t' = \gamma\left(t - \frac{vx}{c^2}\right),\ t = \gamma\left(t' + \frac{vx'}{c^2}\right) \tag{14.6}$$

と求まる。このような座標の変換を**ローレンツ変換**といい，γ を**ローレンツ因子**という。

図 14.1 のように S′ 系とともに棒が移動している。S 系で測った棒の長さは，棒の両端の座標を $x_1,\ x_2$ として

$$l = x_2 - x_1 \tag{14.7}$$

となる。S′ 系では

$$l' = x'_2 - x'_1 \tag{14.8}$$

となる。S 系では長さ測定のために棒の両端から発した光が測定点に到達するのが同時刻 $t = t_1 = t_2$ になる。式 (14.6) でローレンツ変換すると

$$t = \gamma\left(t'_1 + \frac{vx'_1}{c^2}\right) = \gamma\left(t'_2 + \frac{vx'_2}{c^2}\right) \tag{14.9}$$

となる。S′ 系の時刻に差が出て

$$t'_2 - t'_1 = -\frac{v}{c^2}(x'_2 - x'_1) \tag{14.10}$$

となる。座標は式 (14.2) から

$$x_1 = \gamma\left(x'_1 + vt'_1\right),\ x_2 = \gamma\left(x'_2 + vt'_2\right) \tag{14.11}$$

とローレンツ変換されるので，上式を用いて棒の長さは

$$l = x_2 - x_1 = \gamma(x'_2 - x'_1 - \frac{v^2}{c^2}(x'_2 - x'_1)) = \frac{l'}{\gamma} \leq l' \tag{14.12}$$

となって，S 系で測った長さ l は l' より進行方向に縮んで観測される。これを**ローレンツ収縮**という。棒とともに動き，棒が静止して観測される S′ 系での棒の長さ l' を**固有の長さ**という。

時間の変換を考えるうえで，S 系と S′ 系の原点にそれぞれ同じ振り子時計を置いて時刻を正確に合わせる。S 系での振り子の一周期の始まりの時刻を t_1 終わりの時刻を t_2 とすると，式 (14.6) から

$$t_1 = \gamma\left(t'_1 + \frac{vx'}{c^2}\right), \quad t_2 = \gamma\left(t'_2 + \frac{vx'}{c^2}\right) \tag{14.13}$$

となり，S 系で測った周期 T は

$$T = t_2 - t_1 = \gamma\left(t'_2 - t'_1\right) \geq t'_2 - t'_1 = T' \tag{14.14}$$

となり，同じ時計の振り子の一周期が S′ 系で測った周期 T' に比べて大きくなるので，遅れていると理解できる。S 系で観測する動いている S′ 系の時刻は早く経過する。

[例題 14.1]
地球に到達する宇宙線が大気圏に突入してミューオンという素粒子の一部は地表まで降ってくる。ミューオンの速度を光速の 99% とすると，地上で観測している人にとってはどの程度寿命が延びることになるだろうか。またその時の飛行距離を求めよ。

[解] 静止しているミューオンの寿命が 2.2×10^{-6} s なので，式 (14.14) を利用して

$$\frac{1}{1 - 0.99^2} = 7.1$$

と計算でき，寿命が 1.6×10^{-5} s と伸びることになる。飛行距離は

$$3.0 \times 10^8 \cdot 0.99 \cdot 1.6 \times 10^{-5} = 4.8 \times 10^3 \text{ m}$$

となる。

14.2　4 次元空間と運動方程式

x, y, z の 3 次元空間に時間 t を加えたものを 4 次元空間 (ミンコフスキー時空) という。ローレンツ変換の適用される世界では，空間と時間が入り混じる。**計量** s^2 を用いると S 系，S′ 系では

$$x^2 + y^2 + z^2 - (ct)^2 = -s^2 \tag{14.15}$$

$$x'^2 + y'^2 + z'^2 - (ct')^2 = -s'^2 \tag{14.16}$$

となる。図 14.2 のように，原点から $t = t' = 0$ に出た光は，特別に $s = s' = 0$ となり，円錐形をした時間的領域と空間的領域の境になる。物体の速度が光の速度を超えないことから，運動は時間的領域の円錐面内 (**光円錐**) でおきる。運動の軌跡を**世界線**といい，結果をもたらすという**因果律**を満たす。x 軸方向に移動する系では微小距離 dx 離れた場所に対する**世界間隔** ds は，

$$(ds)^2 = (c\,dt)^2 - (dx)^2 = (c\,dt)^2\left(1 - \frac{1}{c^2}\frac{dx^2}{dt^2}\right) \tag{14.17}$$

$$ds = c\,dt\sqrt{1 - \frac{v_x^2}{c^2}} = c\frac{dt}{\gamma} = c\,d\tau \tag{14.18}$$

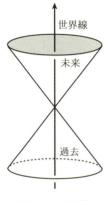

図 14.2　光円錐

となる。$\frac{dt}{\gamma} = d\tau$ とおくとローレンツ変換に対して不変量になり，これを**固有時**という。$dt > d\tau$ なので，運動する S$'$ 系に固定された固有時は静止した S 系から観測すると時間より常にゆっくり進む。

S 系の座標の微小変化を S$'$ 系の微小変化で表すと，式 (14.2)，式 (14.6) より

$$\Delta x = \frac{\Delta x' + v\Delta t'}{\sqrt{1 - \frac{v^2}{c^2}}} \tag{14.19}$$

$$\Delta y = \Delta y' \tag{14.20}$$

$$\Delta z = \Delta z' \tag{14.21}$$

$$\Delta t = \frac{\Delta t' + \frac{v\Delta x'}{c^2}}{\sqrt{1 - \frac{v^2}{c^2}}} \tag{14.22}$$

となる。これらを用いて速度を表すと

$$v_x = \lim_{\Delta t \to 0} \frac{\Delta x}{\Delta t} = \lim_{\Delta t \to 0} \frac{\frac{\Delta x'}{\Delta t'} + \frac{v\Delta t'}{\Delta t'}}{1 + \frac{v\Delta x'}{c^2 \Delta t'}} = \frac{v'_x + v}{1 + \frac{vv'_x}{c^2}} \tag{14.23}$$

$$v_y = \lim_{\Delta t \to 0} \frac{\Delta y}{\Delta t} = \lim_{\Delta t \to 0} \frac{\Delta y'}{\Delta t'} \frac{\sqrt{1 - \frac{v^2}{c^2}}}{1 + \frac{v\Delta x'}{c^2 \Delta t'}} = v'_y \frac{\sqrt{1 - \frac{v^2}{c^2}}}{1 + \frac{vv'_x}{c^2}} \tag{14.24}$$

$$v_z = \lim_{\Delta t \to 0} \frac{\Delta z}{\Delta t} = \lim_{\Delta t \to 0} \frac{\Delta z'}{\Delta t'} \frac{\sqrt{1 - \frac{v^2}{c^2}}}{1 + \frac{v\Delta x'}{c^2 \Delta t'}} = v'_z \frac{\sqrt{1 - \frac{v^2}{c^2}}}{1 + \frac{vv'_x}{c^2}} \tag{14.25}$$

となる。これは速度の合成を表していて，$v'_x = v = c$ のとき $v_x = c$ となり，$v/c \sim 0$ の世界では，ガリレオ変換に等しくなる。

さらに，速度の微小変化を求めると

$$\Delta v_x = \frac{\Delta v'_x \left(1 + \frac{vv'_x}{c^2}\right) - (v_x + v) \frac{v}{c^2} \Delta v'_x}{\left(1 + \frac{vv'_x}{c^2}\right)^2} = \frac{1 - \frac{v^2}{c^2}}{\left(1 + \frac{vv'_x}{c^2}\right)^2} \Delta v'_x \tag{14.26}$$

$$\Delta v_y = \Delta v'_y \frac{\sqrt{1 - \frac{v^2}{c^2}}}{1 + \frac{vv'_x}{c^2}} \tag{14.27}$$

$$\Delta z_y = \Delta v'_z \frac{\sqrt{1 - \frac{v^2}{c^2}}}{1 + \frac{vv'_x}{c^2}} \tag{14.28}$$

$$\Delta t = \frac{\Delta t' + \frac{v\Delta x'}{c^2}}{\sqrt{1 - \frac{v^2}{c^2}}} = \frac{1 + \frac{vv_x}{c^2}}{\sqrt{1 - \frac{v^2}{c^2}}} \Delta t' \tag{14.29}$$

となる。上式から加速度を求めると

$$\frac{dv_x}{dt} = \lim_{\Delta t \to 0} \frac{\Delta v_x}{\Delta t} = \frac{\left(1 - \frac{v^2}{c^2}\right)^{\frac{3}{2}}}{\left(1 + \frac{vv'_x}{c^2}\right)^3} \frac{dv'_x}{dt'} \tag{14.30}$$

となるが，ローレンツ変換に不変ではない。ローレンツ変化に不変な量として $\sqrt{1-\frac{v_x^2}{c^2}}$ に式 (14.23) を代入して，対応する v_x を求めると

$$\sqrt{1-\frac{\left(\frac{v_x'+v}{1+\frac{vv_x'}{c^2}}\right)^2}{c^2}} = \sqrt{\frac{\left(1+\frac{vv_x'}{c^2}\right)^2 - \left(\frac{v_x'}{c}+\frac{v}{c}\right)^2}{\left(1+\frac{vv_x'}{c^2}\right)^2}}$$

$$= \frac{\sqrt{\left(1-\frac{v_x'^2}{c^2}\right)\left(1-\frac{v^2}{c^2}\right)}}{1+\frac{vv_x'}{c^2}} \tag{14.31}$$

となるので，変形して 3 乗し，

$$\frac{\left(1-\frac{v^2}{c^2}\right)^{\frac{3}{2}}}{\left(1+\frac{vv_x'}{c^2}\right)^3} = \left(1-\frac{v_x'^2}{c^2}\right)^{-\frac{3}{2}}\left(1-\frac{v_x^2}{c^2}\right)^{\frac{3}{2}} \tag{14.32}$$

式 (14.30) に代入すると

$$\frac{1}{\left(1-\frac{v_x^2}{c^2}\right)^{\frac{3}{2}}}\frac{dv_x}{dt} = \frac{1}{\left(1-\frac{v_x'^2}{c^2}\right)^{\frac{3}{2}}}\frac{dv_x'}{dt'} \tag{14.33}$$

となる。微分演算子が前に来るように式を変形すると

$$\frac{d}{dt}\frac{1}{\sqrt{1-\frac{v_x^2}{c^2}}} = \frac{d}{dt'}\frac{1}{\sqrt{1-\frac{v_x'^2}{c^2}}} \tag{14.34}$$

となって，ローレンツ変換に対して不変な量となる。質量 m_0 を用いてローレンツ変換に不変である運動方程式を考えると，

$$\frac{dp_x}{dt} = \frac{d}{dt}\frac{m_0 v_x}{\sqrt{1-\frac{v_x^2}{c^2}}} \tag{14.35}$$

となる。$p = mv$ の式と比べると質量に対する量が

$$m = \frac{m_0}{\sqrt{1-\frac{v_x^2}{c^2}}} \tag{14.36}$$

となって，速度に依存する。速度 $v=0$ のときの質量 m_0 を**静止質量**という。4 次元空間で運動量を求めると

$$p_x = mv_x = \frac{m_0}{\sqrt{1-\frac{v^2}{c^2}}}v_x$$

$$p_y = mv_y = \frac{m_0}{\sqrt{1-\frac{v^2}{c^2}}}v_y$$

$$p_z = mv_z = \frac{m_0}{\sqrt{1-\frac{v^2}{c^2}}}v_z$$

$$p_0 = mc = \frac{m_0}{\sqrt{1-\frac{v^2}{c^2}}}c$$

となる。運動量の S 系に対する S′ 系の関係は，座標の微小変化の式 (14.19)〜(14.22) を参考にして

$$p_x = \frac{p'_x + \frac{v}{c}p'_0}{\sqrt{1-\frac{v^2}{c^2}}} \tag{14.37}$$

$$p_y = p'_y \tag{14.38}$$

$$p_z = p'_z \tag{14.39}$$

$$p_0 = \frac{p'_0 + \frac{vp'_x}{c}}{\sqrt{1-\frac{v^2}{c^2}}} \tag{14.40}$$

となる。

速度が遅い場合には，ニュートンの運動方程式となる。運動エネルギーの時間変化は $\frac{dE}{dt} = \frac{dP}{dv}v$ と書けるので

$$\frac{dE}{dt} = \left(\frac{d}{dt}\frac{m_0 v_x}{\sqrt{1-\frac{v_x^2}{c^2}}}\right)v_x = m_0 \frac{\frac{dv_x}{dt}\sqrt{1-\frac{v_x^2}{c^2}} + \frac{\frac{v_x^2}{c^2}}{\sqrt{1-\frac{v_x^2}{c^2}}}\frac{dv_x}{dt}}{1-\frac{v_x^2}{c^2}}v_x$$

$$= m_0 c^2 \frac{\frac{1}{2}\frac{d}{dt}\frac{v_x^2}{c^2}}{\left(1-\frac{v_x^2}{c^2}\right)^{\frac{3}{2}}} = \frac{d}{dt}\frac{m_0 c^2}{\sqrt{1-\frac{v_x^2}{c^2}}} \tag{14.41}$$

となる。よって全エネルギーは

$$E = \frac{m_0 c^2}{\sqrt{1-\frac{v_x^2}{c^2}}} = mc^2 \tag{14.42}$$

となり，$m_0 c^2$ は静止エネルギーとよばれる。したがって運動エネルギー T は全エネルギーから静止エネルギーを引いて

$$T = E - \frac{m_0 c^2}{\sqrt{1-\frac{v_x^2}{c^2}}} \tag{14.43}$$

となる。

14.3　量子論の誕生

高温の物体が光，熱 (電磁波) を出す現象について，レーリーとジーンズやウィーンによってそれまでの物理学の知識で研究されたが，うまく説明できなかった。プランクは量子論の考え方を用いた放射公式を下記のように導き出した。

$$U(\nu) = \frac{8\pi h\nu^3}{c^3}\left(\exp\left(\frac{0h\nu}{k_B T}\right) + \exp\left(\frac{1h\nu}{k_B T}\right) + \exp\left(\frac{2h\nu}{k_B T}\right) + \cdots\right)$$

$$= \frac{8\pi h\nu^3}{c^3}\sum_{n=0}^{\infty}\exp\left(\frac{nh\nu}{k_B T}\right) = \frac{8\pi h}{c^3}\frac{\nu^3}{\exp\left(\frac{h\nu}{k_B T}\right) - 1} \quad (14.44)$$

ここで，$h = 6.625 \times 10^{-34}$ J·s をプランク定数といい，$k_B = 1.38 \times 10^{-23}$ J/K をボルツマン定数という。この式は，指数部に連続した整数が現れ，エネルギーは**エネルギー量子** $E = h\nu$ とよばれる値の数列となる。

光電効果は金属に光を照射すると金属表面から電子 (**光電子**) が飛びだすという現象である。振幅の大きい (明るい) 光の方が波のエネルギーが大きいので，振動数が一定値を超えた時だけ光電子が出てくることの説明ができなかった。アインシュタインは，振動数 ν の光がエネルギー ($h\nu$) をもつ粒子として振る舞い，丸ごと吸収や放出されるという光量子仮説 (1905 年) を唱えた。この説では，吸収された光のエネルギー $h\nu$ のうち，飛びだすための一定のエネルギー (**仕事関数**) $W = h\nu_0$ が消費されて，残った量が飛び出した電子の運動エネルギー T になる。

$$T = h\nu - h\nu_0 = h\nu - W \quad (14.45)$$

電子の小さい運動エネルギーを表すのに便利なエネルギーの単位 eV (エレクトロンボルト) を導入する。

> プランクの量子仮説 (1900 年) エネルギー量子を仮定することで統計力学から放射公式を導いた。
>
> 古典物理学では，質量 m，速度 v の粒子の運動エネルギーは $\frac{1}{2}mv^2$ で連続なエネルギー値をとる。
>
> 1 eV は電子が 1 V の電位差のある空間で加速されたときに得るエネルギー 1.6022×10^{-19} J

[例題 14.2]

仕事関数 2.4 eV であるナトリウム金属に 4 eV のエネルギーの光を当てた。光電効果が起きる限界の波長と飛び出した電子の運動エネルギーを求めよ。

[解] 限界の波長は

$$\lambda = \frac{hc_0}{E} = \frac{6.63 \times 10^{-34} \cdot 3.0 \times 10^8}{4.0 \cdot 1.60 \times 10^{-19}} = 3.1 \times 10^{-7} \text{ m}$$

と計算され，電子の運動エネルギーは差分の 1.6 eV となる。

図 14.3 のように振動数の電磁波を電子に当てると，電子は荷電粒子なので電磁波の振動電場により強制振動し，その結果照射した電磁波と等しい振動数の電磁波を放出 (**トムソン散乱**) する。しかし，X 線を電子に当てると，より小さな振動数の X 線が出てくる現象が発見され，コンプトン効果と名づけられた。図 14.4 のように振動数 ν の X 線をエネルギー $h\nu$，運動量 $h\nu/c$ の粒子と考えると，この X 線が電子に非弾性衝突をして，電子に運動エネルギーを与えた結果，運動量 $h\nu'/c$ と小さくなると考えられた。衝突前後のエネルギー保存則から

$$h\nu = h\nu' + E_e \quad (14.46)$$

となる。運動量について，X 線の入射方向を x 軸にとると

$$x \text{ 方向の成分} \quad \frac{h\nu}{c} = \frac{h\nu'}{c}\cos\theta + P_e\cos\phi \quad (14.47)$$

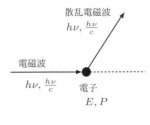

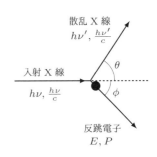

図 14.3 トムソン散乱

電磁波によって電子は強制的に振動するが，電磁波の波長は変化しない。

図 14.4 コンプトン散乱

電磁波が速いから電子に追いついて跳ね飛ばす。

$$y \text{ 方向の成分} \quad 0 = \frac{h\nu'}{c}\sin\theta + P_e \sin\phi \tag{14.48}$$

となる。エネルギー (振動数) が大きいとき粒子的になり，コンプトン効果が大きくなる。エネルギーが小さいとき波動的になってトムソン散乱の効果が大きくなる。このような光の粒子性と波動性の二重性は，以下のようなアインシュタインの関係式として記述される。

$$E = h\nu, \quad p = \frac{h}{\lambda} \tag{14.49}$$

光の粒子性を鑑み，古典的粒子の波動性をド・ブロイは考察した。物質の波動性は**ド・ブロイ波** (**物質波**) の振動数と波長

$$\nu = \frac{E}{h}, \quad \lambda = \frac{h}{p} \tag{14.50}$$

によって表される。図 14.5 のように原子間隔 d 程度のド・ブロイ波長になるように電圧加速した電子線を結晶に当てると，反射される電子線の強度がある特定の角度 θ で強くなり，波の反射や干渉のような性質が見られた。加速電圧を変えるとド・ブロイ波の反射方向が変わり，波長が変化することが確認された。

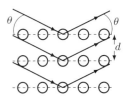

図 14.5 電子波の干渉

γ 線を照射して電子のような粒子の位置と運動量を測定する場合，コンプトン効果によって非弾性衝突をして運動量が変化してしまい，確定できない。また，γ 線の波長程度の位置のあいまいさがある。このことから運動量と位置の両者を同時に決定できない (**不確定性原理**) ことが理解できる。両者の不確定さ r, p の間には，

$$\Delta r \cdot \Delta p \geq \frac{1}{2}\hbar \tag{14.51}$$

の関係が成り立つ。

[例題 14.3]

原子内軌道を回る電子のエネルギーの不確定さはどのくらいか.

[解] 位置の不確定さが原子の直径程度 $\Delta x \sim 0.1$ nm と考えると運動量の不確定さは $\Delta p_x \sim \frac{\hbar}{2(\Delta x)}$ となる. これからエネルギーの不確定さを推定すると

$$\Delta E \sim \frac{\Delta p_x^2}{2m} = \frac{(\hbar/2\Delta x)^2}{2m} = 0.95 \text{ eV}$$

となる.

14.4 波動関数

電子が存在する領域の大きさが電子の物質波の波長程度になると, 波の性質が顕著になる. ある領域に一様に電子が存在し消滅しないことを考慮すると電子の存在確率に対応する波動関数の振幅が一定になる. 振幅を A として電子の波動関数を表すと平面波になる. x 方向に進行し, 時間 t に依存して変位する波は, 波数 k と角振動数 ω を用いて

$$\Psi(x,t) = Ae^{i(kx-\omega t)} \tag{14.52}$$

と表される. これを時間で微分すると

$$\frac{d\Psi}{dt} = -i\omega Ae^{i(kx-\omega t)} = -i\omega\Psi \tag{14.53}$$

となる. 式 (14.49) のエネルギーの式に上式を ω で解いて代入すると, 電子波のエネルギーは

$$E = h\nu = \hbar\omega = i\hbar\frac{\frac{d\Psi}{dt}}{\Psi} \tag{14.54}$$

となる. 式 (14.52) を x で 2 階微分すると

$$\frac{d^2\Psi}{dx^2} = -k^2 Ae^{i(kx-\omega t)} = -k^2 A\Psi \tag{14.55}$$

となる. 上式を k で解いて電子の運動エネルギーの式に代入すると,

$$E_k = \frac{mv^2}{2} = \frac{p^2}{2m} = \frac{\hbar^2 k^2}{2m} = -\frac{\hbar^2}{2m}\frac{\frac{d^2\Psi}{dx^2}}{\Psi} \tag{14.56}$$

微分演算子に変換される. 運動エネルギーにポテンシャルエネルギー $V(x)$ を加えたものも微分演算子となるので,

$$H = E_k + V(x) = -\frac{\hbar^2}{2m}\frac{\frac{d^2\Psi}{dx^2}}{\Psi} + V(x) \tag{14.57}$$

となる. H はハミルトニアン (ハミルトン演算子) とよばれる. 式 (14.54) と式 (14.57) より

$$H\Psi = -\frac{\hbar^2}{2m}\frac{d^2\Psi}{dx^2} + V(x)\Psi = i\hbar\frac{d\Psi}{dt} \tag{14.58}$$

となって, シュレディンガー方程式が導出される.

14.5 シュレディンガー方程式

原子の中の電子は原子核のまわりをクーロン力による引力を受けながら回っている。このポテンシャルは図 14.6 のように原子核からの距離に依存して値が変わる。これを簡単化するために，井戸型エネルギーポテンシャルを仮定し，x, y, z 方向のうち x 方向のみを考える。図 14.7 のように，ポテンシャルが 1 次元で 0 から a まで距離によらず 0 で一定とし，その外側では無限大とする。これを**ポテンシャル井戸**とよぶ。

$$V(x) = \begin{cases} 0 & 0 \leq x \leq a \\ \infty & x < 0, \ x > a \end{cases} \tag{14.59}$$

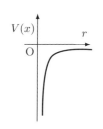

図 14.6 中心力場のポテンシャルエネルギー

これは質量 m の粒子が箱の中に閉じ込められて出られないことを数式で表わす。$x \leq 0$，$x \geq a$ の領域では，無限のエネルギーを持たない限り粒子は存在できないので，有限のエネルギーの粒子は $0 < x < a$ の領域だけに存在する。定常状態を考えると粒子が常に存在するので，エネルギー E を一定として時間を含まない波動関数 ϕ をシュレディンガー方程式 (14.58) に代入して

$$-\frac{\hbar^2}{2m}\frac{d^2\phi(x)}{dx^2} = E\phi(x) \tag{14.60}$$

と表わされる。領域の境界 $x = 0$，または，$x = a$ で粒子が存在しないことを**境界条件**として式に表すと，

$$\phi(0) = \phi(a) = 0 \tag{14.61}$$

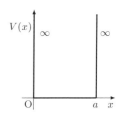

図 14.7 1 次元無限井戸型ポテンシャル
壁が高すぎて粒子は出られないから，粒子の存在する範囲は $0 < x < a$ となる。

となる。また，エネルギー $E \leq 0$ のときポテンシャル井戸の中に粒子が存在できないから，考えるべきエネルギーの範囲は $0 < E < V$ である。このシュレディンガー方程式を解くことで，エネルギー (**エネルギー固有値**) と波動関数 (**固有関数**) が求められる。式 (14.60) の $\dfrac{2mE}{\hbar^2}$ を k^2 と置き換えて，

$$\frac{d^2\phi(x)}{dx^2} = -k^2\phi(x) \tag{14.62}$$

となる式の一般解は，A, B を定数として

$$\phi(x) = A\sin kx + B\cos kx \tag{14.63}$$

と書ける。$x = 0$ での境界条件に代入すると，

$$\phi(0) = A\sin k0 + B\cos k0 = 0 \tag{14.64}$$

となる。$B = 0$ となれば，境界条件を満足する。$x = a$ の境界条件に対して

$$\phi(a) = A\sin ka + 0 \cdot \cos ka = A\sin ka \tag{14.65}$$

となるが，三角関数の周期性を利用して，$ka = n\pi$ とすれば，$\phi(a) = 0$ となるから $B = 0$，$ka = n\pi$ を利用して固有関数は

$$\phi(x) = A\sin\frac{n\pi x}{a} \quad (n = 1, 2, 3, \cdots) \tag{14.66}$$

となる。E と k の関係からエネルギー固有値は,

$$E = \frac{(\hbar k)^2}{2m} = \frac{\hbar^2}{2m}\left(\frac{\pi^2}{a^2}\right)n^2 \tag{14.67}$$

となり,n が整数であることからエネルギーは量子化した飛び飛びの値になる。粒子が安定して存在がすることを考慮すると領域内の存在確率は 1 となる。波動関数は複素数なので 2 乗したものを領域内で積分して

$$\int_0^a \left|A\sin\frac{n\pi x}{a}\right|^2 dx = A^2 \left[\frac{x}{2} - \frac{a}{4n\pi}\cos\frac{2n\pi x}{a}\right]_0^a = 1 \tag{14.68}$$

$$A = \sqrt{1/\left(\frac{a}{2}\right)} = \sqrt{\frac{2}{a}}$$

と A が求まる。固有関数は

$$\phi_n(x) = \sqrt{\frac{2}{a}}\sin\frac{n\pi x}{a} \qquad (n = 1, 2, 3, \cdots) \tag{14.69}$$

と正弦波で表されるので,物質波に対応することがわかる。量子数が $n = 1$ のとき基底状態,$n \geq 2$ のとき励起状態という。得られたエネルギー固有値と式 (14.69) で得られた固有関数,および,その 2 乗を図 14.8 に表わす。n が大きいほどエネルギー準位 E_n が高くなり,その間隔も広がる。また,振幅が 0 になる固有関数の節の数は $n-1$ である。振幅の 2 乗が極大となる場所は量子数と同じだけあり,粒子の存在確率の高い場所となる。粒子がこれらを常に移動し,エネルギーが高く激しく動き回っていることを示している。

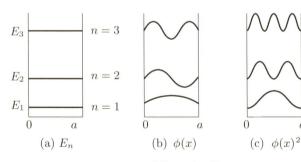

図 14.8 固有値,固有関数

章末問題 14

14.1 速度 2.5×10^8 m/s で運動する物体から速度 2.8×10^8 m/s で進行方向に小物体を放出した。静止している座標系から観測する速度を求めよ。

14.2 x 方向に一定の相対速度 V で相対運動をしている 2 つの慣性系に注目し,この慣性系の観測者を A, B とする。ある物体の位置を A は自分の系 S で測って x の値を得,B は自分の系 S' で測って x' の値を得たとする。2 つの座標系が重なった瞬間を $t = t' = 0$ とすると,時刻 t で A の観測する物体の位置 x と時刻 t' で B が観測する物体の位置 x' の関係は次のようになる。

$$\left.\begin{array}{l} x' = x - Vt \quad (y' = y,\ z' = z) \\ t' = t \end{array}\right\} \text{ガリレイ変換}$$

$$\left.\begin{array}{l} x' = \dfrac{x - Vt}{\sqrt{1 - V^2/c^2}} \quad (y' = y,\ z' = z) \\ t' = \dfrac{t - Vx/c^2}{\sqrt{1 - V^2/c^2}} \end{array}\right\} \text{ローレンツ変換}$$

- (a) ガリレイ変換, ローレンツ変換のどちらも座標変換の方法である. ローレンツ変換はどのような場合に用いられるか.
- (b) $V = 100$ m/s, $t = 10.0$ s のとき, A が原点で観測する物体は, B はどの位置で観測するか. x' 座標の値を答えよ.
- (c) $V = 2.00 \times 10^8$ m/s のとき, S で原点に置かれている物体は, $t = 10.0$ s のとき B はどの位置で観測するか. x' 座標の値を答えよ. また, このときの S' の時刻 t' も答えよ.
- (d) $V = 2.00 \times 10^8$ m/s のとき, 座標系 S にある長さ 1.00 m の棒は座標系 S' では何 m になるだろうか.

14.3 19 世紀後半から 20 世紀初頭にかけて, 当時の理論 (古典論) のままでは新しい現象を理解, 説明できなかった. そのいくつかについて下に記述する. これらの現象を古典論で説明すれば, どのように矛盾するか記述せよ.

- (a) 金属内を運動している電子が照射光のエネルギーを吸収して外に飛びだす現象である. 照射光の振動数がある値より小さいといくら強い光を当てても電子は飛びださない.
- (b) 通常の物体で囲んだ空洞を考える. 空洞をつくる壁が一定の温度になっていれば, 空洞内の輻射と壁が熱平衡に達する. このとき, レイリーとジーンズは古典論である統計力学を用いて輻射の振動数分布を求めた.
- (c) 水素原子の場合, 原子核のまわりを 1 個の電子が, 安定して回っている.

14.4 エネルギー密度を表すプランクの輻射公式について以下の問いに答えよ.

- (a) 振動数の小さい場合, テーラー展開を行って, レイリー・ジーンズの輻射公式になることを導け.
- (b) 振動数の大きい場合, 近似を行って, ウィーンの輻射公式になることを導け.
- (c) 温度 6000 K, 波長 600 nm のエネルギー密度をプランクの放射式から求めよ.

14.5 ド・ブロイの関係式により粒子の波動性が示された. 以下の問いに答えよ.

- (a) 電子の運動エネルギーを 1.0 keV として, その物質波の波長を求めよ.
- (b) 100 V の電圧で 1 m の距離だけ加速された電子の運動エネルギーと運動量を求めよ.

14.6 井戸幅 10 nm の 1 次元無限井戸型ポテンシャルに電子が閉じ込められている. 以下の問いに答えよ.

- (a) 基底状態と量子準位の 2 番目のエネルギーを求めよ.
- (b) 基底状態と量子準位の 2 番目の波動関数を求めよ.

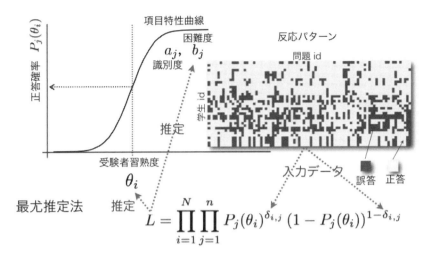

図 A.1 項目反応理論 (IRT) による評価の過程

と表される。これを**尤度関数**という。図 A.1 に，IRT による評価の過程のイメージを示す。誤答 0 と正答 1 からなる $\delta_{i,j}$ を (A.2) 式の尤度関数 L に代入し，それを最大にするような a_j, b_j, θ_i を同時に求めるのが IRT による評価法である。

ここで，なぜ古典的な評価法ではなく IRT を使った評価法が適切なのかについて考えてみる。いま，A, B 両君が 13 問の数学問題に挑戦し，$\delta_{i,j}$ の値が問題順に，

    A 1111110001011

    B 1011110011011

であったとする。2 問目と 9 問目で正誤が入れ替わっているだけで他は同じ解答パターンなので，正答率はどちらも同じ値 0.69 となる。しかし，A，B 以外の受験者も加えて IRT を使って問題の難易度 b_j を計算してみると，2 問目では 2.3，9 問目では 1.2 なので，2 問目を正答した A 君の方が学習習熟度が高いと考えるのが自然であると思われる。実際，A, B 両君の ability(習熟度を表す指標で θ_i のこと) を求めてみると，それぞれ 1.70, 1.56 である。IRT は自然な配点を自動的に行っていることがわかる。この例は，IRT の方がよりふさわしい学習習熟度の評価値を与えていることを示唆している。

このオンライン演習では，問題の出題時には問題の難易度はすでに与えられている。受験者には，まず平均的なレベルの問題が与えられる。その問題が解けると少し難しい問題が与えられる。解けなければもう少しやさしい問題になる。このようにいくつかの問題を解いていくうちに自分の習熟度レベルと問題のレベルとが段々一致してくる。何問か解いた時点で最終的な評価点を出す。これを**アダプティブオンラインテスティング**という。

アダプティブテスティングでは，困難度はあらかじめ与えられているので未

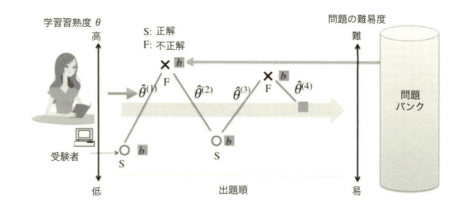

図 A.2　アダプティブテスティングでの推定過程

知数は θ_i だけと少なくなり，したがって習熟度を推定する計算の手間は IRT よりも簡単になる．ただし，ときおり行う難易度の調整の計算は通常の IRT よりも計算の手間は大きくなる．図 A.2 に，アダプティブオンラインテスティングでの推定過程のイメージを示す．

A.2　「愛あるって」の使い方

A.2.1　初期登録手続き

「愛あるって」では，初期登録を行った後，問題を解答するシステムになっている．

初期登録は以下の手順に従って行う．

(1) 培風館のホームページ

　　https://www.baifukan.co.jp/shoseki/kanren.html

にアクセスし，本書の「愛あるって」をクリックする．初回のアクセス時には，「接続の安全性を確認できません」というメッセージが表示されることがあるが，そのままブラウザの指示に従って進める．

(2) システムにアクセスすると，ユーザ名とパスワードが求めらる．ここでは，仮に以下のユーザ名とパスワードを入力して「OK」ボタンを押す．

- ユーザ名: guest
- パスワード: irt2014

(3) すでにログイン ID を持っているユーザは登録されたユーザ ID とパスワードを入力してログインする．まだ登録していない場合，

　　「ユーザ ID をお持ちでない方は コチラ」

をクリックする．その後，ログイン ID，氏名，パスワード，メールアドレス (任意) を入力する．「登録」ボタンを押すと登録が完了する．

A.2.2 実際の利用法

(1) 本登録後にシステムにログインすると，受験トップ画面が現れるので，図 A.3 のように演習を行いたい章を選択し「開始」ボタンを押す．

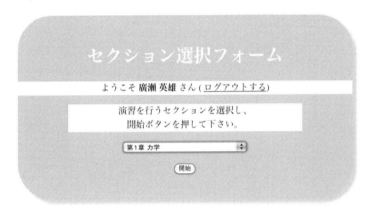

図 A.3 演習を行いたい章を選択

(2) 開始されると図 A.4 のような問題画面が表示されるので，問題をよく読み，各問に対応した選択肢から，正解だと思うものを選んでクリックする．解き終えたら「回答して次へ」のボタンを押す．最後の問題を解き終えた場合は「解答して終了」ボタンを押す．

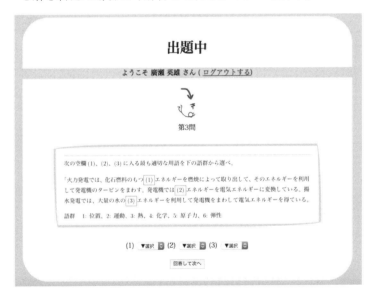

図 A.4 第 3 問目

(3) 問題を解き終えると図 A.5 のような画面が表示され，各問題を解くごとに推定されたあなたの習熟度がグラフ化される．「成績一覧」では，過去の習熟度の変化や全体におけるあなたのランク (S, A, B, C, D の 5 段階評価) をグラフで見ることができる．

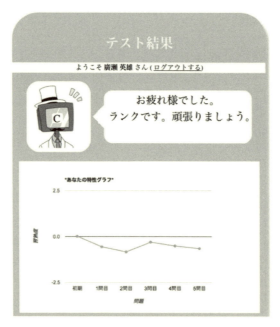

図 A.5　習熟度の変化と 5 段階評価

その下には，図 A.6 のような画面が表示され，問題番号をクリックすれば正答と解説が表示される．

図 A.6　解説画面

「印刷する」ボタンをクリックすると受験した内容を pdf に出力した後，印刷することができる．

付録 B

SI単位系

■ SI基本単位

物理量	名称	記号	定義
長さ	メートル	m	1 m とは 1 s の 299 792 458 分の 1 の時間に光が真空中を伝わる行程の長さ
質量	キログラム	kg	1 kg とは国際キログラム原器の質量
時間	秒	s	1 s とはセシウム 133 の原子 (^{133}Cs) の基底状態の二つの超微細構造準位の間の遷移に対応する放射の周期の 9 192 631 770 倍の継続時間
電流	アンペア	A	1 A とは真空中に 1 m の間隔で平行に配置された無限に小さい円形断面積を有する無限に長い二本の直線状導体のそれぞれを流れ，これらの導体の長さ 1 m につき 2×10^{-7} N の力を及ぼし合う一定の電流
温度	ケルビン	K	1 K とは水の三重点の熱力学温度の 1/273.16 倍の温度
光度	カンデラ	cd	1 cd とは周波数 540×10^{12} Hz の単色放射を放出し，所定の方向におけるその放射強度が 1/683 W/sr である光源の，その方向における光度
物質量	モル	mol	1 mol とは 0.012 kg の炭素 12 (^{12}C) の中に存在する原子の数に等しい要素粒子を含む系の物質量。構成要素は原子，分子，イオン，電子その他の粒子またはこの種の粒子の特定の集合体

■ 10^n 倍を表す接頭語

10^n	名称	記号	10^n	名称	記号	10^n	名称	記号	10^n	名称	記号
10^{24}	ヨタ	Y	10^9	ギガ	G	10^{-1}	デシ	d	10^{-12}	ピコ	p
10^{21}	ゼタ	Z	10^6	メガ	M	10^{-2}	センチ	c	10^{-15}	フェムト	f
10^{18}	エクサ	E	10^3	キロ	k	10^{-3}	ミリ	m	10^{-18}	アト	a
10^{15}	ペタ	P	10^2	ヘクト	h	10^{-6}	マイクロ	μ	10^{-21}	ゼプト	z
10^{12}	テラ	T	10^1	デカ	da	10^{-9}	ナノ	n	10^{-24}	ヨクト	y

■固有の名称をもつ SI 組立単位

物理量	単位の名称	記号	基本単位による表現
平面角	ラジアン	rad	$m \cdot m^{-1}$
立体角	ステラジアン	sr	$m^2 \cdot m^{-2}$
振動数,周波数	ヘルツ	Hz	s^{-1}
力	ニュートン	N	$m \cdot kg \cdot s^{-2}$
圧力,応力	パスカル	Pa	$m^{-1} \cdot kg \cdot s^{-2}$
エネルギー,仕事,熱量	ジュール	J	$m^2 \cdot kg \cdot s^{-2}$
仕事率,電力	ワット	W	$m^2 \cdot kg \cdot s^{-3}$
電気量,電荷	クーロン	C	$s \cdot A$
電位,電圧,起電力	ボルト	V	$m^2 \cdot kg \cdot s^{-3} \cdot A^{-1}$
静電容量	ファラッド	F	$m^{-2} \cdot kg^{-1} \cdot s^4 \cdot A^2$
電気抵抗	オーム	Ω	$m^2 \cdot kg \cdot s^{-3} \cdot A^{-2}$
コンダクタンス	ジーメンス	S	$m^{-2} \cdot kg^{-1} \cdot s^3 \cdot A^2$
磁束	ウェーバー	Wb	$m^2 \cdot kg \cdot s^{-2} \cdot A^{-1}$
磁束密度	テスラ	T	$kg \cdot s^{-2} \cdot A^{-1}$
インダクタンス	ヘンリー	H	$m^2 \cdot kg \cdot s^{-2} \cdot A^{-2}$
セルシウス温度	セルシウス度	℃	K
光束	ルーメン	lm	$m^2 \cdot m^{-2} \cdot cd$ (cd·sr)
照度	ルクス	lx	$m^{-2} \cdot cd$
放射能	ベクレル	Bq	s^{-1}
吸収線量	グレイ	Gy	$m^2 \cdot s^{-2}$
線量当量	シーベルト	Sv	$m^2 \cdot s^{-2}$
酵素活性	カタール	kat	$s^{-1} \cdot mol$

付録 C

物理定数表

名称	記号	数値	単位
真空中の光速 (定義値)	c	2.99792458×10^8	m·s^{-1}
磁気定数 (真空の透磁率 定義値)	μ_0	$4\pi \times 10^{-7} =$	N·A^{-2}
		$12.566370614\ldots \times 10^{-7}$	N·A^{-2}
電気定数 (真空の誘電率 定義値)	ε_0	$1/\mu_0 c^2 =$	F·m^{-1}
		$8.854187847\ldots \times 10^{-12}$	F·m^{-1}
万有引力定数	G	$6.67408(31) \times 10^{-11}$	$\text{N·m}^2\text{·kg}^{-2}$
プランク定数	h	$6.626070040(81) \times 10^{-34}$	J·s
換算プランク定数	$\hbar = \frac{h}{2\pi}$	$1.054571800(13) \times 10^{-34}$	J·s
素電荷	e	$1.6021766208(98) \times 10^{-19}$	C
電子の質量	m_e	$9.10938356(11) \times 10^{-31}$	kg
陽子の質量	m_p	$1.672621898(21) \times 10^{-27}$	kg
中性子の質量	m_n	$1.674927471(21) \times 10^{-27}$	kg
原子質量定数 (原子質量単位 u)	$m_u = 1u$	$1.660539040(20) \times 10^{-27}$	kg
電子の静止エネルギー	$m_e c^2$	$0.5109989461(31)$	MeV*
(電子の) コンプトン波長	$\lambda_C = \frac{h}{m_e c}$	$2.4263102367(11) \times 10^{-12}$	m
$\lambda_C / 2\pi$	$\lambdabar_C = \frac{\hbar}{m_e c}$	$3.8615926764(18) \times 10^{-13}$	m
陽子のコンプトン波長	$\lambda_{C,p} = \frac{h}{m_p c}$	$1.32140985396(61) \times 10^{-15}$	m
微細構造定数	$\alpha = \frac{e^2}{4\pi\epsilon_0}\frac{1}{\hbar c}$	$7.2973525664(17) \times 10^{-3}$	(無次元量)
ボーア半径	a_0	$5.2917721067(12) \times 10^{-11}$	m
アボガドロ定数	N_A	$6.022140857(74) \times 10^{23}$	mol^{-1}
ボルツマン定数	k	$1.38064852(79) \times 10^{-23}$	J·K^{-1}
1 モルの気体定数	$R = N_A k$	$8.3144598(48)$	$\text{J·mol}^{-1}\text{·K}^{-1}$
理想気体 1 モルの体積 (1 気圧, 0 ℃)	V_m	$22.413962(13) \times 10^{-3}$	$\text{m}^3\text{·mol}^{-1}$
1 電子ボルト	1 eV	$1.6021766208(98) \times 10^{-19}$	J
標準大気圧	1 atm	1.01325×10^5	Pa
重力加速度 (緯度 45°, 海面)	g	9.80619920	m·s^{-2}
熱の仕事当量 (計量法)	1 cal	4.18605	J
0 ℃の絶対温度	0 ℃	273.15	K

* $\text{MeV} = 10^6 \text{ eV}$

主に CODATA(2014) の推奨値による。( ) 内の数字は不確かさを表す。

付録 D

ギリシャ文字

大文字	小文字	英語表記	読み方
A	α	alpha	アルファ
B	β	beta	ベータ
Γ	γ	gamma	ガンマ
Δ	δ	delta	デルタ
E	ε, ϵ	epsilon	イプシロン,エプシロン
Z	ζ	zeta	ゼータ,ツェータ
H	η	eta	イータ,エータ
Θ	ϑ, θ	theta	シータ,テータ
I	ι	iota	イオタ,アイオタ
K	κ	kappa	カッパ
Λ	λ	lambda	ラムダ
M	μ	mu	ミュー
N	ν	nu	ニュー
Ξ	ξ	xi	クサイ,グザイ,クシー
O	o	omicron	オミクロン,オマイクロン
Π	π	pi	パイ,ピー
P	ρ	rho	ロー
Σ	ς, σ	sigma	シグマ
T	τ	tau	タウ
Υ	υ	upsilon	ウプシロン,ユープシロン
Φ	φ, ϕ	phi	ファイ,フィー
X	χ	chi	カイ,キー
Ψ	ψ	psi	プサイ,プシー,サイ
Ω	ω	omega	オメガ

読み方は日本で使用されている代表的な例を示した。

付録 E

数 学 公 式

■ベクトル

- スカラー積

$$\boldsymbol{A} \cdot \boldsymbol{B} = |\boldsymbol{A}||\boldsymbol{B}|\cos\theta = A_x B_x + A_y B_y + A_z B_z$$
$$\boldsymbol{A} \cdot \boldsymbol{A} = |\boldsymbol{A}|^2 = A_x^2 + A_y^2 + A_z^2$$

- ベクトル積

$$\boldsymbol{A} \times \boldsymbol{B} = (A_y B_z - A_z B_y)\boldsymbol{i} + (A_z B_x - A_x B_z)\boldsymbol{j} + (A_x B_y - A_y B_x)\boldsymbol{k}$$
$$|\boldsymbol{A} \times \boldsymbol{B}| = |\boldsymbol{A}||\boldsymbol{B}|\sin\theta$$
$$\boldsymbol{A} \times \boldsymbol{B} = -\boldsymbol{B} \times \boldsymbol{A}$$
$$\boldsymbol{A} \times \boldsymbol{A} = 0$$

- スカラー三重積

$$\boldsymbol{A} \cdot (\boldsymbol{B} \times \boldsymbol{C}) = \boldsymbol{B} \cdot (\boldsymbol{C} \times \boldsymbol{A}) = \boldsymbol{C} \cdot (\boldsymbol{A} \times \boldsymbol{B})$$
$$= \begin{vmatrix} A_x & A_y & A_z \\ B_x & B_y & B_z \\ C_x & C_y & C_z \end{vmatrix}$$

- ベクトル三重積

$$\boldsymbol{A} \times (\boldsymbol{B} \times \boldsymbol{C}) = \boldsymbol{B}(\boldsymbol{C} \cdot \boldsymbol{A}) - \boldsymbol{C}(\boldsymbol{A} \cdot \boldsymbol{B})$$

■関 数

● 三角関数

$x = r\cos\theta, \quad y = r\sin\theta$

$\sin\theta = \dfrac{y}{r}, \quad \cos\theta = \dfrac{x}{r}, \quad \tan\theta = \dfrac{y}{x} = \dfrac{\sin\theta}{\cos\theta}$

$\csc\theta = \dfrac{r}{y} = \dfrac{1}{\sin\theta}, \quad \sec\theta = \dfrac{r}{x} = \dfrac{1}{\cos\theta}, \quad \cot\theta = \dfrac{x}{y} = \dfrac{\cos\theta}{\sin\theta} = \dfrac{1}{\tan\theta}$

$\sin^2\theta + \cos^2\theta = 1$

$\sin(\alpha \pm \beta) = \sin\alpha\cos\beta \pm \cos\alpha\sin\beta$

$\cos(\alpha \pm \beta) = \cos\alpha\cos\beta \mp \sin\alpha\sin\beta$

$\sin 2\theta = 2\sin\theta\cos\theta$

$\cos 2\theta = \cos^2\theta - \sin^2\theta = 1 - 2\sin^2\theta = 2\cos^2 - 1$

$\sin^2\dfrac{\theta}{2} = \dfrac{1}{2}(1 - \cos\theta)$

$\cos^2\dfrac{\theta}{2} = \dfrac{1}{2}(1 + \cos\theta)$

$\sin\alpha\cos\beta = \dfrac{1}{2}\{\sin(\alpha+\beta) + \sin(\alpha-\beta)\}$

$\cos\alpha\sin\beta = \dfrac{1}{2}\{\sin(\alpha+\beta) - \sin(\alpha-\beta)\}$

$\cos\alpha\cos\beta = \dfrac{1}{2}\{\cos(\alpha+\beta) + \cos(\alpha-\beta)\}$

$\sin\alpha\sin\beta = -\dfrac{1}{2}\{\cos(\alpha+\beta) - \cos(\alpha-\beta)\}$

$\sin\alpha + \sin\beta = 2\sin\dfrac{\alpha+\beta}{2}\cos\dfrac{\alpha-\beta}{2}$

$\sin\alpha - \sin\beta = 2\cos\dfrac{\alpha+\beta}{2}\sin\dfrac{\alpha-\beta}{2}$

$\cos\alpha + \cos\beta = 2\cos\dfrac{\alpha+\beta}{2}\cos\dfrac{\alpha-\beta}{2}$

$\cos\alpha - \cos\beta = -2\sin\dfrac{\alpha+\beta}{2}\sin\dfrac{\alpha-\beta}{2}$

$A\sin\theta + B\cos\theta = \sqrt{A^2+B^2}\sin(\theta+\alpha),\ \ ただし,\ \tan\alpha = \dfrac{B}{A}$

$\qquad\qquad\qquad = \sqrt{A^2+B^2}\cos(\theta-\beta),\ \ ただし,\ \tan\beta = \dfrac{A}{B}$

$e^{i\theta} = \cos\theta + i\sin\theta, \quad e^{-i\theta} = \cos\theta - i\sin\theta$

$\cos\theta = \dfrac{e^{i\theta} + e^{-i\theta}}{2}, \quad \sin\theta = \dfrac{e^{i\theta} - e^{-i\theta}}{2i}$

- **指数，対数**

$a^0 = 1$

$a^m a^n = a^{m+n}$

$\dfrac{a^m}{a^n} = a^{m-n}$

$(a^m)^n = a^{mn}$

$a^{\frac{m}{n}} = \sqrt[n]{a^m}$

$a^y = x \quad \rightleftarrows \quad \log_a x = y$

$10^y = x \quad \rightleftarrows \quad \log_{10} x = y$

$e^y = x \quad \rightleftarrows \quad \ln x = y$

　　e は自然対数の底，$e^{\pm a} = \exp(\pm a)$

$\log_a 1 = \log_{10} 1 = \ln 1 = 0$

$\log_a a = \log_{10} 10 = \ln e = 1$

$\log_a xy = \log_a x + \log_a y$

$\log_a \dfrac{x}{y} = \log_a x - \log_a y$

$\log_a x^n = n \log_a x$

$\log_x y = \dfrac{\log_a y}{\log_a x} = \dfrac{\log_{10} y}{\log_{10} x} = \dfrac{\ln y}{\ln x}$

- **テーラー展開** ($x = a$ のまわりのべき級数展開)

$$f(x) = \sum_{n=0}^{\infty} \dfrac{f^{(n)}(a)}{n!}(x-a)^n = f(a) + f'(a)(x-a) + \dfrac{1}{2!}f''(a)(x-a)^2 + \cdots$$

- **マクローリン展開** ($x = 0$ のまわりのべき級数展開)

$$f(x) = \sum_{n=0}^{\infty} \dfrac{f^{(n)}(0)}{n!}x^n = f(0) + f'(0)x + \dfrac{1}{2!}f''(0)x^2 + \cdots$$

$(1+x)^\alpha = 1 + \alpha x + \dfrac{\alpha(\alpha-1)}{2!}x^2 + \dfrac{\alpha(\alpha-1)(\alpha-2)}{3!}x^3 + \cdots$

$\sin x = x - \dfrac{1}{3!}x^3 + \dfrac{1}{5!}x^5 - \cdots$

$\cos x = 1 - \dfrac{1}{2!}x^2 + \dfrac{1}{4!}x^4 - \cdots$

$\tan x = x + \dfrac{1}{3}x^3 + \dfrac{2}{15}x^5 + \cdots$

$e^x = 1 + x + \dfrac{1}{2!}x^2 + \dfrac{1}{3!}x^3 + \cdots$

$\ln(1+x) = x - \dfrac{1}{2}x^2 + \dfrac{1}{3}x^3 - \cdots$

■微　　分

導関数の例

$f(x)$	$\frac{df(x)}{dx} = f'(x)$
ax^b	abx^{b-1}
$\sin ax$	$a\cos ax$
$\cos ax$	$-a\sin ax$
e^{ax}	ae^{ax}
b^{ax}	$ab^{ax}\ln b$
$\ln(ax)$	$\dfrac{1}{x}$
$\log_a x$	$\dfrac{1}{x\ln a}$

■積　　分

不定積分の例

$f(x)$	$\int f(x)dx$ (積分定数省略)
x^n	$\dfrac{x^{n+1}}{n+1}$ $(n \neq -1)$
$\dfrac{1}{x}$	$\ln|x|$
$\sin ax$	$-\dfrac{\cos ax}{a}$
$\cos ax$	$\dfrac{\sin ax}{a}$
e^{ax}	$\dfrac{e^{ax}}{a}$
a^x	$\dfrac{a^x}{\ln a}$
$\ln(ax)$	$x\ln(ax) - x$
$\dfrac{1}{\sqrt{a^2-x^2}}$	$\sin^{-1}\left(\dfrac{x}{|a|}\right)$ $(a \neq 0)$
$\dfrac{1}{x^2+a^2}$	$\dfrac{1}{a}\tan^{-1}\left(\dfrac{x}{a}\right)$ $(a \neq 0)$
$\dfrac{1}{\sqrt{x^2+a^2}}$	$\ln\left|x+\sqrt{x^2+a^2}\right|$

$\sin^{-1}x$, $\tan^{-1}x$ はそれぞれ $\sin x$, $\tan x$ の逆関数で，$\arcsin x$, $\arctan x$ とも表す。

章末問題解答

1章

1.1 $v_1(t) = \frac{dx_1(t)}{dt} = 2At + B$, $v_2(t) = \frac{dx_2(t)}{dt} = D$
$a_1(t) = \frac{dv_1(t)}{dt} = 2A$, $a_2(t) = \frac{dv_2(t)}{dt} = 0$
A の単位は $[\text{m/s}^2]$, B の単位は $[\text{m/s}]$, C の単位は $[\text{m}]$, D の単位は $[\text{m/s}]$, E の単位は $[\text{m}]$

1.2 (a) $t = 0$ を式 (1.75) に代入すると $x(0) = 16$ m を得る。

(b) 式 (1.75) を平方完成すると $x(t) = -(t-2)^2 + 20$ を得る。1.2(a) 結果と合わせて図 1 のようになる。

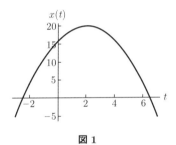

図 1

(c) 式 (1.75)=0 を t について解けばよい。3次方程式の解の公式を用いると, $t = 2 \pm 2\sqrt{5}$ [s] を得る。

(d) 式 (1.75) の全ての項は, 距離 [m] の単位を持つため, 下線部を含む $4t$ も m である。4 の単位を x とおいて, 単位に関する式をたてる。$x \cdot s = m$ とならなければならないため, x を求めると, $x = m/s$ となり, 4 は速度の単位を持つ。

(e) 式 (1.75) を t で微分して $\frac{dx(t)}{dt}$ を求めると, 速度 $v(t)$ は, $\frac{dx(t)}{dt} = v(t) = -2t + 4$ m/s となる。

(f) 1.2(e) の結果より, 図 2 のようになる。

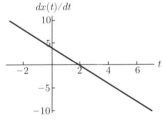

図 2

(g) 1.2(e) の結果の $v(t) = -2t + 4 = 0$ を解くと, $t = 2s$ の時に速度が 0 m/s になる。

(h) 1.2(e) の結果を用いて, さらに t で微分する
$\frac{d^2x(t)}{dt^2} = \frac{dv(t)}{dt} = a(t) = -2$ m/s^2 となる。

(i) 等加速度運動

(j) 1.2(h) の結果より, 加速度は時間 t に依存せず一定であるので, 式 (1.75) の運動は, 等加速度運動である。

1.3 $(\frac{x}{a})^2 = cos^2(\omega t)$ かつ $(\frac{x}{b})^2 = \sin^2(\omega t)$ であるので, $(\frac{x}{a})^2 + (\frac{x}{b})^2 = 1$ となる。これは図 3 のように, 楕円形の軌道となる。

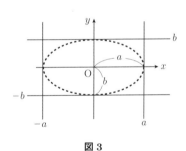

図 3

1.4 (a) 位置ベクトルと速度ベクトル位置関係は, ベクトルの内積を用いると,

$$\boldsymbol{r}(t) \cdot \frac{d\boldsymbol{r}(t)}{dt} = (R\cos(\omega t)\boldsymbol{i}_x + R\sin(\omega t)\boldsymbol{i}_y)$$
$$\times (-R\omega\sin(\omega t)\boldsymbol{i}_x + R\omega\cos(\omega t)\boldsymbol{i}_y)$$
$$= -R^2\omega\sin(\omega t)\cos(\omega t)$$
$$+ R^2\omega\sin(\omega t)\cos(\omega t) = 0$$

となり。これらのベクトルが常に直交していることを示している。

(b) 加速度と速度の関係は, ベクトルの内積を用いると,

$$\frac{d\boldsymbol{r}(t)}{dt} \cdot \frac{d\boldsymbol{r}^2(t)}{dt^2} = (-R\omega\sin(\omega t)\boldsymbol{i}_x + R\omega\cos(\omega t)\boldsymbol{i}_y)$$
$$\times (-R\omega^2\cos(\omega t)\boldsymbol{i}_x - R\omega^2\sin(\omega t)\boldsymbol{i}_y)$$
$$= R\omega^3\sin(\omega t)\cos(\omega t)$$

$$-R\omega^3 \sin(\omega t)\cos(\omega t) = 0$$

となり，これらのベクトルが常に直交していることを示している。

1.5 (a) 速度ベクトル：

$$\boldsymbol{v}_A(t) = \frac{d\boldsymbol{r}_A(t)}{dt} = 2at\boldsymbol{i}_x + be^{bt}\boldsymbol{i}_z$$

加速度ベクトル：

$$\boldsymbol{a}_A(t) = \frac{d\boldsymbol{v}_A(t)}{dt} = \frac{d^2\boldsymbol{r}_A(t)}{dt^2} = 2a\boldsymbol{i}_x + b^2 e^{bt}\boldsymbol{i}_z$$

(b) 速度ベクトル：

$$\boldsymbol{v}_B(t) = \frac{d\boldsymbol{r}_B(t)}{dt} = 3t^2\boldsymbol{i}_x + 2ct\boldsymbol{i}_y + \boldsymbol{i}_z$$

加速度ベクトル：

$$\boldsymbol{a}_B(t) = \frac{d\boldsymbol{v}_B(t)}{dt} = \frac{d^2\boldsymbol{r}_B(t)}{dt^2} = 6t\boldsymbol{i}_x + 2c\boldsymbol{i}_y$$

(c) 速度ベクトル：

$$\boldsymbol{v}_C(t) = \frac{d\boldsymbol{r}_C(t)}{dt} = a\cos(a \cdot t)\boldsymbol{i}_x - b\sin(b \cdot t)\boldsymbol{i}_y$$

加速度ベクトル：$\boldsymbol{a}_C(t) = \frac{d\boldsymbol{v}_C(t)}{dt}$
$= \frac{d^2\boldsymbol{r}_C(t)}{dt^2} = -a^2\sin(a \cdot t)\boldsymbol{i}_x - b^2\cos(b \cdot t)\boldsymbol{i}_y$

1.6 (a) 式 (1.77) は，
$\frac{dx(t)}{dt} = \int \frac{d^2x(t)}{dt^2}dt = \int 4\,dt = 4t + C_1$
$x(t) = \int \frac{dx(t)}{dt}dt = \int(4t + C_1)\,dt$
$= \frac{4}{2}t^2 + C_1 t + C_2 = 2t^2 + C_1 t + C_2$

式 (1.78) は，
$\frac{dx(t)}{dt} = 3t + 2$
$x(t) = \int \frac{dx(t)}{dt}dt = \int(3t+2)\,dt = \frac{3}{2}t^2 + 2t + C_3$

式 (1.79) は，
$x(t) = \int \frac{dx(t)}{dt}dt = \int(-1)\,dt = -t + C_4$

(b) 式 (1.77) は，$\frac{d^2x(t)}{dt^2} = \frac{d^2(2t^2+C_1t+C_2)}{dt^2} = \frac{d(4t+C_1)}{dt} = 4$ となる。これで題意をみたす。

式 (1.78) は，$\frac{dx(t)}{dt} = \frac{d(\frac{3}{2}t^2+2t+C_3)}{dt} = 3t + 2$ となる。これで題意をみたす。

式 (1.79) は，$\frac{dx(t)}{dt} = \frac{d(-t+C_4)}{dt} = -1$ となる。これで題意をみたす。

(c) 同種の式は，式 (1.77) と式 (1.78) である。理由は，「放物運動」における垂直方向の運動は，等加速度運動 (=時間的に一定の加速度) であるため。

2 章

2.1 (a) 軌道：$y(x) = -\frac{g}{2V_0^2\cos^2\theta}x^2 + (\tan\theta)x$ より，
$\frac{dy(x)}{dx} = -\frac{g}{V_0^2\cos^2\theta}x + \tan\theta = 0$ から $x = \frac{V_0^2\sin\theta\cos\theta}{g}$
を得る。これは，頂点の x 座標である。

(b) これを軌道の式 (2.44) に代入すると，
$$y = -\frac{g}{2V_0^2\cos^2\theta}\left(\frac{V_0^2\sin\theta\cos\theta}{g}\right)^2$$
$$+ (\tan\theta)\left(\frac{V_0^2\sin\theta\cos\theta}{g}\right)$$
$$= -\frac{V_0^2\sin^2\theta}{2g} + \left(\frac{V_0^2\sin^2\theta}{g}\right) = \left(\frac{V_0^2\sin^2\theta}{2g}\right)$$

となる。これは，頂点の y 座標 (=高さ) である。

(c) 三角関数は，もともと辺の長さの比なので，無次元である。さらに，V_0 の単位は，m/s, g の単位は，m/s^2 であるので，$\frac{V_0^2\sin^2\theta}{2g}$ の単位は，$\frac{(m/s)^2}{m/s^2} = m$ となり，これは「長さ」や「距離」の単位である。

2.2 (a) 重力加速度は下向き x 軸と逆なので，力の向きに − (マイナス) をつけて $m\frac{dx^2(t)}{dt^2} = -mg$ となる。

(b) 一般解を求めるために，a) の結果を用いて，両辺を時間 t で積分すると，$\frac{dx(t)}{dt} = v(t) = -gt + A$ となり，速度の一般解が得られる。ただし A は，積分定数である。さらにもう一度両辺を時間 t で積分すると，$x(t) = -\frac{1}{2}gt^2 + At + B$ が得られる。これは，位置の一般解である。ただし B は，積分定数である。

(c) 初期条件 $x(0) = h$, $v(0) = v_0$ を代入すると，未定数項 A, B が確定し，特殊解 (=特解) は，$x(t) = -\frac{1}{2}gt^2 + v_0 t + h$ となる。

2.3 (a) $T \propto k^a m^b$ から単位注目して式を立てると，$[s]^1 = [kg/s^2]^a \cdot [kg]^b$ になる ($[s]^1[kg]^0 = [kg/s^2]^a \cdot [kg]^b$ でもよい)。この両辺が同じ単位になるように，a, b を計算する。$[s]^1 = [kg]^{a+b}[s]^{-2a}$ ($[s]^1[kg]^0 = [kg]^{a+b}[s]^{-2a}$ でもよい) から，式が成立するためには，$a + b = 0$ かつ $-2a = 1$ でなければならない。この連立方程式を解くと，答えは，$a = -\frac{1}{2}$ かつ $b = \frac{1}{2}$ となり，$T \propto k^{-1/2}m^{1/2}$ という関係で表現できる。

(b) $h \propto m^a g^b (v_0)^c$ から単位について式を立てると，$[m]^1 = [kg]^a [m/s^2]^b [m/s]^c$ ($[m]^1[kg]^0[s]^0 = [kg]^a[m/s^2]^b[m/s]^c$ でもよい) になる。この両辺が同じ単位になるように，a, b, c を計算する。$[m]^1 = [kg]^a[m]^{b+c}[s]^{-2b-c}$ ($[m]^1[kg]^0[s]^0 = [kg]^a[m]^{b+c}[s]^{-2b-c}$ でもよい) から，式が成立するためには，$a = 0$ かつ $b + c = 1$ かつ $-2b - c = 0$ でなければならない。この連立方程式を解くと，答えは，$a = 0, b = -1, c = 2$ となり，$h \propto m^0 g^{-1} v_0^2$ または，

$h \propto g^{-1} v_0^2$ という関係で表現できる。

2.4 (a) 全ての項は，力 [kgm/s^2] でなければならないので b の単位は，kg/m である必要がある。

(b) 式 (2.69) より，$0 = mg - b\left(\frac{dx(x)}{dt}\right)^2$ である。$\frac{dx(t)}{dt}$ について解くと，$\frac{dx(t)}{dt} = \sqrt{\frac{mg}{b}}$ となる。

(c) (a) の結果より，b[kg/m] である。問題文より，m[kg], g[m/s^2] であるので，(b) の結果に代入すると，$\sqrt{\frac{\text{kgm/s}^2}{\text{kg/m}}} = $ m/s となる。これは速さ (速度) の単位である。

3 章

3.1 (a) 速度は，式 (3.36) より，$v(t) = \frac{dx(t)}{dt} = -\omega \sin(\omega t)$ となる。

(b) したがって $E = K + U = \frac{1}{2}mv^2 + \frac{1}{2}kx^2$ に代入すると，

$$E = K + U = \frac{1}{2}m\omega^2 \sin^2(\omega t) + \frac{1}{2}k \cos^2(\omega t)$$

になる。k は，単振動におけるバネ定数 ($k = m\omega^2$) であるので，代入すると，

$$E = K + U = \frac{1}{2}m\omega^2 \sin^2(\omega t) + \frac{1}{2}m\omega^2 \cos^2(\omega t)$$
$$= \frac{1}{2}m\omega^2 = \frac{1}{2}k$$

となる。力学的エネルギーは，時間に依存しないことを示した。

さらに，これを時間で微分して，$\frac{dE}{dt} = \frac{d}{dt}\left(\frac{1}{2}m\omega^2\right) = \frac{d}{dt}\left(\frac{1}{2}k\right) = 0$ (時間的に一定，変化しない) としても確認できる。

3.2 (a) $\frac{\partial F_x(x,y)}{\partial y} = k$, $\frac{\partial F_y(x,y)}{\partial x} = 0$
したがって，rot $\boldsymbol{F}(x,y) = \frac{\partial F_y(x,y)}{\partial x} - \frac{\partial F_x(x,y)}{\partial y} = k$ となるため，$\boldsymbol{F}(x,y)$ は保存力でない (=非保存力である)。

(b) 1 周の仕事 (=周回積分) を 4 つの区間に分割して求める
$W = W_{P \to A} + W_{A \to B} + W_{B \to C} + W_{C \to P} =$
$\int_0^a F_x(x,0)\, dx + \int_0^a F_y(a,y)\, dy + \int_a^0 F_x(x,a)\, dx$
$\quad + \int_a^0 F_y(0,y)\, dy$
$= \int_0^a k(x+0)\, dx + \int_0^a ky\, dy + \int_a^0 k(x+a)\, dx$
$\quad + \int_a^0 ky\, dy$
$= \int_0^a kx\, dx + \int_0^a ky\, dy - \int_0^a kx\, dx - \int_0^a ka\, dx$
$\quad - \int_0^a ky\, dy$
$= -\int_0^a ka\, dx = -ka[x]_0^a = -ka^2$

よって周回積分が 0 ではないため $\boldsymbol{F}(x,y)$ は保存力でない (=非保存力である)。

(c) $\frac{\partial F_x(x,y)}{\partial y} = 2(x+y)$, $\frac{\partial F_y(x,y)}{\partial x} = 2(x+y)$
したがって，rot $\boldsymbol{F}(x,y) = \frac{\partial F_y(x,y)}{\partial x} - \frac{\partial F_x(x,y)}{\partial y} = 0$ となるため，$\boldsymbol{F}(x,y)$ は保存力である。

3.3 (a) rot $\boldsymbol{F} = \left(\frac{\partial F_y}{\partial x} - \frac{\partial F_x}{\partial y}\right) = 0$ を満たす条件を求める。
$\frac{\partial F_x}{\partial y} = ax$, $\frac{\partial F_y}{\partial x} = 2bx$ となるので，$a = 2b$ が求める条件である。

(b) 保存力 $\boldsymbol{F}(x,y)$ とポテンシャルエネルギー $U(x,y)$ の関係から
$U_x(x,y) = -\frac{ax^2 y}{2} + f(y)$, $U_y(x,y) = -bx^2 y - \frac{y^3}{3} + g(x)$. ここで $f(y)$, $g(x)$ は，任意の関数である ($U(0,0) = 0$ という条件より定数項は含まない)。求めるポテンシャルエネルギー U は，$U_x = U_y$ でなければいけないため，$f(y) = -\frac{y^3}{3}$ かつ $g(x) = 0$ である。したがって，$U(x,y) = -\frac{ax^2 y}{2} - \frac{y^3}{3}$, または，$U(x,y) = -bx^2 y - \frac{y^3}{3}$ となる。

4 章

4.1 (a) 衝突前 $\boldsymbol{p} = 0\boldsymbol{i}_x$, 衝突後 $\boldsymbol{p}' = 2mv'\boldsymbol{i}_x + mv\boldsymbol{i}_x$, $\boldsymbol{p} = \boldsymbol{p}'$ より，$v' = -\frac{1}{2}v$

(b) 4.1(a) の結果を用いると，
$\boldsymbol{R}(t) = \frac{m_1 \boldsymbol{r}_1(t) + m_2 \boldsymbol{r}_2(t)}{M} = \frac{m(vt\boldsymbol{i}_x) + 2m\left(-\frac{1}{2}vt\boldsymbol{i}_x\right)}{m + 2m}$
$= 0\boldsymbol{i}_x = 0$[m] と計算できる。

4.2 (a) 個々のベクトルを成分で表記すると，
$\boldsymbol{r}_A = -4\boldsymbol{i}_x = (-4, 0, 0)$, $\boldsymbol{F}_A = -12g\boldsymbol{i}_y = (0, -12g, 0)$ (力 $\boldsymbol{F}_A$ のベクトルの起点を原点に移動した)。トルクは，$\boldsymbol{N}_A = (-4, 0, 0) \times (0, -12g, 0) = (0, 0, 48g) = 48g \cdot \boldsymbol{k}$ [mN=J]
$\boldsymbol{N}_A = (-4) \cdot (-12g) \cdot \boldsymbol{i}_x \times \boldsymbol{i}_j = 48g \cdot \boldsymbol{i}_z$ [mN=J] ($\boldsymbol{i}_z$ の正の方向は，問題用紙の表面から垂直方向) となる。このトルクの大きさは，$|\boldsymbol{N}_A| = |\boldsymbol{r}_A \times \boldsymbol{F}_A| = |\boldsymbol{r}_A||\boldsymbol{F}_A|\sin\left(\frac{\pi}{2}\right) = 4(\text{m}) \cdot 12(\text{kg}) \cdot g(\text{m/s}^2) \cdot \sin\left(\frac{\pi}{2}\right) = 48g$(mN=J)

(b) 個々のベクトルを成分で表記すると，
$\boldsymbol{r}_B = 6\boldsymbol{i}_x = (6, 0, 0)$, $\boldsymbol{F}_B = -\alpha g\boldsymbol{i}_y = (0, -\alpha g, 0)$ (力 $\boldsymbol{F}_B$ のベクトルの起点を原点に移動した)。
$\boldsymbol{N}_B = (6, 0, 0) \times (0, -\alpha g, 0) = (0, 0, -6\alpha g) = -6\alpha g \cdot \boldsymbol{i}_z$ [mN=J]
$\boldsymbol{N}_B = 6(-\alpha g)\boldsymbol{i}_x \times \boldsymbol{i}_y = -6\alpha g \cdot \boldsymbol{i}_z$ [mN=J] ($\boldsymbol{i}_z$ の負の

方向は，(a) の正の方向と逆方向)
このトルクの大きさは，$|\bm{N}_B|=|\bm{r}_B\times\bm{F}_B|=|\bm{r}_B||\bm{F}_B|\sin\left(\frac{\pi}{2}\right)=6(\mathrm{m})\cdot\alpha(\mathrm{kg})\cdot g(\mathrm{m/s^2})\cdot\sin\left(\frac{\pi}{2}\right)=6\alpha g(\mathrm{mN{=}J})$

(c) つりあっているので，(a) と (b) で求めたトルク (=ベクトル量) の和が 0 になるため，$\bm{N}_A+\bm{N}_B=0$ (回転運動の原因の和が 0 ($\sum N_i=0$) となる条件である．したがって，$\bm{N}_A+\bm{N}_B=48g\cdot\bm{i}_z-6\alpha g\cdot\bm{i}_z=0$ から，$\alpha=8$ [kg] となる．

4.3 (a) $\dfrac{d\bm{r}(t)}{dt}=-R\omega\sin(\omega t)\cdot\bm{i}_x+R\omega\cos(\omega t)\cdot\bm{i}_y$
$=\bigl(-R\omega\sin(\omega t),\ R\omega\cos(\omega t),0\bigr)$

(b) 4.3(a) の結果を用いて，
$\dfrac{d^2\bm{r}(t)}{dt^2}=-R\omega^2\cos(\omega t)\cdot\bm{i}_x-R\omega^2\sin(\omega t)\cdot\bm{i}_y$
$=\bigl(-R\omega^2\cos(\omega t),\ -R\omega^2\sin(\omega t),0\bigr)$
$=-\omega^2 R\bigl(\cos(\omega t)\cdot\bm{i}_x+\sin(\omega t)\cdot\bm{i}_y\bigr)$
$=-\omega^2\bm{r}(t)$

(c) $\bm{r}(t)\cdot\dfrac{d\bm{r}(t)}{dt}=\bigl(R\cdot\cos(\omega t)\cdot\bm{i}_x+R\cdot\sin(\omega t)\cdot\bm{i}_y\bigr)$
$\times\bigl(-R\omega\sin(\omega t)\cdot\bm{i}_x+r\omega\cos(\omega t)\cdot\bm{i}_y\bigr)$
$=R^2\omega\bigl(\cos(\omega t)\cdot\bm{i}_x+\sin(\omega t)\cdot\bm{i}_y\bigr)\cdot\bigl(-\sin(\omega t)$
$\times\bm{i}_x+\cos(\omega t)\cdot\bm{i}_y\bigr)$
$=R^2\omega\bigl(-\cos(\omega t)\sin(\omega t)|\bm{i}_x|^2$
$+\sin(\omega t)\cos(\omega t)|\bm{i}_y|^2\bigr)=0$

または，$\bm{r}(t)\cdot\dfrac{d\bm{r}(t)}{dt}=\bigl(R\cos(\omega t),R\sin(\omega t),0\bigr)\cdot\bigl(-R\omega\sin(\omega t),R\omega\cos(\omega t),0\bigr)=\bigl(-R^2\omega\cos(\omega t)\sin(\omega t)+R^2\omega\sin(\omega t)\cos(\omega t)\bigr)=0$

(d) $\bm{r}(t)\times\dfrac{d\bm{r}(t)}{dt}=\bigl(R\cdot\cos(\omega t)\cdot\bm{i}_x+R\cdot\sin(\omega t)\cdot\bm{i}_y\bigr)$
$\times\bigl(-R\omega\sin(\omega t)\cdot\bm{i}_x+r\omega\cos(\omega t)\cdot\bm{i}_y\bigr)$
$=R^2\omega\bigl(\cos(\omega t)\cdot\bm{i}_x+\sin(\omega t)\cdot\bm{i}_y\bigr)$
$\times\bigl(-\sin(\omega t)\cdot\bm{i}_x+\cos(\omega t)\cdot\bm{i}_y\bigr)$
$=R^2\omega\bigl(\cos^2(\omega t)\bm{i}_x\times\bm{i}_y-\sin^2(\omega t)\bm{i}_y\times\bm{i}_x\bigr)$
$=R^2\omega\bigl(\cos^2(\omega t)\bm{i}_z-\sin^2(\omega t)(-\bm{i}_z)\bigr)$
$=R^2\omega\bigl(\cos^2(\omega t)\bm{i}_z+\sin^2(\omega t)\bm{i}_z\bigr)$
$=R^2\omega\cdot\bm{i}_z$

または，$\bm{r}(t)\times\dfrac{d\bm{r}(t)}{dt}=\bigl(R\cos(\omega t),R\sin(\omega t),0\bigr)\times\bigl(-R\omega\sin(\omega t),R\omega\cos(\omega t),0\bigr)$
$=\bigl(0,0,R^2\omega\cos^2(\omega t)+R^2\omega\sin^2(\omega t)\bigr)=R^2\omega\cdot\bm{i}_z$

(e) $\bm{r}(t)\times\dfrac{d^2\bm{r}(t)}{dt^2}=\bm{r}(t)\times(-\omega^2\bm{r}(t))=-\omega^2\bm{r}(t)\times\bm{r}(t)=0$
(外積の性質より，平行なベクトルの外積は 0) または，
$\bm{r}(t)\times\dfrac{d^2\bm{r}(t)}{dt^2}=\bigl(R\cdot\cos(\omega t)\cdot\bm{i}_i+r\cdot\sin(\omega t)\cdot\bm{i}_y\bigr)$
$\times\bigl(-\omega^2 R\bigl(\cos(\omega t)\cdot\bm{i}_x+\sin(\omega t)\cdot\bm{i}_y\bigr)\bigr)$
$=-\omega^2 R^2\bigl(\cos(\omega t)\sin(\omega t)(\bm{i}_x\times\bm{i}_y)$
$+\sin(\omega t)\cos(\omega t)(\bm{i}_y\times\bm{i}_x)\bigr)$
$=-\omega^2 R^2\bigl(\cos(\omega t)\sin(\omega t)\bm{i}_z+\sin(\omega t)\cos(\omega t)(-\bm{i}_z)\bigr)$
$=-\omega^2 R^2\bigl(\cos(\omega t)\sin(\omega t)\bm{i}_z-\sin(\omega t)\cos(\omega t)\bm{i}_z\bigr)=0$

または，$\bm{r}(t)\times\dfrac{d^2\bm{r}(t)}{dt^2}=\bigl(R\cos(\omega t),R\sin(\omega t),0\bigr)\times\bigl(-R\omega^2\cos(\omega t),-R\omega^2\sin(\omega t),0\bigr)$
$=(0,0,-R^2\omega^2\cos(\omega t)\sin(\omega t)$
$+R^2\omega^2\sin(\omega t)\cos(\omega t))=(0,0,0)=0$

5 章

5.1 (a) 0 の位置が回転軸である．
$I_A=\int_0^{\frac{l}{2}}\rho x^2\,dx+\int_{\frac{l}{2}}^{l}\alpha\rho x^2\,dx=\dfrac{\rho}{3}[x^3]_0^{\frac{l}{2}}+\dfrac{\alpha\rho}{3}[x^3]_{\frac{l}{2}}^{l}=\dfrac{\rho}{3}\dfrac{l^3}{8}+\dfrac{\alpha\rho}{3}(l^3-\dfrac{l^3}{8})=\dfrac{\rho l^3}{24}(1+7\alpha)$

(b) $I_B=\int_0^{\frac{l}{2}}\alpha\rho x^2\,dx+\int_{\frac{l}{2}}^{l}\rho x^2\,dx=\dfrac{\alpha\rho}{3}[x^3]_0^{\frac{l}{2}}+\dfrac{\rho}{3}[x^3]_{\frac{l}{2}}^{l}=\dfrac{\alpha\rho l^3}{8}+\dfrac{\rho}{3}(l^3-\dfrac{l^3}{8})=\dfrac{\alpha\rho l^3}{24}+\dfrac{\rho}{3}\dfrac{7}{8}l^3$
$=\dfrac{\rho l^3}{24}(7+\alpha)$

(c) $I_A=I_B$ は，$\dfrac{\rho l^3}{24}(1+7\alpha)=\dfrac{\rho l^3}{24}(7+\alpha)$ であるので，$\alpha=1$ の時に，$I_A=I_B$ となる．

(d) $I_C=\int_{-\frac{l}{2}}^{0}\rho x^2\,dx+\int_0^{\frac{l}{2}}\alpha\rho x^2\,dx=\dfrac{\rho}{3}[x^3]_{-\frac{l}{2}}^{0}+\dfrac{\alpha\rho}{3}[x^3]_0^{\frac{l}{2}}=\dfrac{\rho l^3}{24}+\dfrac{\alpha\rho}{3}(\dfrac{l^3}{8})=\dfrac{\rho l^3}{24}(1+\alpha)$

(e) $\alpha=2$ の時は，それぞれ $I_A=\dfrac{5}{8}\rho l^3$，$I_B=\dfrac{3}{8}\rho l^3$，$I_C=\dfrac{1}{8}\rho l^3$ である．したがって $I_A>I_B>I_C$ である．

5.2 (a) $x_g=\dfrac{0m+l2m}{m+2m}=\dfrac{2}{3}l$，$y$ 軸方向には質量は分布していない．したがって，
$\bm{R}_g=\dfrac{2}{3}l\bm{i}_x+0\bm{i}_y=(\dfrac{2}{3}l,0)$ [m]

(b) $I_g=\sum_{i=1}^{2}m_i r_i^2=m_1 r_1^2+m_2 r_2^2=(m)(2l/3)^2+(2m)(l/3)^2=\dfrac{2ml^2}{3}$ [kgm^2]

(c) $l_g=l_g\omega=\dfrac{2}{3}ml^2\omega$ [kgm^2/s]

(d) 平行軸の定理を使うと，$I_{O'}=I_g+Md^2=\dfrac{2ml^2}{3}+3m\left(\dfrac{2}{3}l-\dfrac{1}{3}l\right)^2=\dfrac{2ml^2}{3}+3m\dfrac{1}{9}l^2=ml^2$ [kgm^2] または，O' を回転軸とした慣性モーメントを求めると，$I_{O'}=m\left(\dfrac{l}{3}\right)^2+2m\left(\dfrac{2}{3}l\right)^2=\dfrac{1ml^2}{9}+\dfrac{8ml^2}{9}=ml^2$ となる．

(e) 回転軸まわりのトルクは，$N_z=|\bm{r}||\bm{F}|\sin\theta=-hMg\sin\theta=-\left(\left|\dfrac{2}{3}-\dfrac{1}{3}\right|\right)l(3m)g\sin\theta$ である．このトルクが振り子の運動の原因であるので，回転の運動方程式は，$I\dfrac{d^2\theta(t)}{dt^2}=-\dfrac{1}{3}l3mg\sin\theta(t)$ となる．

さらに，5.2(d) より $I_{O'}=ml^2$ であるので，代入すると $ml^2\dfrac{d^2\theta(t)}{dt^2}=-lmg\sin\theta(t)$ となる．これが，この実体振り子の運動方程式である．さらに整理すれば，

$\frac{d^2\theta(t)}{dt^2} = -\frac{g}{l}\theta(t)$ となる。

6章

6.1 (a) $\frac{d}{dt}x_2 = -\frac{d}{dt}x_1$ より，$\frac{d^2}{dt^2}x_2 = +\frac{d^2}{dt^2}x_1$ となるので，$x=x_1$ が式 (6.2) の解であれば，$x=x_2$ も式 (6.2) の解となる。

(b) $x = \sum_{n=0}^{\infty} a_n t^{2n}$ に対し，

$\frac{d^2}{dt^2}x = \sum_{n=1}^{\infty} a_n (2n)(2n-1)t^{2n-2} = \sum_{n=0}^{\infty} a_{n+1}(2n+2)(2n+1)t^{2n}$ となるので，式 (6.2) から，$a_{n+1} = -\omega^2 \frac{1}{(2n+2)(2n+1)}a_n$ $(n=0,1,2,\ldots)$ を得る。これより，$a_n = \frac{(-1)^n}{(2n)!}a_0\omega^{2n}$ となる。同様に，$b_n = \frac{(-1)^n}{(2n+1)!}b_0\omega^{2n+1}$ となる。

(c) $\sum_{n=0}^{\infty} a_n t^{2n} = a_0 \cos\omega t$, $\sum_{n=0}^{\infty} b_n t^{2n+1} = b_0 \sin\omega t$

6.2 (a) 式 (6.25) の実部と虚部をとると，$\frac{d}{dt}x = \omega p$, $\frac{d}{dt}p = -\omega x$ となるので，これらの式から，p を消去すると，式 (6.2) を得る。

(b) 式 (6.26) より，$\frac{d}{dt}z = -i\omega z_0 \exp(-i\omega t) = -i\omega z$ より，式 (6.26) は式 (6.25) の解である。

(c) $x + ip = (\cos\omega t - i\sin\omega t)(x_0 + ip_0)$ の実部より，$x = x_0 \cos\omega t + p_0 \sin\omega t$ を得る。

6.3 $x_0 = \frac{f_0}{\omega^2 - \omega_0^2}(\sin\omega_0 t - \sin\omega t)$ において，$\lim_{\omega_0 \to \omega} x_0 = -\left(\frac{f_0}{2\omega}\right)t\cos\omega t$ を得る。ここで，極限値の計算には，三角関数の加法定理を用いるより，ロピタルの定理を用いる方が実践的である。

6.4 偏微分の連鎖律より，

$$\frac{\partial}{\partial r} = \frac{\partial x}{\partial r}\frac{\partial}{\partial x} + \frac{\partial t}{\partial r}\frac{\partial}{\partial t} = \frac{1}{2}\frac{\partial}{\partial x} + \frac{1}{2V}\frac{\partial}{\partial t}$$

同様に，

$$\frac{\partial}{\partial s} = \frac{1}{2}\frac{\partial}{\partial x} - \frac{1}{2V}\frac{\partial}{\partial t}$$

となる。これら 2 式より，式 (6.14) の左辺は，

$$\left(\frac{\partial^2}{\partial x^2} - \frac{1}{V^2}\frac{\partial^2}{\partial t^2}\right)\phi(x,t) = 4\frac{\partial}{\partial s}\frac{\partial}{\partial r}f(s,r)$$

と書き換えられる。ここで，$f(s,r) = \phi\left(\frac{s+r}{2}, \frac{s-r}{2V}\right)$ である。よって，式 (6.14) の一般解は，$\frac{\partial}{\partial s}\frac{\partial}{\partial r}f(s,r) = 0$ の一般解 $f(s,r)$ で与えられる。まず，$\frac{\partial}{\partial s}\left(\frac{\partial f}{\partial r}\right) = 0$ より，$\frac{\partial f}{\partial r} = g(r)$ ($g(r)$ は r の任意関数) となる。さらに，$\frac{\partial f}{\partial r} = g(r)$ の両辺を r で積分すると，$f(r,s) = h(r) + k(s)$ となる。ここで，$h(r)$ は $g(r)$ の原始関数で，$k(s)$ は s の任意関数である。$r = x - Vt, s = x + Vt$ より，$\phi(x,t) = f(r,s) = h(x - Vt) + k(x + Vt)$ となる。

6.5 $L + Vt = \xi$ とおき，$g'(\xi) = \frac{dg(\xi)}{d\xi}$, $f'(\xi) = \frac{df(\xi)}{d\xi}$ とすると，式 (6.17) は $g'(\xi) = -f'(2L - \xi)$ と書き換えられる。この式を ξ で積分すると，$g(\xi) = f(2L - \xi) + c$ を得る。ここで c は ξ によらない積分定数である。以下，$c = 0$ となることを示す。$x = L$ で $\phi_{\text{inc}} = 0$ となる時刻 t を t_0 とし，$\xi_0 = L + Vt_0$ とおくと，$(x,t) = (L, t_0)$ における条件式 $\phi_{\text{inc}} = 0 \Rightarrow \phi_{\text{ref}} = 0$ は $f(2L - \xi_0) = 0 \Rightarrow g(\xi_0) = 0$ と書き換えられる。この条件式より，$c = 0$ となることがわかる。

6.6 式 (6.21) の位相の部分に，式 (6.18) を代入すると，$\frac{t}{T} + \frac{x'}{\lambda'} = \left(\frac{1}{T} - \frac{v}{\lambda'}\right)t + \frac{x}{\lambda'}$ を得る。P 系における音速は V という条件より，$V = \lambda'\left(\frac{1}{T} - \frac{v}{\lambda'}\right)$ となる。これは，式 (6.22) を表す。

6.7 (a) $x' = x - (L - vt)$

(b) $f'/f = (1 + \frac{v}{V})/(1 - \frac{v}{V})$

7章

7.1 $v'_g = \frac{(m_g - m_s)v_g + 2m_s v_s}{m_g + m_s}$ を，$\Delta K_g = \frac{1}{2}m_g(v'^2_g - v^2_g)$ に代入し，v'_g を消去すれば，式 (7.1) が得られる。

7.2 (a) 極限 $m_g/m_s \to 0$ において，$\langle\Delta_g\rangle \to 0$ である。これは，固体から気体への熱の流れがないことを意味する。

(b) 式 (7.8) に，$V_G = \frac{m_g v_g + m_s v_s}{m_g + m_s}$ を代入し，式 (7.2) を用いればよい。

(c) 空気の分子量を 28.8, 鉄の原子量を 55.8 とすると，$m_g/m_s = 0.516$ となる。

7.3 (a) 気体分子が容器に n 回衝突すると，$n-1$ 回衝突したときの温度より，$4\gamma\Delta T_h a_n$ だけ上昇する。ここで，a_n は，初項 1, 公比 (-4γ) の等比数列の n 番目までの和なので，

$$a_n = \frac{1 - (-4\gamma)^n}{1 + 4\gamma}$$

である。よって，

$$\Delta T = 4\gamma\Delta T_h \sum_{n=1}^{N} a_n$$
$$= 4\gamma\Delta T_h \frac{1}{1 + 4\gamma}\left[N + \frac{4\gamma}{1 + 4\gamma}(1 - (-4\gamma)^N)\right]$$

(b) $N + \frac{4\gamma}{1+4\gamma}(1 - (-4\gamma)^N) = N + O(\gamma)$ なので，$\Delta T = 4\gamma N \Delta T_h + O(\gamma^2)$

(c) $N = (v/L)\Delta t$

(d) $\Delta Q/\Delta t = \frac{5}{2}R\,\Delta T/\Delta t = 208$ W

(e) $\gamma \leq \frac{1}{4}\frac{1}{N} = \frac{1}{4000}$

7.4 (a) $d\epsilon_g = \frac{p}{m}dp$ を式 (7.13) に代入して，$x\,dp = -p\,dx$ を得る。

(b) 左辺を展開し，式 (7.30) を用いればよい。

7.5 式 (7.6) を用いると，$P\left(\frac{dV}{dT}\right)_{P-\text{定}} = nR$ となるので，式 (7.18) より，式 (7.19) を得る。

7.6 (a) $PV^\gamma = (\text{一定})$ より，$P_A V_A^\gamma = P_B V_B^\gamma$

(b) $\Delta W = \int_{V_B}^{V_C} P\,dV = RT_B \int_{V_B}^{V_C} \frac{1}{V}\,dV = RT_B \times \log(V_C/V_B)$ となる。ここで，$V_C = RT_C/P_C = RT_B/P_A$，および $RT_B = P_B V_B$ を用いると，$\Delta W = P_B V_B \times \log(P_B/P_A)$

(c) $\Delta S = \int_{\text{等温}} \frac{d'Q}{T} = \frac{1}{T_B}\int_{\text{等温}}(\Delta U + P\,dV) = \frac{1}{T_B} \times \int_{V_B}^{V_C} P\,dV = \frac{1}{T_B}\Delta W = R\log(P_B/P_A)$

8 章

8.1 (トムソンの原理 $\Longrightarrow$ クラウジウスの原理) この命題の対偶を証明する。クラウジウスの原理を否定すると，高温部から受け取った熱をすべて仕事に変えることのできる熱機関 (熱効率 100％) が存在することになる。これは，トムソンの原理に反する。(クラウジウスの原理 $\Longrightarrow$ トムソンの原理) トムソンの原理を否定すると，低温部から熱 Q を受け取り，それをすべて仕事 W に変えるような熱機関 C が存在する。W を用いて，反カルノー・サイクル $\overline{C}$ (カルノー・サイクルの逆過程) を行う。$\overline{C}$ において，低温部から受け取る熱を Q' とする。C と $\overline{C}$ を合わせたサイクルに対し，外部に対してする仕事は打ち消しあってゼロになる。よって，低温部から受け取った熱 $Q + Q'$ が，何の仕事も要さないで高温部に移動することになる。これは，クラウジウスの原理に反する。

8.2 $Q_2 + Q_2' = 0$ (1) の場合を考える。このとき，$Q_1 + Q_1' > 0$ であれば，トムソンの原理に反することがわかるので，$Q_1 + Q_1' \leq 0$ (2) が必要となる。一方，C' はカルノーサイクルなので，$\frac{Q_1'}{T_1} + \frac{Q_2'}{T_2} = 0$ (3) が成立する。式 (1), (2), (3) より，Q_1', Q_2' を消去すれば，$\frac{Q_1}{T_1} + \frac{Q_2}{T_2} \leq 0$ を得る。

8.3 断熱過程において，$TV^{\gamma-1} = (\text{一定})$ なので，$T_1 V_1^{\gamma-1} = T_3 V_4^{\gamma-1}$, $T_3 V_3^{\gamma-1} = T_1 V_2^{\gamma-1}$ が成立する。左辺同士，右辺同士で掛け算を行い，両辺を $T_1 T_3$ で割ると，$(V_1 V_3)^{\gamma-1} = (V_2 V_4)^{\gamma-1}$ を得る。よって，$V_1 V_3 = V_2 V_4$ が成立する。

8.4 $d\tilde{S} = nC_V\left(V^\lambda dT + \lambda TV^{\lambda-1}dV\right)$
$= V^\lambda(nC_V dT + P\,dV) = V^\lambda d'Q$

8.5 (a) $f_1 = n\frac{C_V}{T}$, $f_2 = n\frac{R}{V}$

(b) $ff_1 = g_T$, $ff_2 = g_V$ より，f を消去すれば，式 (8.13) を得る。

(c) $\varphi_1 = TV^\lambda$, $\varphi_2 = g$

(d) g の一般解は，$g = G(TV^\lambda)$ (G は任意関数) で与えられるので，$f = g_T/f_1 = G'(TV^\lambda)V^\lambda T/(nC_V) \equiv \Phi(TV^\lambda)$ ($\Phi(x) = G'(x)x/(nC_V)$, $G'(x) = dG(x)/dx$) と表すことができる。G は任意関数なので，Φ も任意関数である。

8.6 (a) $\Delta S = 0$ (b) $T_B = P_2 V_1/R$, $T_C = P_2 V_2/R$

(c) $S_C - S_B = C_P \int_{T_B}^{T_C} \frac{1}{T}dT = C_P \log(V_2/V_1)$ ($C_P = C_V + R$)

(d) 過程 A $\to$ B $\to$ C で，$Q_1 = C_V(T_B - T_A) + C_P(T_C - T_B) = C_V(P_2 - P_1)V_1/R + C_P(V_2 - V_1) \times P_2/R$

(e) $Q_1 - Q_2 = (P_2 - P_1)(V_2 - V_1)$ より，
$e = \dfrac{(P_2 - P_1)(V_2 - V_1)}{(C_V/R)(P_2 V_2 - P_1 V_1) + P_2(V_2 - V_1)}$

9 章

9.1 -2 C に 1.35×10^{10} N, 3 C に 1.35×10^{10} N となる。2 つの質点にはたらくクーロン力の大きさは等しく逆向きである。

9.2 $E_x = \dfrac{1}{4\pi\varepsilon_0}\left(\dfrac{x - \frac{d}{2}}{\{(x-\frac{d}{2})^2 + y^2\}^{\frac{3}{2}}} + \dfrac{x + \frac{d}{2}}{\{(x+\frac{d}{2})^2 + y^2\}^{\frac{3}{2}}}\right)$,
$E_y = \dfrac{1}{4\pi\varepsilon_0}\left(\dfrac{y}{\{(x-\frac{d}{2})^2 + y^2\}^{\frac{3}{2}}} + \dfrac{y}{\{(x+\frac{d}{2})^2 + y^2\}^{\frac{3}{2}}}\right)$

9.3 (a) 略 (b) ± 2.0 C の電荷が互いに他の電荷の位置につくる電場の大きさは等しく，4.5×10^9 A/m となる。互いに及ぼす力は 9.0×10^9 N

9.4 (a) 表面：$4\pi b^2 \sigma_0$，内部：0 (b) $\varepsilon_0 E 4\pi r^2 = 4\pi b^2 \sigma_0$, $E = \dfrac{\sigma_0 b^2}{\varepsilon_0 r^2}$ (c) $\varepsilon_0 E 4\pi r^2 = 0$, $E = 0$

9.5 円筒外部で $\dfrac{\sigma_e r_0}{\varepsilon_0 r}$，内部で 0

9.6 (a) 内部電場：$\dfrac{Qr}{4\pi\varepsilon_0 R^3}$，外部電場：$\dfrac{Q}{4\pi\varepsilon_0 r^2}$

(b) 内部電位：$\dfrac{3QR^2 - Qr^2}{8\pi\varepsilon_0 R^3}$，外部電位：$\dfrac{Q}{4\pi\varepsilon_0 r}$

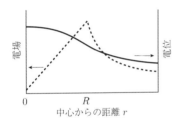

9.7 (a) $E = \dfrac{\rho_e r}{2\varepsilon_0}$ (b) $D = \dfrac{\rho_e d^2}{2r}$, $V = \dfrac{\rho_e d^2}{2\varepsilon_0} \ln r$

9.8 3.4×10^6 A/m

9.9 (a) $E_1 = \dfrac{Q}{\varepsilon_1 S}$, $E_2 = \dfrac{Q}{\varepsilon_1 S}$; $D_1 = D_2 = \dfrac{Q}{S}$
(b) $C/C_0 = \dfrac{2\varepsilon_1 \varepsilon_2}{\varepsilon_1 + \varepsilon_2}$ 倍

9.10 $E = \dfrac{\varepsilon_0}{\varepsilon} E_{ext}$, $D = \varepsilon_0 E_{ext}$

9.11 (a) $r < a : D = 0$, $E = 0$; $a < r < b : D = \dfrac{q}{4\pi r^2}$, $E = \dfrac{q}{4\pi \varepsilon r^2}$; $b < r : D = 0$, $E = 0$
(b) $V = \dfrac{q}{4\pi \varepsilon}\left(\dfrac{1}{a} - \dfrac{1}{b}\right)$ (c) $V_a = V_b$

10 章

10.1 (a) $15V$ (b) 0.55 μF (c) 2.17 μF
(d) 4.86 V

10.2 直列：1.9 μF，並列：8.0 μF

10.3 (a) $\dfrac{Q}{\varepsilon_0 S}$ (b) $\dfrac{1}{2}\dfrac{Q^2}{C}$ (c) 3.1×10^{-6} J (d) 1.1
(e) $\dfrac{Q}{C}\Delta q$

10.4 (a) $C = \dfrac{q}{v}$ (b) $dw = \dfrac{q}{C} dq$ (c) $W = \dfrac{1}{2}\dfrac{Q^2}{C}$
(d) $U = \dfrac{1}{2}\dfrac{Q^2}{C}$

10.5 $i_3 = i_1 + i_2$ (a) $V_1 - V_2 = i_1 R_1 - i_2 R_2$
(b) $V_2 = i_2 R_2 + i_3 R_3$

10.6 6.25×10^{17} 1/m^3

10.7 3 Ω, $I_4 = 0.833$ A

10.8 (a) 略 (b) $\dfrac{1}{4\pi\mu_0}\left\{\dfrac{q_m q'_m}{\left(a + \frac{\ell - \ell'}{2}\right)^2} - \dfrac{q_m q'_m}{\left(a + \frac{\ell + \ell'}{2}\right)^2} - \dfrac{q_m q'_m}{\left(a - \frac{\ell + \ell'}{2}\right)^2} + \dfrac{q_m q'_m}{\left(a - \frac{\ell - \ell'}{2}\right)^2}\right\}$
(c) 3.04×10^2 A (N·m/Wb)

10.9 2.8×10^{-12} Wb·m, 2.4×10^{-11} Wb

10.10 (a) 0.25 A/m (b) 0.25 A/m

10.11 6.33×10^4 A/m, 6.33×10^4 A

11 章

11.1 (a) 下 (b) 小さくなる (c) 1.5×10^{-5} V

11.2 (a) 2.4×10^{-19} N (b) 1.5 Wb (c) 0.75 V
(d) 1.5 V/m

11.3 $\dfrac{I}{2a}$

11.4 2.16×10^{-2} H

11.5 (a) 15% (b) 0.15%

11.6 (a) $V = L\dfrac{dI}{dt} + 3RI$ (b) $t = \dfrac{-L}{3R}\ln 0.1$
(c) 0.021 s

11.7 (a) 344 Ω (b) 小さくする

11.8 (a) $I = e^{\pm i \sqrt{\frac{1}{LC}}\,t}$ (b) $\sqrt{\dfrac{1}{LC}}$

11.9 (a) 10 V, 10 s (b) $V = 10\sin\dfrac{\pi}{5}t$

12 章

12.1 9.1 T, 46 pA

12.2 (a) アンペールの法則 $\oint_c \boldsymbol{B} \cdot d\boldsymbol{s} = \mu_0 I$

(b) ビオ・サバールの法則 $d\boldsymbol{B} = \dfrac{\mu_0}{4\pi}\dfrac{I d\boldsymbol{s} \times \boldsymbol{r}}{r^3}$

(c) ガウスの法則 $\displaystyle\int_S \boldsymbol{D} \cdot d\boldsymbol{S} = Q$

(d) クーロンの法則 $\boldsymbol{F} = \dfrac{1}{4\pi\varepsilon_0}\dfrac{q_1 q_2}{r^2}\cdot\dfrac{\boldsymbol{r}}{r}$

12.3 (a) 1.3×10^7 rad/s (b) 1.25×10^{-9} A/m
(c) 5.6×10^{-11} A/m^2

12.4 6.0×10^{14} Hz, 1.3×10^7 1/m, 2.5×10^{15} rad/s

12.5 $E_y^2 + E_z^2 = E_0^2 \cos^2(kx - \omega t) + E_0^2 \sin^2(kx - \omega t) = E_0^2$, 半径 E_0 の円状になる。

12.6 (a) $\dfrac{Q^2}{8\pi\varepsilon_0 R}$ (b) $\dfrac{Q^2 v \sin\theta}{(4\pi)^2 \varepsilon_0 r^2}$ (c) $\dfrac{4}{3}\dfrac{Q^2 v}{8\pi\epsilon_0 R^2}$

13 章

13.1 (a) 空気：2.997049×10^8 m/s, 水：2.2483×10^8 m/s (b) $32°$ (c) 8.3 cm

13.2 (a) $i = \sigma E_0 \sin \omega t$ (b) 5.8 A/m^2 (c) $\dfrac{\varepsilon\omega}{\sigma}$
(d) 1.7×10^{-11}

13.3 (a) $-1.7 \times 10^{-15} \sin(2000\pi t)$
(b) $1.0 \times 10^{-15} \cos(2000\pi t)$ (c) $-0.59 \cot(2\pi \times 10^3 t)$ (d) 3.7×10^3 rad/s

13.4　(a) 金: 4.5×10^7 S/m, ガラス: 10^{-10} S/m
(b) 6.1×10^7 m/s　(c) 97 μm

13.5　(a) $R = \left(\dfrac{\sqrt{\varepsilon_1} - \sqrt{\varepsilon_2}}{\sqrt{\varepsilon_1} + \sqrt{\varepsilon_2}}\right)^2$, $I = \left(\dfrac{\sqrt{\varepsilon_1} + \sqrt{\varepsilon_2}}{2\sqrt{\varepsilon_1}}\right)^2$
(b) ダイヤモンド: 0.046, ガラス: 0.010

14 章

14.1　2.98×10^8 m/s

14.2　(a) 相対速度が光速に近いとき　(b) 1.00 km
(c) 2.68×10^9 m, 4.50 s　(d) 0.745 m

14.2　(a) 光のエネルギーは振幅が大きいと光のエネルギーは大きくなるので, 小さい振動数の光でも電子は飛びだすはず。
(b) この輻射の振動数分布を古典論である統計力学を用いて求めたレイリー・ジーンズの輻射公式は, 振動数の高いところで測定結果からずれる。
(c) 電子が円運動を行う結果, 絶えずエネルギーを失って円運動の半径が小さくなり, 原子は安定して存在しえない。

14.3　(a) 略　(b) 略　(c) 1.5×10^{-15} J/m^4

14.4　(a) 3.9×10^{-11} m　(b) 100 eV, 1.71×10^{-22} kg·m/s

14.5　(a) 3.8 meV, 15.1 meV　(b) $\varphi_1 = \sqrt{2} \times 10^4 \sin \dfrac{\pi}{1.0 \times 10^{-8}} x$, $\varphi_2 = \sqrt{2} \times 10^4 \sin \dfrac{4\pi}{1.0 \times 10^{-8}} x$

索　引

■ あ　行

アインシュタイン方程式　81
暗黒エネルギー　81
アンペールの法則　107
アンペール-マクスウェルの法則　127
位相速度　133
一般解　17
因果律　150
インピーダンス　121
渦電流　116
運動エネルギー　26, 27
運動方程式　15
運動量　35
運動量保存則　38
xy 平面　46
エネルギー等分配法則　71
エネルギー固有値　157
エネルギー量子　154
エントロピー　78
エントロピー増大則　79
オイラーの公式　57

■ か　行

外積　40
回転運動のエネルギー　51
外力　38
角運動量　81
角運動量保存則　43
角加速度　47
角振動数　23
角速度　11
加速度　8
過渡現象　120
カルノー・サイクル　77
慣性の法則　14
慣性モーメント　46
完全非弾性衝突　38
記号演算　26
気体定数　67
軌道　12
吸収係数　140
キュリー温度　104
境界条件　157

強磁性体　104
距離　7
キルヒホッフの第1法則　101
キルヒホッフの第2法則　102
空気抵抗　20
クラウジウスの原理　76
クラウジウスの不等式　77
クーロンの法則　85
クーロン力　85
計量　150
減衰長　141
光速不変の原理　63, 148
剛体　46
剛体の回転エネルギー　51
光電効果　154
固定端　60
固有関数　157
固有時　151
固有の長さ　149

■ さ　行

サイクロトロン運動　105
座標系　2
作用反作用の法則　15
残留磁化　104
磁化　104
磁化電流　110
磁気感受率　104
磁気双極子モーメント　103
磁区　104
次元解析　6
自己インダクタンス　120
仕事　25
仕事関数　154
自己誘導起電力　120
自己誘導　120
自然長　22
実体振り子　52
質点系　35
磁場　103
　　　　──のガウスの法則　103
自発磁化　104
シャノン・エントロピー　80
周期　23

重心　39
自由端　60
自由度　51
重力　18
ジュール熱　102
準静的過程　69
状態方程式　67
状態量　67
常誘電体　93
初期条件　17
初期位相　23
真空の透磁率　102
振幅　23
垂直軸の定理　50
スカラー量　3
静止エネルギー　81
静止質量　152
静電誘導　98
静電容量　99
世界間隔　150
世界線　150
絶縁体　92
絶対屈折率　139
線形性　55
線積分　31
全反射　145
全微分　32
線密度　48
相互インダクタンス　119
相互誘導　120
相互誘導起電力　120
速度　7
ソレノイドコイル　108

■ た　行

ダミー変数　8
単位　1
単位ベクトル　4
単振動　23, 30
弾性衝突　37
断熱過程　72
単振り子　51
遅延ポテンシャル　136
力　14
釣り合い　41
定常電流　101
電気感受率　93
電気双極子　88
電気双極子モーメント　88
電気抵抗　101
電気伝導率　128
電気分極　93
電気容量　99

電気力線　88
電磁ポテンシャル　118
電磁誘導　113
電磁誘導起電力　113
電磁誘導電場　115
電場　87
電場のガウスの法則　89
等速円運動　10, 46
等速度運動　9
等電位面　90
特解　17, 55
特殊解　17
独立変数　51
ドップラー効果　61
ド・ブロイ波　155
トムソン散乱　154
トムソンの原理　76
トルク　41

■ な　行

内積　4
内部エネルギー　70
内力　38
ナブラ　32
熱効率　77

■ は　行

波数　58
ハッブル距離　81
バネ　22
ビオ–サバールの法則　106
光円錐　150
光電子　154
ヒステリシス　104
非弾性衝突　37
比熱　71
非保存力　33
ファラデーの電磁誘導則　113
不確定性原理　155
復元力　22, 26
フックの法則　22
物質波　155
物理量　1
ブラックホール　81
プランク定数　81
分極　92
分極電荷　93
分裂　38
平行軸の定理　50
並進運動　42, 47
ベクトル微分演算子　32
ベクトル量　3

変位　7
変位電流　127
変数分離　18
偏微分　32
ポアソンの式　72
ポインティングベクトル　134
飽和磁化　104
ホーキング　81
保磁力　104
ポテンシャル井戸　157
ポテンシャルエネルギー　27
ボルツマン定数　67
ホール電場　114

■ ま　行

マイヤーの関係　72
マクスウェルの方程式　128, 130
密度　47
面密度　48, 49

■ や　行

融合　38
誘電体　92
誘導時定数　120
誘導電荷　98
誘導電場　98
誘導電流　113

■ ら　行

落下運動　18
臨界角　145
レンツの法則　113
ローレンツ因子　149
ローレンツ収縮　149
ローレンツの磁気力　105
ローレンツ変換　149
ローレンツ力　105

著者略歴

大澤 智興
おおさわ ちこお

- 1998年 九州工業大学大学院情報工学研究科情報科学専攻博士後期課程修了，博士（情報工学）
- 現　在 九州工業大学大学院情報工学研究院助教

桑田 精一
くわた せいいち

- 1993年 早稲田大学大学院理工学研究科物理学及応用物理学専攻博士課程修了，博士（理学）
- 現　在 広島市立大学大学院情報科学研究科准教授

田中 公一
たなか こういち

- 1990年 大阪市立大学大学院理学研究科物理学専攻博士課程修了，理学博士
- 現　在 広島市立大学大学院情報科学研究科准教授

藤原　真
ふじわら まこと

- 1992年 電気通信大学大学院電気通信学研究科電子物性工学専攻博士後期課程修了，博士（工学）
- 現　在 広島市立大学大学院情報科学研究科講師

廣瀬 英雄
ひろせ ひでお

- 1977年 九州大学理学部数学科卒業，工学博士
- 2015年 九州工業大学名誉教授

小田部 荘司
おたべ そうじ

- 1989年 九州大学大学院工学研究科電子工学専攻修士課程修了，博士（工学）
- 現　在 九州工業大学大学院情報工学研究院教授

© 大澤智興・桑田精一・田中公一　2017
　 藤原 真・廣瀬英雄・小田部荘司

2017年 4 月25日　初版発行
2021年 5 月 7 日　初版第 2 刷発行

理工系学生のための
基 礎 物 理 学
Web アシスト演習付

著　者　大 澤 智 興
　　　　桑 田 精 一
　　　　田 中 公 一
　　　　藤 原 　 真
　　　　廣 瀬 英 雄
　　　　小田部荘司
発行者　山 本　　格

発行所　株式会社　培風館
東京都千代田区九段南 4-3-12・郵便番号 102-8260
電　話 (03) 3262-5256 (代表)・振替 00140-7-44725

D.T.P. アベリー・平文社印刷・牧 製本

PRINTED IN JAPAN

ISBN 978-4-563-02517-5　C3042